全国机械行业高等职业教育"十二五"系列教材

高等职业教育教学改革精品教材

# 机械零件加工工艺编制

主　编　王家珂

副主编　叶贵清

参　编　王　波　潘　毅　许晓东　田万英

主　审　柳青松

机械工业出版社

本书根据高职高专教育机械制造类专业人才培养目标及规格的要求，结合编者在机械制造应用领域多年的教学改革和工程实践的经验编写而成。本书以工作过程为导向，以典型零件为载体，实现"教、学、做"一体化的教学模式改革，全面培养学生编制机械零件加工工艺的能力和掌握质量控制的方法。

本书主要内容有轴类零件加工工艺编制及实施、套筒类零件加工工艺编制、齿轮加工工艺编制、箱体类零件加工工艺编制、叉架类零件加工工艺编制、机械加工质量分析与控制。书中选用的机械零件实例典型适用。

本书可作为高职高专院校及本科院校的二级职业技术学院机械制造类专业的教学用书，也可作为社会上相关从业人员的业务参考及培训用书。

本书配有电子教案，凡使用本书作为教材的教师可登录机械工业出版社教育服务网（http://www.cmpedu.com）下载，或发送电子邮件至 cmpgaozhi@ sina. com 索取。咨询电话：010 - 88379375。

## 图书在版编目（CIP）数据

机械零件加工工艺编制/王家珂主编 . 一北京：机械工业出版社，2016. 7（2023. 1 重印）

全国机械行业高等职业教育"十二五"规划教材 高等职业教育教学改革精品教材

ISBN 978-7-111- 54308-4

Ⅰ. ①机… Ⅱ. ①王… Ⅲ. ①机械元件 – 机械加工 – 高等职业教育 – 教材 Ⅳ. ①TH13

中国版本图书馆 CIP 数据核字（2016）第 163754 号

机械工业出版社（北京市百万庄大街 22 号 邮政编码 100037）
策划编辑：边 萌 责任编辑：陈 宾 边 萌 张丹丹
责任校对：张玉琴 刘 岚 封面设计：鞠 杨
责任印制：常天培
固安县铭成印刷有限公司印刷
2023 年 1 月第 1 版第 5 次印刷
184mm×260mm · 13 印张 · 312 千字
标准书号：ISBN 978-7-111- 54308-4
定价：42. 00 元

电话服务 网络服务
客服电话：010-88361066 机 工 官 网：www.cmpbook.com
010-88379833 机 工 官 博：weibo. com/cmp1952
010-68326294 金 书 网：www.golden-book.com
**封底无防伪标均为盗版** 机工教育服务网：www.cmpedu.com

# 前　言

本书针对高职高专机械、机电、数控、模具、汽车专业人才培养的要求，根据典型机械零件加工工艺特点和工艺员岗位的工作过程，整合机械制造工艺理论知识，实现课程内容综合化。教材内容以项目、工作任务为引领，适合"教、学、做"合一的教学模式改革。本书的主要内容有机械制造工艺编制基础知识、轴类零件加工工艺编制及实施、套筒类零件加工工艺编制、齿轮加工工艺编制、箱体类零件加工工艺编制、叉架类零件加工工艺编制、机械加工质量分析与控制。本书突出工作过程的主线地位，每一单元均具有范例性、可迁移性及可操作性，适合培养学生动手编制机械加工工艺的能力。本书编写具有以下几个特点。

（1）根据企业的工作岗位和工作任务，开发设计以工作过程为导向、具有"工学结合"特色的课程体系，具有明显的"职业"特色，实现了实践技能与理论知识的整合，将工作环境与学习环境有机地结合在一起。

（2）体现以工艺规程编制应用能力的培养为主线、相关知识为支撑的编写思路，注重理论联系实际，突出应用。每一单元都有工作情境的引入和情境任务实施及关键工序的关键精度指标检查方法介绍，并且都具有拓展实训和工程实践常见问题的解析，有利于帮助学生掌握知识、提高解决工程问题的能力。

（3）按照学生的认知规律和职业成长规律合理编排教材内容。首先介绍基础知识，项目一至项目六主要介绍轴、套筒、齿轮、箱体、叉架类零件的工艺编制及机械加工质量控制。各学校可根据学时数和不同专业的需要进行取舍。为便于学生自学和巩固所学内容，各部分均有示例。

（4）所选用的被加工零件为常用典型零件。

本书由王家珂任主编，叶贵清任副主编。其中，项目一由王家珂编写，项目二由潘毅编写，项目三由田万英编写，项目四由叶贵清编写，项目五由许晓东编写，项目六由王波编写。全书由王家珂统稿，柳青松担任主审。

### 参考学时分配表

| 序　号 | 授课内容 | 学时分配讲 | |
| :---: | :---: | :---: | :---: |
| | | 讲　课 | 实　践 |
| 1 | 项目一　轴类零件加工工艺编制及实施 | 14 | 4 |
| 2 | 项目二　套筒类零件加工工艺编制 | 14 | 2 |
| 3 | 项目三　齿轮加工工艺编制 | 12 | 2 |
| 4 | 项目四　箱体类零件加工工艺编制 | 12 | 2 |
| 5 | 项目五　叉架类零件加工工艺编制 | 10 | 2 |
| 6 | 项目六　机械加工质量分析与控制 | 8 | |
| | 合　　计 | 70 | 14 |

在本书的编写过程中，扬州工业职业技术学院傅伟教授、王庭俊副教授及相关领导等对本书的编写提出了许多宝贵的意见和建议，机械工业出版社的老师也给予了热情的帮助和指导，在此表示衷心的感谢！

由于编者水平所限，书中难免有疏漏和不妥之处，殷切希望读者和各位同仁提出宝贵意见。

编　者

# 目　　录

# 项目一　轴类零件加工工艺编制及实施

**教学内容和要求：**

本项目主要讲授制定机械加工工艺规程的基本概念、基本内容与基本计算。要求学生理解工艺过程、工序、工步、工位、生产类型等基本概念；理解工艺规程制定中的基本内容（定位基准选择、工艺路线拟定、加工阶段的划分和工序安排、加工余量的确定、机械加工技术经济分析等）；理解工艺规程设计的主要内容、一般原则和程序；具备制定一般轴类零件机械加工工艺规程的初步能力。

## 任务一　零件加工工艺有关基础知识

本任务以阶梯轴的加工工艺过程为例，就该工艺过程中的基础知识进行阐述。图1-1和表1-1、表1-2给出了一个简单零件的机械加工工艺过程，这个加工过程涉及很多基础知识，下面介绍相关的背景知识。

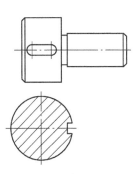

图1-1　阶梯轴

表1-1　大批大量生产的工艺过程

| 工序号 | 工序内容 | 设备 |
| --- | --- | --- |
| 1 | 铣两端面，钻两端中心孔 | 铣端面钻中心孔机床 |
| 2 | 车大外圆及倒角 | 车床 I |
| 3 | 车小外圆、切槽及倒角 | 车床 II |
| 4 | 铣键槽 | 专用铣床 |
| 5 | 去毛刺 | 钳工台 |

表1-2　单件小批生产的工艺过程

| 工序号 | 工序内容 | 设备 |
| --- | --- | --- |
| 1 | 车一端面，钻中心孔；掉头，车另一端面，钻中心孔 | 车床 I |
| 2 | 车大外圆及倒角；掉头，车小外圆、切槽及倒角 | 车床 II |
| 3 | 铣键槽、去毛刺 | 铣床 |

制定机械加工工艺是机械制造企业工艺技术人员的一项主要工作内容。机械加工工艺规

程的制定与生产实际有着密切的联系，它要求工艺规程制定者具有一定的生产实践知识和专业基础知识。

在实际生产中，由于零件的结构形状、几何精度、技术条件和生产数量等要求不同，往往要经过一定的加工过程才能将图样变成成品零件。因此，机械加工工艺人员必须从工厂现有的生产条件和零件的生产数量出发，根据零件的具体要求，在保证加工质量、提高生产率和降低生产成本的前提下，对零件上的各加工表面选择适宜的加工方法，合理地安排加工顺序，科学地拟定加工工艺过程，才能获得合格的机械零件。下面是在确定零件加工过程时应掌握的一些基本概念。

**一、生产过程和工艺过程**

**1. 生产过程**

生产过程是指把原材料转变为成品的全过程。这种成品可以是一台机器、一个部件或是某种零件。对于机器的制造而言，其生产过程见表1-3。

表1-3　生产过程

| 序号 | 内　容 | 举　例 |
|---|---|---|
| 1 | 原材料的运输与保管 | |
| 2 | 技术准备过程 | 如产品的开发和设计、工艺规程的编制、专用工装设备的设计和制造、各种生产资料的准备和生产组织等方面的工作等 |
| 3 | 毛坯的制造 | 如铸造、锻造、冲压、各种材料的棒料等 |
| 4 | 零件的加工 | 如机械加工、焊接、铆接和热处理等 |
| 5 | 产品的装配 | 如部装、调试、总装等 |
| 6 | 产品的检验 | 如各种尺寸和位置精度的检验等 |

企业组织产品生产的模式：

1）生产全部零部件、组装机器。

2）生产一部分关键的零部件，其余的由其他企业供应。

3）完全不生产零部件，只负责设计与销售。

在市场导向下，产品的生产过程主要可划分为四个阶段，即新产品开发阶段、产品制造阶段、产品销售阶段和售后服务阶段。

**2. 工艺过程**

所谓工艺是指为产品生产而根据特定的生产设施设计的制造方法。在生产过程中，毛坯的制造、零件的机械加工与热处理、零件表面处理、产品的装配等工作将直接改变生产对象的形状、尺寸、相对位置和性质等，使其成为成品或半成品，这一过程称为工艺过程。工艺过程是生产过程的主要部分。

**二、机械加工工艺过程及其组成**

机械加工工艺过程是指用机械加工方法（主要是切削加工方法）逐步改变毛坯的形态（形状、尺寸以及表面质量），使其成为合格零件所进行的全部过程。它一般由工序、安装、工步、工位、进给等不同层次的单元所组成。

**1. 工序**

一个或一组工人在一个工作地点，对一个或同时对几个工件所连续完成的那部分工艺过程称为工序。可见，工作地、工人、零件和连续作业是构成工序的四个要素，若其中任一要素变更即构成新的工序。

如图 1-1 所示的阶梯轴，当加工数量较少时，其工艺过程及工序划分见表 1-2，由于加工不连续和机床变换而分为三个工序。当加工数量较多时，其工艺过程及工序的划分见表 1-1，共有五个工序。

工序是组成工艺过程的基本单元，也是生产计划和经济核算的基本单元。

讨论：生产规模不同，工序的划分有何不同？

**2. 安装**

工件在机床或夹具中定位并夹紧的过程称为安装。图 1-1 中的阶梯轴在单件小批生产中，工序 1 中有两次安装，工序 2 有两次安装，工序 3 有一次安装；而在大批大量生产的工艺过程中工序 1~5 分别只有一次安装。

讨论：安装次数多好，还是少好？

**3. 工位**

工件在一次安装后，工件与夹具或设备的可动部分一起相对于刀具或设备的固定部分所占据的每一个位置上所完成的那一部分工艺过程称为工位，如图 1-2 所示。

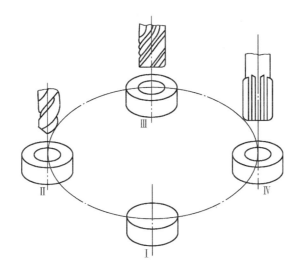

图 1-2　多工位加工

**4. 工步与复合工步**

在加工表面、切削刀具和切削用量（仅指转速和进给量）都不变的情况下，所连续完成的那部分工艺过程，称为一个工步，如图 1-3、图 1-4 所示。

有时为了提高生产率，经常把几个待加工表面用几把刀具同时进行加工，这可看作一个工步，并称为复合工步，如图 1-5 所示。

图 1-1 中的阶梯轴在单件小批生产中，工序 1 中有四个工步，工序 2 中有五个工步，工序 3 中有一个工步；在大批大量生产的工艺过程中工序 1 和工序 2 中分别有两个工步，工序 3 中有三个工步。

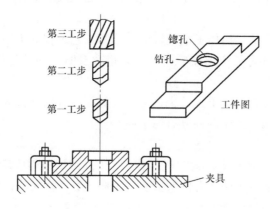

图 1-3 底座零件底孔加工工序

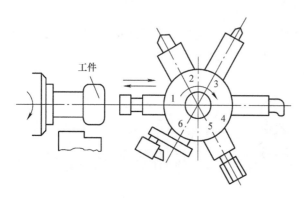

图 1-4 转塔自动车床的不同工步

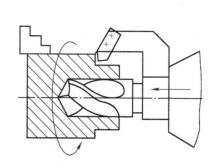

图 1-5 复合工步

## 5. 进给

在一个工步内，有些表面由于加工余量太大，或由于其他原因，需用同一把刀具以及同一切削用量对同一表面进行多次切削。这样刀具对工件的每一次切削就称为一次进给，如图 1-6 所示的零件加工。

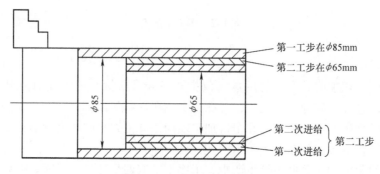

图 1-6 以棒料制造阶梯轴

### 三、生产纲领与生产类型

#### 1. 生产纲领

产品的年生产纲领就是产品的年生产量。

零件的年生产纲领按下列公式计算：

$$N = Qn(1 + a)(1 + b) \tag{1-1}$$

式中　　$N$——零件的生产纲领，单位为件/年；

　　　　$Q$——产品的年产量，单位为台/年；

　　　　$n$——每台产品中所含该零件的数量，单位为件/台；

　　　　$a$——零件的备品率；

　　　　$b$——零件的废品率。

#### 2. 生产类型的划分

根据产品投入生产的连续性，可大致分为三种不同的生产类型。

（1）单件生产　产品品种不固定，每一品种的产品数量很少，大多数工作地点的加工对象经常改变。例如，重型机械、造船业等一般属于单件生产。

（2）大量生产　产品品种固定，每种产品数量很大，大多数工作地点的加工对象固定不变。例如，汽车、轴承制造等一般属于大量生产。

（3）成批生产　产品品种基本固定，但数量少，品种较多，需要周期性地轮换生产，大多数工作地点的加工对象周期性地变换。

在成批生产中，根据批量大小可分为小批生产、中批生产和大批生产。小批生产的特点接近于单件生产的特点，大批生产的特点接近于大量生产的特点，中批生产的特点介于单件生产和大量生产的特点之间。因此生产类型可分为单件小批生产、大批大量生产、中批生产。

在企业中，生产纲领决定了生产类型，但产品大小也对生产类型有影响。表1-4是生产类型与生产纲领的关系。

**表1-4　生产类型和生产纲领的关系**

| 生产类型 | 零件的年生产纲领/件 | | |
| --- | --- | --- | --- |
| | 重型零件<br>（30kg以上） | 中型零件<br>（4~30kg） | 轻型零件<br>（4kg以下） |
| 单件生产 | <5 | <10 | <100 |
| 小批生产 | 5~100 | 10~200 | 100~500 |
| 中批生产 | 100~300 | 200~500 | 500~5000 |
| 大批生产 | 300~1000 | 500~5000 | 5000~50000 |
| 大量生产 | >1000 | >5000 | >50000 |

#### 3. 不同生产类型的工艺特征

生产类型不同，产品制造的工艺方法、所采用的设备和工艺装备以及生产的组织形式等均不同，各种生产类型的工艺特征详见表1-5。

表 1-5　各种生产类型的工艺特点

| 项　　目 | 单件小批生产 | 中批生产 | 大批大量生产 |
|---|---|---|---|
| 加工对象 | 不固定、经常换 | 周期性地变换 | 固定不变 |
| 机床设备和布置 | 采用通用设备，按机群式布置 | 采用通用设备，按工艺路线成流水线布置或机群式布置 | 广泛采用专用设备，全按流水线布置，广泛采用自动线 |
| 夹具 | 非必要时不采用专用设备 | 广泛使用专用夹具 | 广泛使用高效能的专用夹具 |
| 刀具和量具 | 通用刀具和量具 | 广泛使用专用刀具和量具 | 广泛使用高效专用刀具和量具 |
| 毛坯情况 | 用木模手工制造，自由锻，精度低 | 金属模、模锻，精度中等 | 金属模机器造型、精密铸造、模锻，精度高 |
| 安装方法 | 广泛采用划线找正等方法 | 保持一部分划线找正，广泛使用夹具 | 不需划线找正，一律用夹具 |
| 尺寸获得方法 | 试切法 | 试切法、调整法 | 用调整法、自动化加工 |
| 零件互换性 | 广泛使用配刮 | 一般不用配刮 | 全部互换，可进行选配 |
| 工艺文件形式 | 过程卡 | 工序卡 | 操作卡及调整卡 |
| 操作工人平均技术水平 | 高 | 中等 | 低 |
| 生产率 | 低 | 中等 | 高 |
| 成本 | 高 | 中等 | 低 |

### 四、零件结构工艺性分析

零件结构工艺性是指所设计的零件在满足要求的前提下，制造的可行性和经济性。良好的结构工艺性是指在现有工艺条件下既能方便制造，又有较低的制造成本。对零件进行工艺分析的目的，一是形成对有关零件的全面深入的认识和工艺过程的初步轮廓，做到心中有数；二是从工艺的角度审视零件，扫除工艺上的障碍，为后续各项程序中确定工艺方案奠定基础。

零件结构工艺性的分析，包括零件尺寸和公差的标注、零件的组成要素和整体结构等方面的分析。

#### 1. 分析零件图

由于应用场合和使用要求不同，形成了各种零件在结构特征上的差异。通过零件图了解零件的结构特点、尺寸大小与技术要求，必要时还应研究产品装配图以及查看产品质量验收标准，借以熟悉产品的用途、性能和工作条件，明确零件在产品（或部件）中的功用及各零件间的相互装配关系等。

（1）分析零件的结构　首先，分析组成零件各表面的几何形状，加工零件的过程，实质上是形成这些表面的过程，表面不同，其典型的工艺方法不同；其次，分析组成零件的基本表面和特形表面的组合情况。

（2）分析零件的技术要求　零件的技术要求一般包括：各加工表面的加工精度和表面质量，热处理要求，动平衡、去磁等其他技术要求。

　　分析零件的技术要求，应首先区分零件的主要表面和次要表面。主要表面是指零件与其他零件相配合的表面或直接参与机器工作过程的表面，其余表面称为次要表面。

　　分析零件的技术要求，还要结合零件在产品中的作用、装配关系、结构特点，审查技术要求是否合理。过高的技术要求，会使工艺过程复杂，加工困难，影响加工的生产率和经济性。如果发现不妥甚至遗漏或错误之处，应提出修改建议，与设计人员协商解决；如果要求合理，但现有生产条件难以实现，则应提出解决措施。

　　（3）分析零件的材料　材料不同，工作性能、工艺性能不同，会影响毛坯制造和机械加工工艺过程。图1-7所示的方头销，其上有一孔 $\phi2H7$ 要求在装配时配作，零件材料为T8A，要求头部淬火硬度 55～60HRC。而零件长度只有15mm，方头长4mm，局部淬火时，全长均被淬硬，配作时，$\phi2H7$ 孔无法加工。若材料改用20Cr进行渗碳淬火，便能解决问题。

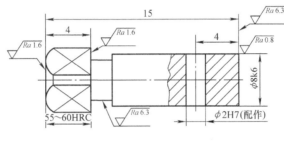

图1-7　方头销

### 2. 分析零件的结构工艺性

　　切削加工对零件结构工艺性总的要求是使零件安装、加工和测量方便，提高切削效率，减少加工量和易于保证加工质量。表1-6和表1-7对照列出最常见的零件切削加工工艺性的优劣，供分析时参考。

表1-6　便于安装的零件结构工艺性分析示例

| 设计准则 | 结构简图 | | 说　明 |
| --- | --- | --- | --- |
| | 改　进　前 | 改　进　后 | |
| 改变结构 | | | 工件安装在卡盘上车削圆锥面，若用锥面装夹，工件与卡盘呈点接触，无法夹紧；改用圆柱面后，定位、夹紧都可靠 |
| | | | 加工大平板顶面，在两侧设置装夹用的凸缘和孔，既便于用压板及螺栓将其固定在机床工作台上，又便于吊装和搬运 |

（续）

| 设计准则 | 结构简图 | | 说　明 |
|---|---|---|---|
| | 改　进　前 | 改　进　后 | |
| | | 　工艺凸台 | 受机床床身结构限制或考虑外形美观，加工导轨时不好定位，为满足工艺要求可在毛坯上增设工艺凸台，精加工后再将其切除 |
| 增设方便安装的定位基准 | | | 车削轴承盖上 φ120mm 外圆及端面，将毛坯 B 面构形改为 C 面或增加工艺凸台 D，使定位准确，夹紧稳固 |
| | | | 在划线平板的四个侧面上各增加两个孔，以便加工顶面时直接用压板及螺栓压紧，且方便吊装起运 |
| 减少安装次数 | | | 键槽或孔的尺寸、方位应尽量一致，便于在一次进给中铣出全部键槽或在一次安装中钻出全部孔 |
| | | | 轴套两端轴承座孔有较高的相互位置精度要求，最好能在一次装夹中加工出来 |
| 有足够的刚性 | | | 薄壁套筒夹紧时易变形，若一端加凸缘，可增加零件的刚性，保证加工精度；而且较大的刚性允许采用较大的切削用量进行加工，利于提高生产率 |

（续）

| 设计准则 | 结构简图 | | 说明 |
|---|---|---|---|
| | 改进前 | 改进后 | |
| 减轻重量 | 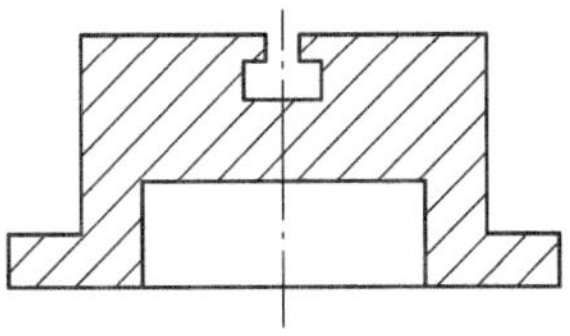 | 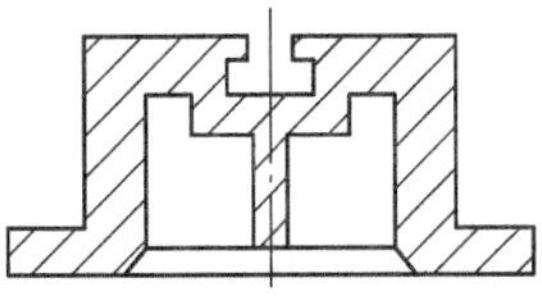 | 在满足强度、刚度和使用性能的前提下，从结构上应减少零件壁厚，力求体积小、重量轻，减轻装卸劳动量；必要时可在空心处布置加强肋 |

表 1-7 便于加工和测量的零件结构工艺性分析示例

| 设计准则 | 结构简图 | | 说明 |
|---|---|---|---|
| | 改进前 | 改进后 | |
| 易于进刀和退刀 | 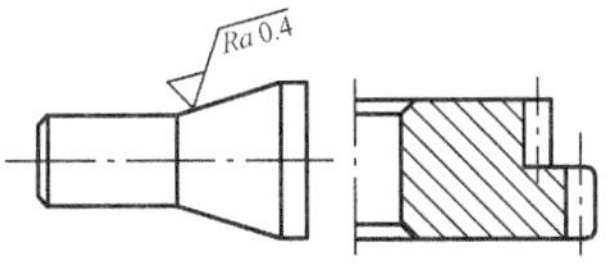 Ra 0.4 | 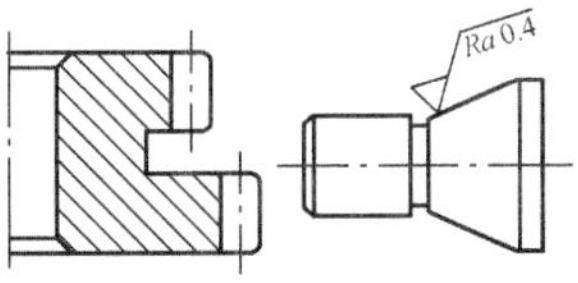 Ra 0.4 | 留出退刀空间，小齿轮可以插齿加工；有砂轮越程槽后，方便于磨削锥面时清根 |
| | 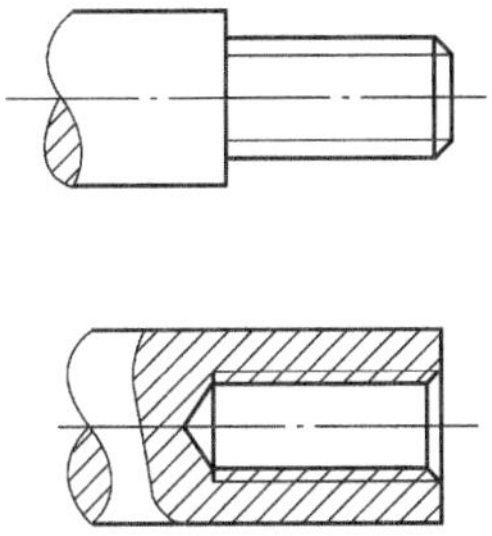 | 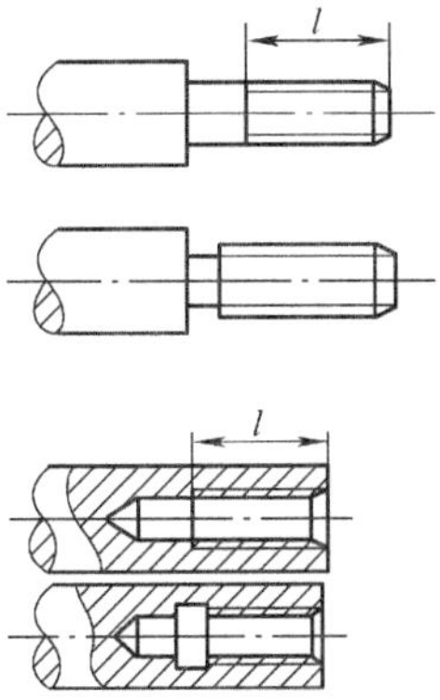 $l$ | 加工内、外螺纹时，其根部应留有退刀槽或保留足够的退刀长度，使刀具能正常地工作 |
| 减少加工困难 | 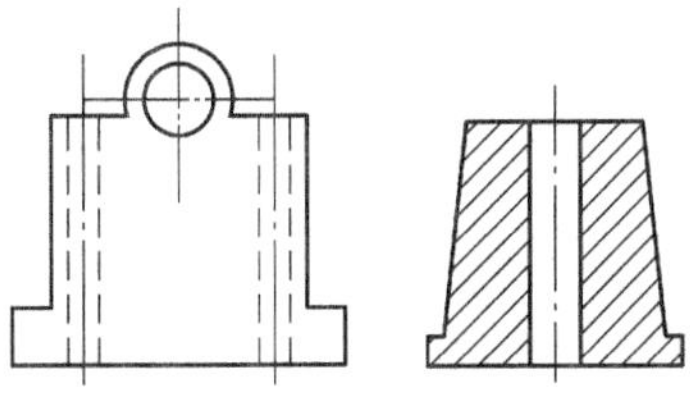 | 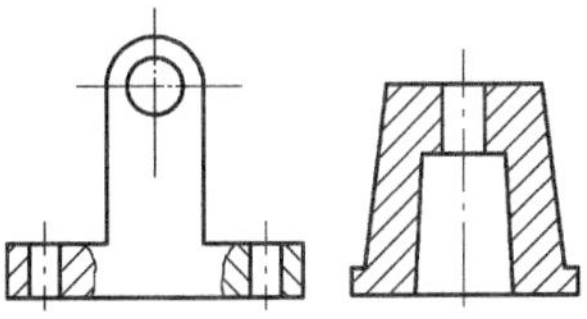 | 钻孔一端留空刀或减小孔深，既可避免深孔加工和钻头偏斜，减少工作量和钻头损耗，又可减轻零件重量，节省材料 |

（续）

| 设计准则 | 结构简图 | | 说　明 |
|---|---|---|---|
| | 改 进 前 | 改 进 后 | |
| 减少加工困难 | | | 斜面钻孔时，钻头易引偏和折断；只要零件结构允许，应在钻头进出表面上预留平台 |
| | | | 箱体内安放轴承座的凸台面属不敞开的内表面，加工和测量均不方便；改用带法兰的轴承座与箱体外部的凸台连接，则加工时，刀具易进入、退出和顺利通过凸台外表面 |
| | | | 在常规条件下，弯曲孔的加工显然是不可能的，应改为几段直孔相接而成 |
| 减少加工表面面积 | | | 加工面与非加工面应明显分开，加工面之间也应明显分开，以尽量减少加工面积，并保证工作稳定可靠 |

（续）

| 设计准则 | 结构简图 | | 说　明 |
|---|---|---|---|
| | 改　进　前 | 改　进　后 | |
| 便于采用标准刀具 | 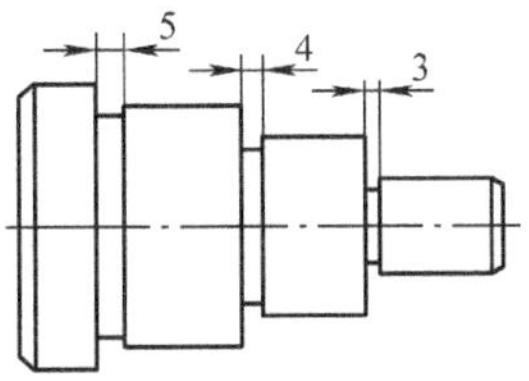 | 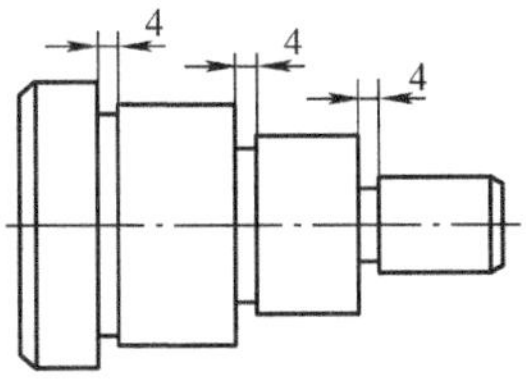 | 各结构要素的尺寸规格相差不大时，应尽量采取统一数值并标准化，以便减少刀具种类和换刀时间，便于采用标准刀具进行加工和数控加工 |
| | 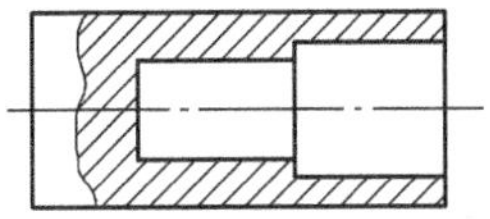 | 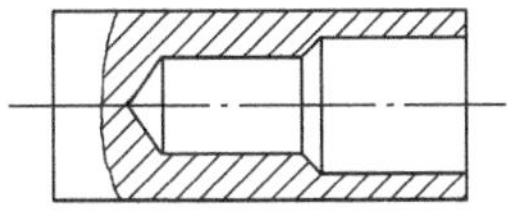 | 加工表面的结构形状尽量与标准刀具的结构形状相适应，使加工表面在加工中自然形成，减少专用刀具的设计和制造工作量 |
| | 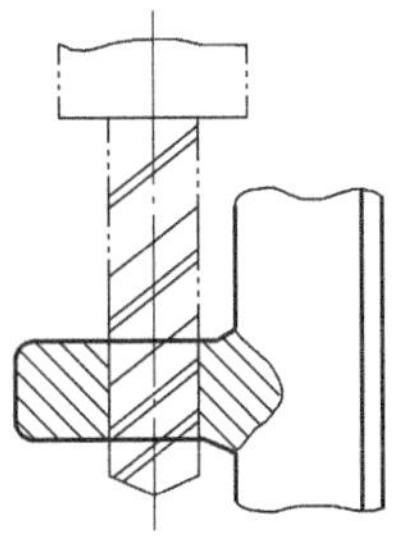 | 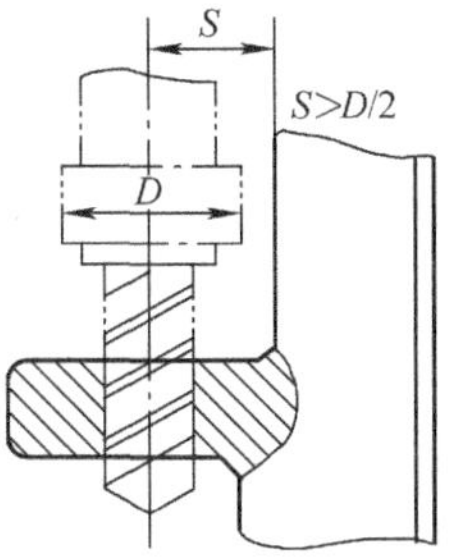 | 凸缘上的孔要留出足够的加工空间，当孔的轴线与侧壁面距离 $S$ 小于钻夹头外径的一半时，难以采用标准刀具进行加工 |
| 减少对刀次数 | 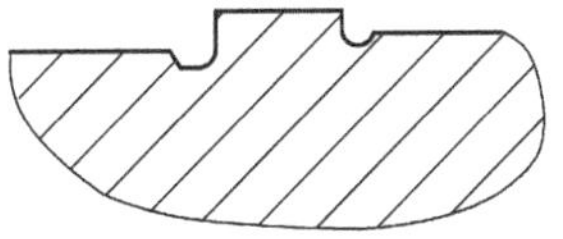 | 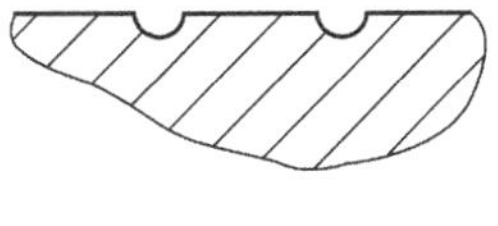 | 所有凸台面尽可能布置在同一平面上或同一轴线上，以便一次对刀完成加工 |
| 力求加工表面几何形状简单 | 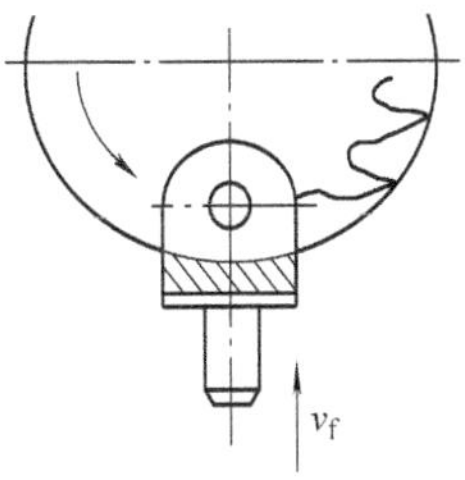 | 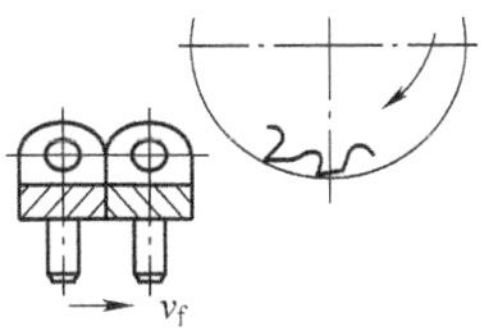 | 拨叉的沟槽底部若为圆弧形，铣刀直径必须与圆弧直径一致，且只能单个地进行加工；若改成平面，则可选任意直径的铣刀并多件串联起来同时加工，以提高生产率 |

　　在对零件进行工艺性分析中若发现问题，如图样上的视图、尺寸标注、技术要求不尽合理甚至有错误或遗漏，或结构工艺性不好，工艺人员可以提出修改意见，在征得设计人员的同意后，经一定的试验和审批程序进行修改。

　　零件的结构工艺性与发展着的先进工艺方法相适应，特别是数控加工和特种加工的发展应用，对零件工艺性发生了许多变化。例如，数控机床，特别是加工中心，具有功能多、柔性大的优点，能实现工序高度集中，在工件一次装夹中能完成多个工序、多个表面加工，而且加工精度高。原来被认为工艺性不好的零件，如有曲线、曲面、多方向的孔和平面或者有位置精度要求很高的孔和平面的零件，在数控机床上加工并不困难。对于常规切削加工而言，方孔、小孔、弯孔、窄缝等被认为是工艺性很"坏"的典型，工艺人员、设计人员是非常"忌讳"的，有的甚至是"禁区"。随着特种加工技术在生产中日益广泛的应用，这种现象得以改变，采用电火花穿孔成形加工或电火花线切割加工等特种加工方法，加工方孔和加工圆孔的难易程度是一样的。过去，淬火前漏做钻定位销孔、铣槽等工序，淬火后即成废品，现在则大可不必，可安排电火花打孔、切槽等工序进行补救。因此，工程技术人员应注意及时进行知识更新，据实衡量零件的结构工艺性。

**3. 装配和维修对零件结构工艺性的要求**

零件的结构应便于装配和维修时的拆装。装配和维修对零件结构工艺性影响的示例见表1-8。

表1-8　装配和维修对零件结构工艺性影响示例

| 序号 | 改进前 | 改进后 | 说　明 |
|---|---|---|---|
| 1 | 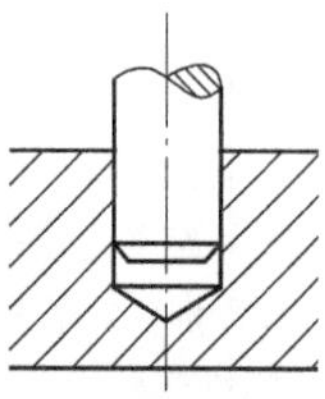 | 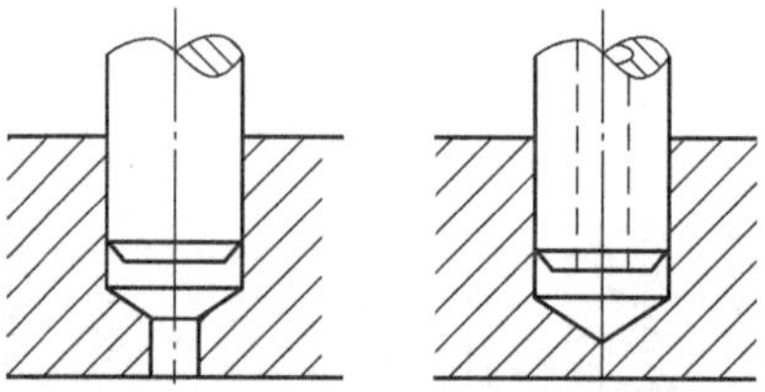 | 改进后有透气口 |
| 2 | 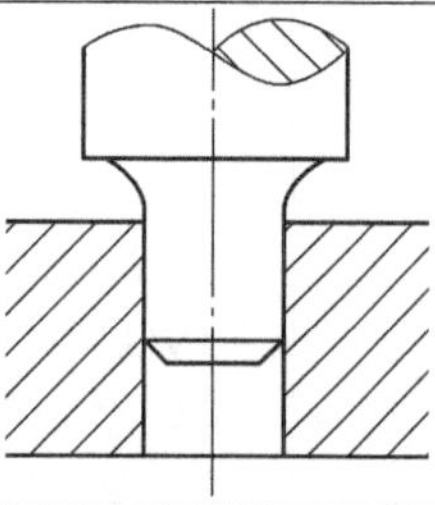 | 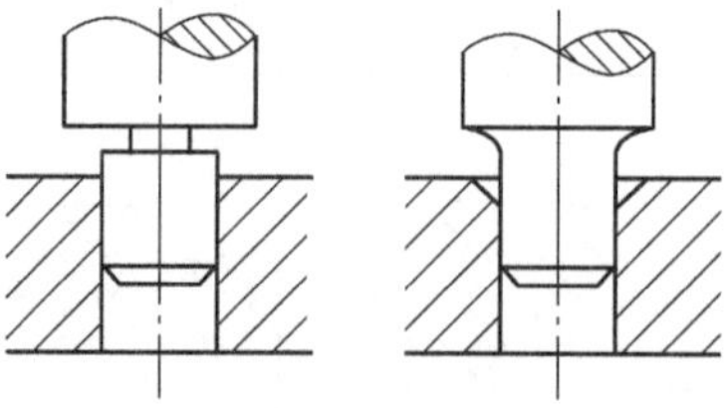 | 改进后在轴肩处切槽或孔口处倒角 |
| 3 | 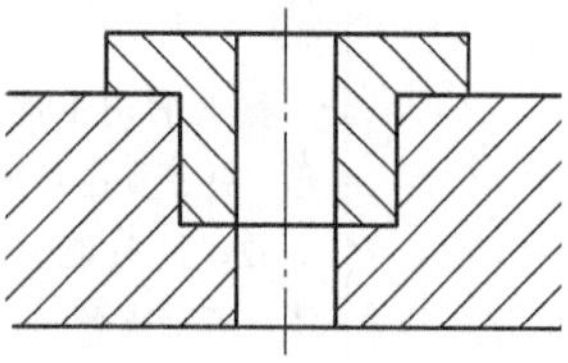 | 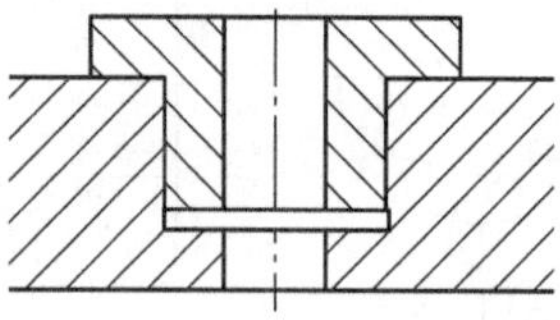 | 改进前结构不合理 |
| 4 | 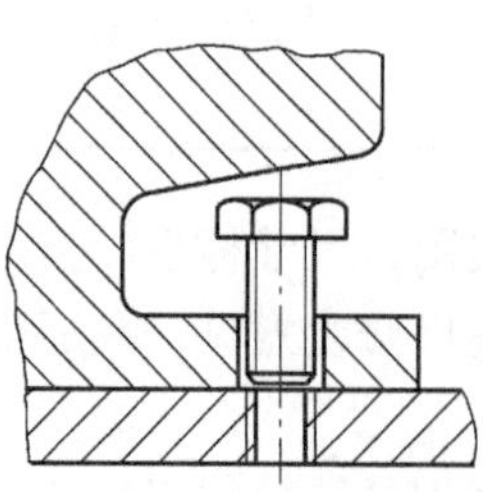 | 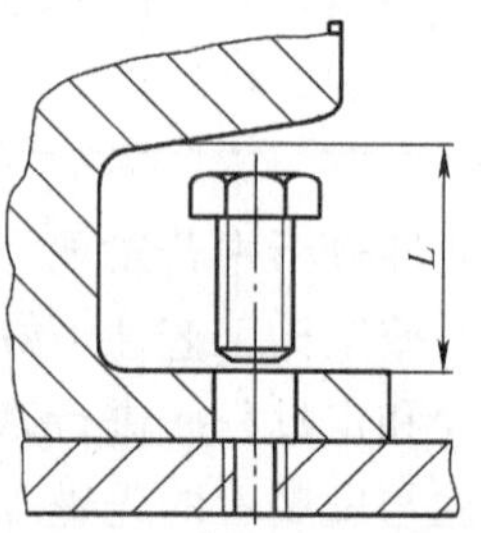 | 改进前螺钉装配空间太小，螺钉装不进 |

### 五、基准的概念和分类

**1. 基准的定义**

确定加工对象上几何要素间几何关系（点、线、面位置）所依据的那些点、线、面称为基准。

**2. 基准的分类**

（1）设计基准　设计基准是在设计图样上所采用的基准，如图1-8所示。B面和C面的尺寸 l 和 L 均以 A 面为基准，B面的轴向圆跳动和外圆面 φ40h6 的径向圆跳动均以内孔轴线为基准。

（2）工艺基准　工艺基准是指零件在机械加工过程中用来确定加工表面加工后尺寸、形状、位置的基准，也就是该零件在加工、测量、装配中能采用的基准，如图1-9所示。

1）定位基准。定位基准是零件在加工时，使工件在机床或夹具中占据正确位置所用的基准，如图1-9a、c所示。

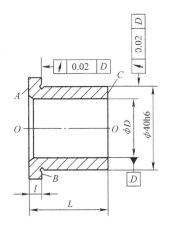

图1-8　设计基准

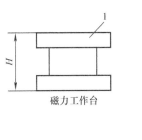 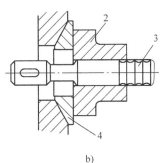 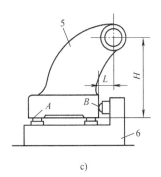

a)　　　　　　　　b)　　　　　　　　c)

图1-9　定位基准和装配基准

1—刀架座　2—齿坯　3—拉刀　4—球面垫圈　5—工件　6—夹具

2）工序基准。在工序图上，用来确定本工序所加工表面加工后的尺寸、位置的基准称为工序基准。

工序基准可以采用工件上的实际点、线、面，也可以是工件表面的几何中心、对称面或对称线等，如图1-10所示。

3）测量基准。测量基准是零件加工后，用于检测加工表面的基准，如图1-11所示。

4）装配基准。装配基准是机器装配时，用来确定零件或部件在产品中相对位置所采用的基准，图1-12所示的 A 面和 B 面是轴在装配时采用的基准。

当根据工件加工要求确定工件应限制的自由度后，某一方向自由度的限制往往会有几个定位基准可选择。

定位基准可分为粗基准和精基准，粗基准是指用毛坯表面作为定位基准；精基准是指用已加工表面作为定位基准。

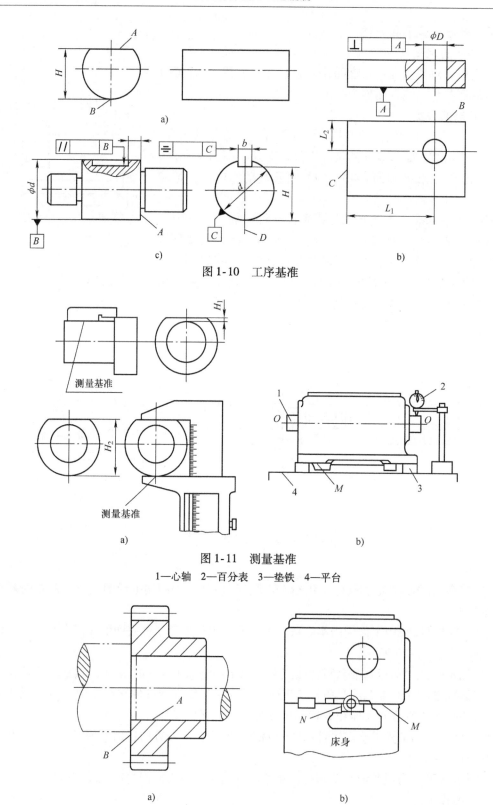

图 1-10 工序基准

图 1-11 测量基准
1—心轴 2—百分表 3—垫铁 4—平台

图 1-12 装配基准

# 任务二　机械加工工艺规程的制定

**一、机械加工工艺规程**

机械加工工艺规程简称为工艺规程，是规定产品或零部件制造工艺过程和操作方法等的工艺文件。

在一定的生产条件下，对同样一个零件，可能会有几个不同的工艺过程。合理的工艺设计方案应立足于生产实际，全面考虑，体现各方面要求的协调和统一。

**1. 制定工艺规程的原则**

（1）目标方面的科学性　制定工艺规程的首要原则是确保质量，即加工出符合设计图样规定的各项技术要求的零件。

"优质、高产、低耗"是制造过程中不懈追求的目标。但质量、生产率和经济性之间经常互相矛盾，可遵循"质量第一、效益优先、效率争先"这一基本法则，统筹兼顾，处理好这些矛盾。

在保证质量可靠的前提下，评定不同工艺方案好坏的主要标志是工艺方案的经济性。"效益优先"就是通过成本核算和相互对比，选择经济上最合理的方案，力争减少制造时的材料和能源消耗，降低制造成本。

"效率争先"就是争取最大限度地满足生产周期和数量上的要求。

（2）实施方面的可行性　应充分考虑零件的生产纲领和生产类型，充分利用现有生产技术条件，使制定的工艺切实可行，尤其注意不要与国家环境保护明令禁止的工艺手段等要求相抵触，并尽可能做到平衡生产。

（3）技术方面的先进性　要用可持续发展的观点指导工艺方案的制定，既应符合生产实际，又不能墨守成规，在通过必要的工艺试验的基础上，积极采用国内外适用的先进技术和工艺。

（4）劳动方面的安全性　树立保障工人实际操作时的人身安全和创造良好文明的劳动条件的思想，在工艺方案上注意采取机械化或自动化等措施，并体现在工艺规程中，减轻工人的劳动强度。

此外，工艺规程还应做到正确、完整、统一和清晰，所用术语、符号、计量单位和编号等都应符合相应标准，以方便直接指挥现场生产和操作。

**2. 工艺规程的作用**

1）工艺规程是指导生产的主要技术文件。

2）工艺规程是组织生产和管理工作的基本依据。

3）工艺规程是新建或扩建工厂或车间的基本资料。

**3. 常用工艺文件的种类**

常用的工艺文件的格式有下列几种。

（1）机械加工工艺过程卡片　机械加工工艺过程卡片以工序为单位，简要地列出整个零件加工所经过的工艺路线（包括毛坯制造、机械加工和热处理等）。它是制定其他工艺文件的基础，也是生产准备、编排作业计划和组织生产的依据。在这种卡片中，由于工序的说明不够具体，故一般不直接指导工人操作，而多作为生产管理使用。但在单件小批生产中，由于通常不编制其他较详细的工艺文件，就以这种卡片指导生产。机械加工工艺过程卡片见表1-9。

表1-9　机械加工工艺过程卡片

| ×××工厂 | | 机械加工工艺过程卡片 | | | 产品型号 | | 图号 | | |
|---|---|---|---|---|---|---|---|---|---|
| | | | | | 零件名称 | | 文件编号 | | |
| 材料名称 | | 数量 | | 材料规格 | | 产品名称 | | 总作业时间 | |
| 工序号 | 工序名称 | 工序内容 | | | 设备 | | 工艺设备 | | 作业时间 |
| | | | | | 名称 | 型号 | 名称 | 编号 | |
| | | | | | | | | | |
| | | | | | | | | | |
| | | | | | | | | | |
| | | | | | | | | | |
| | | | | | | | | | |
| | | | | | | | | | |
| 标记 | 处数 | 签字 | 日期 | 编制 | 校对 | 审核 | 会签 | 日期 | 第1页　　共1页 |

（2）机械加工工艺卡片　机械加工工艺卡片是以工序为单位，详细地说明整个工艺过程的一种工艺文件。它是用来指导工人生产和帮助车间管理人员和技术人员掌握整个零件加工过程的一种主要技术文件，广泛应用于成批生产的零件和重要零件的小批生产中。机械加工工艺卡片内容包括零件的材料、毛坯种类、工序号、工序名称、工序内容、工艺参数、操作要求以及采用的设备和工艺装备等。

（3）机械加工工序卡片　机械加工工序卡片是根据机械加工工艺卡片为每一道工序制定的。它更详细地说明整个零件各个工序的要求，是用来具体指导工人操作的工艺文件。在这种卡片上要画工序简图，说明该工序每个工步的内容、工艺参数、操作要求以及所用的设备及工艺装备，一般用于大批大量生产的零件。机械加工工序卡片见表1-10。

表 1-10  机械加工工序卡片

| 机械加工工序卡片 | | 产品型号 | | 零件图号 | | | |
|---|---|---|---|---|---|---|---|
| | | 产品名称 | | 零件名称 | | 共1页 | 第1页 |
| | | 车间 | 工序号 | 工序名称 | 材料牌号 | | |
| | | | | | | | |
| | | 毛坯的种类 | 毛坯的外形尺寸 | 每个毛坯可制件数 | 每台件数 | | |
| | | | | | | | |
| | | 设备名称 | 设备型号 | 设备编号 | 同时加工数 | | |
| | | | | | | | |
| | | 夹具编号 | 夹具名称 | 切削液 | | | |
| | | | | | | | |
| | | 工位器具编号 | 工位器具名称 | 工序时 | | | |
| | | | | 准终 | 单件 | | |
| 工步 | 工步内容 | 工艺装备 | 主轴转速 | 切削速度 | 横进给量 | 切削深度 | 进给次数 | 工步工时 | |
| | | | | | | | | 机动 | 辅助 |
| | | | | | | | | | |
| | | | | | | | | | |
| | | | | | | | | | |
| | | | | | | | | | |
| | | | | | | | | | |
| 标记 | 处数 | 签字 | 日期 | 编制 | 校对 | 审核 | 会签 | 日期 | 第1页 | 共1页 |

**4. 制定机械加工工艺规程的原始资料**

在编制零件机械加工工艺规程之前，要进行调查研究，了解国内外同类产品的有关工艺情况，收集必要的技术资料，作为编制时的依据和条件。

1）技术图样与说明性技术文件包括：零件的工作图样和必要的产品装配图样，针对技术设计中的产品结构、工作原理、技术性能等方面做出描述的技术设计说明书，产品的验收质量标准等。

2）质量标准。

3）产品的生产纲领及其所决定的生产类型。

4）毛坯资料包括：各种毛坯制造方法的特点，各种钢材和型材的品种与规格，毛坯图等，并从机械加工工艺角度对毛坯生产提出要求。在无毛坯图的情况下，需实地了解毛坯的形状、尺寸及力学性能等。

5）本厂现有生产条件，主要包括：毛坯的生产能力、技术水平或协作关系，现有加工设备及工艺装备的规格、性能、新旧程度及现有精度等级，操作工人的技术水平，辅助车间制造专用设备、专用工艺装备及改造设备的能力等。

6）国内外同类产品的有关工艺资料，如工艺手册、图册、各种标准及指导性文件。

7）先进技术、工艺。

**5. 制定机械加工工艺规程的步骤**

（1）根据生产纲领确定生产类型　制定工艺规程时，必须首先确定生产类型，才能使所制定的工艺规程与生产类型相适应，以取得良好的经济效果。

当零件的产量较小时，可将那些工艺特征相似的零件归并成组来进行加工。

（2）分析研究产品图样　对零件进行工艺性分析，主要包括：零件功用，零件的主要加工表面及技术要求，分析零件结构工艺性、装配工艺性。

通过分析零件图及有关的装配图，明确该零件在部件或总成中的位置、功用和结构特点，了解零件技术条件制定的依据，找出其主要技术要求和技术关键，以便在制定工艺规程时采取措施予以保证。

此外，应检查零件图上的视图、尺寸、表面粗糙度、表面形状和位置公差等是否标注齐全以及各项技术要求是否合理，并审查零件结构工艺性。表1-7列举了一些关于零件结构工艺性的示例。

（3）选择毛坯　选择毛坯主要是确定毛坯的类型、结构形状、制造方法等。毛坯选用是否合理，对零件的质量、材料消耗和加工工时都有很大的影响。显然，毛坯的尺寸和形状越接近成品零件，机械加工的劳动量就越少，但是毛坯的制造成本就越高。所以应根据生产纲领，综合考虑毛坯制造和机械加工的费用来确定毛坯，以求得最好的经济效果。

机械加工常用的毛坯有铸件、锻件和型材等。选用时应考率下列因素：

1）零件的材料及其力学性能。零件的材料大致确定了毛坯的种类。例如，铸件和青铜零件用铸造毛坯；钢质零件当形状不复杂而力学性能要求不高时常采用棒料，力学性能要求高时宜用锻件。

2）零件的结构形状和尺寸。例如，阶梯轴零件各台阶直径相差不大时可用棒料，相差较大时宜用锻件；外形尺寸大的零件一般用自由锻锻件或砂型铸造毛坯，中小型零件可用模锻锻件或特种铸造毛坯。

3）生产类型。大批生产应采用精度和生产率都高的毛坯制造方法，铸件应采用金属模机器造型，锻件应采用模锻或精密锻造。单件小批生产则应采用木模手工造型铸件或自由锻锻件。

4）毛坯车间的生产条件。必须结合现有生产条件来确定毛坯，也应考虑到毛坯车间的近期发展情况以及是否可由专业化工厂提供毛坯。

5）利用新工艺、新技术、新材料的可能性。例如，采用精密铸造、精锻、冷轧、冷挤压、粉末冶金、异型钢材及工程塑料等。

（4）拟定工艺路线　这是制定工艺规程的核心。其主要内容是：选择定位基准；确定各表面的加工方法及加工路线；划分加工阶段，合理安排加工顺序，即完成零件所有加工表面的加工路线。在拟定工艺路线时，常常需要提出几个方案进行分析对比，最后确定一个比较理想的方案。

(5) 选择设备和工艺装备 选择机床的原则是：机床类别与工序加工方法相适应；机床规格与被加工零件的外形尺寸相适应；机床精度与工序要求的精度相适应；机床生产率与零件的生产类型相适应；与现有设备条件相适应。

夹具的选择：单件小批生产应选用通用夹具，也可采用组合夹具或成组夹具。大批生产应设计专用夹具。

刀具的选择：一般应尽可能选用标准刀具，必要时可选用高生产率的复合刀具或其他专用刀具。

量具的选择：主要根据生产类型和所要求的检验精度来选择。单件小批生产应尽量采用通用量具，大批生产应采用各种极限量规和高效的检验夹具、检验仪器等。

当需要设计专用的刀具、夹具、量具时，应提出设计任务书。

(6) 确定工序加工余量、计算工序尺寸及公差

(7) 确定各主要工序的技术要求及检验方法

(8) 确定切削用量、工时定额

(9) 工艺方案的技术经济分析

(10) 填写工艺文件

**二、工艺路线的拟定**

拟定工艺路线是指拟定加工所经过的有关部门和工序的先后顺序，是制定工艺规程的重要内容，其任务是据零件加工要求、生产批量及生产条件等因素，选择各加工表面的加工方法，确定各表面的加工顺序以及整个工艺过程的工序数目和工序内容。

**1. 定位基准的选择**

定位基准包括粗基准和精基准。

(1) 精基准的选择 选择精基准时，应从整个工艺过程来考虑如何保证工件的尺寸精度和位置精度并使装夹方便可靠。其选择原则如下：

1) 基准重合原则。基准重合原则即选用设计基准作为定位基准，以避免定位基准与设计基准不重合而引起的基准不重合误差。

如图 1-13 所示零件，调整法加工 $C$ 面时以 $A$ 面定位，定位基准 $A$ 与设计基准 $B$ 不重合，见图 1-13b。此时尺寸 $c$ 的加工误差不仅包含本工序所出现的加工误差 ($\Delta j$)；而且还加进了由于基准不重合带来的设计基准和定位基准之间的尺寸误差，其大小为尺寸 $a$ 的公差值 ($T_a$)，这个误差称为基准不重合误差，见图 1-13c 从图 1-13c 中可看出，欲加工尺寸 $c$ 的误差包括 $\Delta j$ 和 $T_a$，为了保证尺寸 $c$ 的精度 ($T_c$) 要求，应使

$$\Delta j + T_a \leqslant T_c \tag{1-2}$$

当尺寸 $c$ 的公差值 $T_c$ 已定时，由于基准不重合而增加了 $T_a$，就必将缩小本工序的加工误差 $\Delta j$ 的值，也就是要提高本工序的加工精度，增加加工难度和成本。

如果能通过一定的措施实现以 $B$ 面定位加工 $C$ 面，如图1-14所示，此时尺寸 $a$ 的误差对加工尺寸 $c$ 无影响，本工序的加工误差只需要满足

$$\Delta j \leqslant T_c \tag{1-3}$$

显然，这种基准重合的基本情况能使本工序允许出现的误差加大，使加工更容易达到精

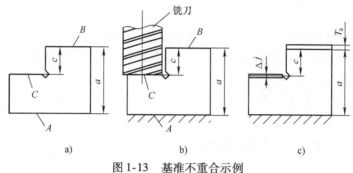

图 1-13　基准不重合示例

A—夹紧面　B—设计基准面　C—加工面

度要求，经济性好。但是，这样往往会使夹具结构复杂，增加操作的困难。而为了保证加工精度，有时不得不采取这种方案。

2）基准统一原则。采用同一组基准定位加工零件上尽可能多的表面，这就是基准统一原则。这样可以简化工艺规程的制定工作，减少夹具设计、制造工作量和成本，缩短生产准备周期。由于减少了基准转换，便于保证各加工面的相互位置精度。如图 1-15 所示加工轴类零件时，采用两中心孔定位加工各外圆表面，就符合基准统一原则。箱体零件采用一面两孔定位，齿轮的齿坯和齿形加工多采用齿轮的内孔及一端面为定位基准，均属于基准统一原则。

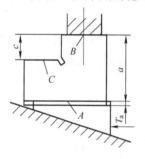

图 1-14　基准重合示例

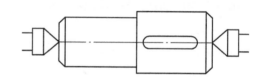

图 1-15　基准统一示例

3）自为基准原则。某些要求加工余量小而均匀的精加工工序，选择加工表面本身作为定位基准，称为自为基准原则。例如在磨削如图 1-16 所示的导轨面时，在磨床上，用百分表找正导轨面相对机床运动方向的正确位置，然后加工导轨面以保证导轨面余量均匀，满足导轨面的质量要求。

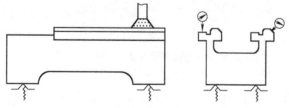

图 1-16　自为基准示例

4）互为基准原则。当对工件上两个相互位置精度要求很高的表面进行加工时，需要用两个表面互相作为基准，反复进行加工，以保证位置精度要求。图 1-17 所示的车床主轴要求前后轴颈与前锥孔同心，工艺上先以前后轴颈定位，加工通孔、后锥孔和前锥孔，再以前锥孔及后锥孔（附加定位基准）定位，加工前后轴颈，经过几次反复，由粗加工、半精加工至精加工，最后以前后轴颈定位，加工前锥孔，保证的较高的同轴度。

5）所选精基准应保证工件安装可靠，夹具设计简单、操作方便。

（2）粗基准选择原则 选择粗基准时，主要要求保证各加工面有足够的余量，并注意精基准面。在具体选择时应考虑下列原则：

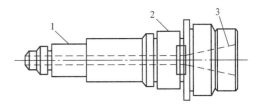

图 1-17 互为基准
1—后轴颈 2—前轴颈 3—前锥孔

1）如果要求保证工件上某种重要表面的加工余量均匀，则应选用该表面为粗基准。例如，车床床身粗加工时，为保证导轨面均匀的金相组织和较高的耐磨性，应使其加工余量适当而且均匀，因此应选择导轨面 A 作为粗基准先加工床脚面，再以床脚面 B 为精基准加工导轨面，如图 1-18 所示。

2）若主要要求保证加工面与不加工面之间的位置要求，则应选不加工面为粗基准。如图 1-19 所示零件，选不加工的外圆 A 为粗基准，从而保证其壁厚均匀。

如果工件上有好几个不加工面，则应选择与加工面位置要求不高的不加工面为粗基准，以便于保证精度要求，使外形对称等。

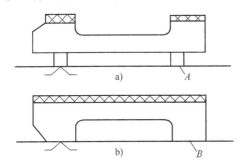

图 1-18 床身加工的粗基准

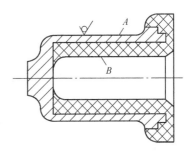

图 1-19 粗基准选择的示例

3）如果零件上每个表面都要加工，则应选加工余量最小的表面为粗基准，以避免该表面在加工时因余量不足而留下部分毛坯面，造成工件废品，如图 1-20 所示。

4）作为粗基准的表面，应尽量平整光洁，有一定面积，以使工件定位可靠、夹紧方便。

5）粗基准在同一尺寸方向上只能使用一次。因为毛坯面粗糙且精度低，重复使用将产生较大的误差。

实际上，无论选择精基准还是粗基准，上述原则都不可能同时满足，有时还是互相矛盾的。因此，在选择时应根据具体情况进行分析，权衡利弊，保证其主要的要求。

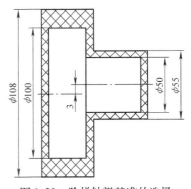

图 1-20 阶梯轴粗基准的选择

**2. 表面加工方法选择**

选择表面加工方法时，一般先根据表面的加工精度和表面粗糙度要求并考虑生产率和经济性，考虑零件的结构形状、尺寸大小、材料和热处理要求及工厂的生产条件等因素，选定最终加工方法，然后再确定精加工前的准备工序和加工方法，即确定加工方案。

（1）加工方法的经济精度、表面粗糙度与加工表面的技术要求相适应　表1-11~表1-13分别为外圆柱面、孔和平面等典型加工方法和加工方案能达到的经济精度和经济表面粗糙度。各种加工方法所能达到的经济精度和经济表面粗糙度等级，在机械加工的各种手册中均能查到。

表1-11　外圆柱面加工方法

| 序号 | 加工方法 | 经济精度（公差等级表示） | 经济表面粗糙度 Ra/μm | 适用范围 |
|---|---|---|---|---|
| 1 | 粗车 | IT13~IT11 | 50~12.5 | 适用于淬火钢以外的各种金属 |
| 2 | 粗车-半精车 | IT10~IT8 | 6.3~3.2 | |
| 3 | 粗车-半精车-精车 | IT8~IT7 | 1.6~0.8 | |
| 4 | 粗车-半精车-精车-滚压（或抛光） | IT8~IT7 | 0.2~0.025 | |
| 5 | 粗车-半精车-磨削 | IT8~IT7 | 0.8~0.4 | 主要用于淬火钢，也可用于未淬火钢，但不宜加工有色金属 |
| 6 | 粗车-半精车-粗磨-精磨 | IT7~IT6 | 0.4~0.1 | |
| 7 | 粗车-半精车-粗磨-精磨-超精加工 | IT5 | 0.12~0.1 | |
| 8 | 粗车-半精车-精车-精细车（金刚石车） | IT7~IT6 | 0.4~0.025 | 主要用于要求较高的有色金属加工 |
| 9 | 粗车-半精车-粗磨-精磨-超精磨（或镜面磨） | IT5以上 | 0.025~0.006 | 极高精度的外圆加工 |
| 10 | 粗车-半精车-粗磨-精磨-研磨 | IT5以上 | 0.1~0.006 | |

表1-12　孔加工方法

| 序号 | 加工方法 | 经济精度（公差等级表示） | 经济表面粗糙度 Ra/μm | 适用范围 |
|---|---|---|---|---|
| 1 | 钻 | IT13~IT11 | 12.5 | 加工未淬火钢及铸铁的实心毛坯，也可用于加工有色金属，孔径大 |
| 2 | 钻-铰 | IT10~IT8 | 6.3~1.6 | |
| 3 | 钻-粗铰-精铰 | IT8~IT7 | 1.6~0.8 | |
| 4 | 钻-扩 | IT11~IT10 | 12.5~6.3 | 加工未淬火钢及铸铁的实心毛坯，也可用于加工有色金属，孔径大于15~20mm |
| 5 | 钻-扩-铰 | IT9~IT8 | 3.2~1.6 | |
| 6 | 钻-扩-粗铰-精铰 | IT7 | 1.6~0.8 | |
| 7 | 钻-扩-机铰-手铰 | IT7~IT6 | 0.4~0.2 | |
| 8 | 钻-扩-拉 | IT9~IT7 | 1.6~0.1 | 大批大量生产（精度由拉刀的精度而定） |
| 9 | 粗镗（或扩孔） | IT13~IT11 | 12.5~6.3 | |
| 10 | 粗镗（粗扩）-半精镗（精扩） | IT10~IT9 | 3.2~1.6 | |
| 11 | 粗镗（粗扩）-半精镗（精扩）-精镗（铰） | IT8~IT7 | 1.6~0.8 | |

（续）

| 序号 | 加工方法 | 经济精度<br>（公差等级表示） | 经济表面粗糙度<br>Ra/μm | 适用范围 |
|---|---|---|---|---|
| 12 | 粗镗（粗扩）－半精镗（精扩）－精镗－浮动镗刀精镗 | IT7～IT6 | 0.8～0.4 | 除淬火钢外的各种材料，毛坯有铸出孔或锻出孔 |
| 13 | 粗镗（扩）－半精镗－磨孔 | IT8～IT7 | 0.8～0.2 | 主要用于淬火钢，也可用于未淬火钢，但不宜用于有色金属 |
| 14 | 粗镗（扩）－半精镗－粗磨－精磨 | IT7～IT6 | 0.2～0.1 | |
| 15 | 粗镗－半精镗－精镗－精细镗（金刚镗） | IT7～IT6 | 0.4～0.05 | 主要用于精度要求高的有色金属加工 |
| 16 | 钻－（扩）－粗铰－精铰－珩磨；钻－（扩）－拉－珩磨；粗镗－半精镗－精镗－珩磨 | IT7～IT6 | 0.2～0.025 | 精度要求很高的孔 |
| 17 | 钻－（扩）－粗铰－精铰－研磨；钻－（扩）－拉－研磨；粗镗－半精镗－精镗－研磨 | IT6～IT5 | 0.1～0.006 | |

**表 1-13　平面加工方法**

| 序号 | 加工方法 | 经济精度<br>（公差等级表示） | 经济表面粗糙度<br>Ra/μm | 适用范围 |
|---|---|---|---|---|
| 1 | 粗车 | IT13～IT11 | 50～12.5 | 端面 |
| 2 | 粗车－半精车 | IT10～IT8 | 6.3～3.2 | |
| 3 | 粗车－半精车－精车 | IT8～IT7 | 1.6～0.8 | |
| 4 | 粗车－半精车－磨削 | IT9～IT6 | 0.8～0.2 | |
| 5 | 粗刨（或粗铣） | IT13～IT11 | 25～6.3 | 一般不淬硬平面 |
| 6 | 粗刨（或粗铣）－精刨（或精铣） | IT10～IT8 | 6.3～1.6 | |
| 7 | 粗刨（或粗铣）－精刨（或精铣）－刮研 | IT7～IT6 | 0.8～0.1 | 精度要求较高的不淬硬平面，批量较大时宜采用宽刃精刨方案 |
| 8 | 粗刨（或粗铣）－精刨（或精铣）－宽刃精刨 | IT7 | 0.8～0.2 | |
| 9 | 粗刨（或粗铣）－精刨（或精铣）－磨削 | IT7 | 0.8～0.2 | 精度要求高的淬硬平面或不淬硬平面 |
| 10 | 粗刨（或粗铣）－精刨（或精铣）－粗磨－精磨 | IT7～IT6 | 0.4～0.025 | |
| 11 | 粗铣－拉削 | IT9～IT7 | 0.8～0.2 | 大量生产，较小的平面（精度视拉刀精度而定） |
| 12 | 粗铣－或精铣－磨削－研磨 | IT5 以上 | 0.1～0.006 | 高精度平面 |

（2）加工方法与被加工材料的性质相适应　经淬火后的表面，一般应采用磨削加工；未淬硬精密零件的配合表面，可采用刮研加工；硬度低而韧性较大的金属，如铜、铝、镁铝合金等有色金属，为避免在磨削时砂轮嵌塞，一般不采用磨削加工，而采用高速精车、精镗、精铣等加工方法。

（3）加工方法与生产类型相适应　对于较大的平面，铣削加工生产率较高，面窄长的工件宜用刨削加工；对于大量生产的低精度孔系，宜采用多轴钻削；对批量较大的曲面加工，可采用机械靠模加工、数控加工和特种加工等加工方法。

（4）加工方法与零件结构形状和尺寸大小相适应　零件的形状和尺寸影响加工方法的选择。如小孔一般用铰削加工，而较大的孔用镗削加工；箱体上的孔一般难以拉削而采用镗削或铰削加工；对于非圆的通孔，应优先考虑用拉削，批量较少时用插削加工；对于难磨的小孔，则可采用研磨加工。

（5）加工方法与本厂条件相适应

**3. 加工阶段的划分**

当零件尺寸精度和表面粗糙度要求比较高时，往往不能在一个工序中加工完成，而是划分为几个阶段来进行加工。

（1）工艺过程的加工阶段划分

1）粗加工阶段。主要切除各表面上的大部分加工余量，使毛坯形状和尺寸接近于成品。该阶段的特点是适用大功率机床，选用较大的切削用量，尽可能提高生产率和降低刀具磨损等。

2）半精加工阶段。完成要表面加工（钻孔、攻螺纹、铣键槽等），主要表面达到一定要求，为精加工做好余量准备，安排在热处理前。

3）精加工阶段。主要表面达到图样要求。精加工阶段的主要任务是保证加工质量。

4）光整加工阶段。进一步提高尺寸精度、降低表面粗糙度，但不能提高几何精度。

应当指出，加工阶段的划分是就零件加工的整个过程而言的，不能以某个表面的加工或某个工序的性质来判断。同时在具体应用时，也不可以绝对化，对有些重型零件或余量小、精度不高的零件，则可以在一次装夹后完成表面的粗精加工。

另外，当毛坯余量特别大，表面非常粗糙时，在粗加工阶段前还有荒加工阶段。为了能及时发现毛坯缺陷，减少运输量，荒加工阶段常在毛坯准备车间进行。

（2）划分加工阶段的原因

1）保证加工质量。工件在粗加工时，由于加工余量较大，所受的切削力、夹紧力较大，将引起较大的变形及内应力重新分布。如不分阶段进行加工，上述变形来不及恢复，将影响加工精度。而划分加工阶段后，能逐渐恢复和修正变形，提高加工质量。

2）合理使用设备。粗加工要求采用刚性好、效率高而精度低的机床，精加工则要求机床精度高。划分加工阶段后，可以避免以精干粗，充分发挥机床的性能，延长机床的寿命。

3）便于安排热处理工序。如粗加工阶段后，一般要安排去应力的热处理，以消除内应力。某些零件精加工前要安排淬火等最终热处理，其变形可通过精加工予以消除。

4）便于及时发现毛坯缺陷及重要表面损伤。毛坯经粗加工阶段后，缺陷即已暴露，可及时发现和处理，同时，精加工工序放在最后，可以避免加工好的表面在搬运和夹紧中受损。

**4. 工序的集中与分散**

（1）工序集中　工序集中就是将工件的加工集中在少数几道工序内完成，每道工序的加工内容较多。

工序集中有如下特点：

1）在一次安装中可以完成零件多个表面的加工，可以较好地保证这些表面的相互位置精度，同时减少了装夹时间和工件在车间内的搬运工作量，有利于缩短生产周期。

2）减少机床数量，并相应减少操作工人，节省车间面积，简化生产计划和生产组织工作。

3）可采用高效率的机床或自动生产线、数控机床等，生产率高。

4）因采用专用设备和工艺装备，使投资增大，调整和维护复杂，生产准备工作量大。

（2）工序分散　工序分散就是将工件的加工分散在较多的工序内进行，每道工序的加工内容很少，最少时每道工序仅包括一个简单工步。

工序分散有如下的特点：

1）机床设备及工艺装备简单，调整和维护方便，工人易于掌握，生产准备工作量少，便于平衡工序时间。

2）可采用最合理的切削用量，减少基本时间。

3）设备数量多，操作工人多，占用场地大。

工序集中和工序分散各有利弊，应根据生产类型、现有生产条件、企业能力、工作结构特点和技术要求等进行综合分析，择优选用。单件小批生产采用通用机床顺序加工，使工序集中，可以简化生产计划和组织工作。多品种小批生产也可以采用数控机床等先进的加工方法。对于重型工件，为了减少工件装卸和运输的劳动量，工序应适当集中。大批大量生产的产品，可采用专用设备和工艺装备，如多刀、多轴机床或自动机床等，将工序集中，也可将工序分散后组织流水线生产。但对一些结构简单的产品，如轴承和刚性较差、精度较高的精密零件，则工序应适当分散。

工序集中可用多刀、多轴机床、数控机床和加工中心等技术措施集中，称为机械集中；也可采用普通机床顺序加工，称为组织集中。

**5. 加工顺序的安排**

（1）机械加工顺序安排的原则

1）基面先行。用作精基准的表面，要首先加工出来，所以第一道工序一般进行定位基面的粗加工或半精加工（有时包括精加工），然后以精基面定位加工其他表面。

2）先粗后精。零件的加工一般应划分加工阶段，先进行粗加工，然后进行半精加工，最后是精加工和光整加工，应将粗精加工分开进行。工艺人员手册中可查阅各种表面的加工方案及经济精度。其中加工方案的次序安排基本上遵循上述原则。如 IT5 ~ IT3 级，$Ra$ 值为 $0.01 ~ 0.008\mu m$ 的外圆表面加工，需经粗车 - 半精车 - 粗磨 - 精磨 - 研磨（见表 1-11）。当然上述原则不仅适用于某一表面加工次序的安排，更适用于整个工件加工顺序的安排。

3）先主后次。先考虑主要表面的加工，后考虑次要表面的加工。主要表面加工容易出废品，应放在前阶段进行，以减少工时的浪费。应当指出，先主后次的原则应正确理解和应用。次要表面一般加工余量较小，加工比较方便，因此把次要表面加工穿插在各加工阶段中进行，使加工阶段更明显且能顺利进行，又能增加加工阶段的时间间隔，可以有足够的时间让残留应力重新分布并使其引起的变形充分显现，以便在后续工序中修正。

4）先面后孔。先加工平面，后加工孔。因为平面一般面积较大，轮廓平整，先加工好平面，便于孔加工时的定位安装，利于保证孔与平面的位置精度，同时也给孔的加工带来方便。另外由于平面已加工好，加工平面上的孔时，刀具的初始工作条件得到了改善，使进给路线缩短，换刀次数减少。

（2）热处理工序及表面处理工序的安排　热处理的目的是提高材料的力学性能、消除残留应力和改善金属的切削加工性。按照热处理不同的目的，热处理工艺可分为两大类：预备热处理和最终热处理。

1）预备热处理。预备热处理的目的是改善加工性能、消除内应力和为最终热处理准备良好的金相组织。其热处理工艺有退火、正火、时效、调质等。

退火和正火用于经过热处理加工的毛坯。碳的质量分数高于 0.5% 的碳钢和合金钢，为降低其硬度，使其易于切削，常采用退火处理；碳的质量分数低于 0.5% 的碳钢和合金钢，为避免其硬度过低切削时粘刀，而采用正火处理，退火和正火尚能细化晶粒、均匀组织，为以后的热处理做准备。退火和正火常安排在毛坯制作之后、粗加工之前进行。

时效处理主要用于消除毛坯制造和机械加工中产生的内应力。为减少运输工作量，对于一般精度的零件，在精加工前安排一次时效处理即可。但对精度要求较高的零件，应安排两次或数次时效处理工序，对简单零件一般可以不安排时效处理。除铸件外，对于一些刚性较差的精密零件，为消除加工中产生的内应力，稳定零件加工精度，常在粗加工、半精加工之间安排多次时效，对有些轴类零件在校直工序后也要安排时效处理。

调质就是在淬火后进行高温回火处理，它能获得均匀细致的回火索氏体组织，为以后的表面淬火和渗氮处理时减少变形做准备，因此调质可作为预备热处理。由于调质后零件的综合力学性能较好，对某些硬度和耐磨性要求不高的零件，也可作为最终热处理工序。

2）最终热处理。最终热处理的目的是提高硬度、耐磨性和强度等力学性能。其热处理工艺有淬火、渗碳淬火、渗氮处理等。

淬火有表面淬火和整体淬火。其中表面淬火因为变形、氧化及脱碳较小而应用较广，而且表面淬火还具有外部强度高、耐磨性好，而内部保持良好的韧性、抗冲击力强的优点。为提高表面淬火零件的力学性能，常需进行调质或正火等热处理作为预备热处理。其一般工艺路线为：下料→锻造→正火→粗加工→调质→半精加工→淬火→精加工。

渗碳淬火适用于低碳钢和低合金钢，该工艺方法先提高零件表面层的含碳量，然后淬火使零件表面获得高的硬度，而心部仍保持一定的强度和较高的韧性和塑性。渗碳分整体渗碳和局部渗碳。局部渗碳时对不渗碳部分要采取防渗措施（镀铜或镀防渗材料）。由于渗碳淬火变形大，且渗碳深度一般为 0.5~2mm。其工艺路线一般为：下料→锻造→正火→粗、半精加工→渗碳淬火→精加工。当局部渗碳零件的不渗碳部分，采用加大加工余量后切除多余的渗碳层时，切除多余渗碳层的工序应安排在渗碳后、淬火前。

渗氮是使氮原子深入金属表面获得一层含氮化合物的处理方法。渗氮层可以提高零件表面的硬度、耐磨性、疲劳强度和耐蚀性。由于渗氮处理温度较低、变形小且渗氮层较薄（一般不超过 0.6~0.7mm），渗氮工序应尽量靠后安排。为减少渗氮时的变形，在切削后一般需要进行消除应力的高温回火。热处理安排如图 1-21 所示。

（3）检验工序的安排　为保证零件制造质量，防止产生废品，需在下列场合安排检验工序：

1）粗加工全部结束之后，精加工前。

2）送往外车间加工的前后，特别是进行热处理工艺前后。

3）工时较长和重要工序的前后。

4）最终加工之后。

除了安排几何尺寸检验工序之外，有的零件还要安排探伤、密封、称重、平衡等检验

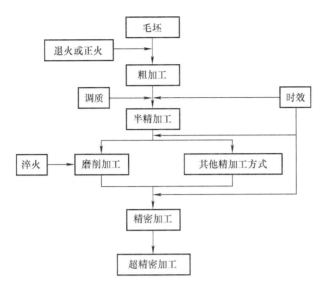

图 1-21　热处理工序在工艺过程中的位置

工序。

（4）其他工序的安排

1）零件表层或内腔的毛刺对机器装配质量影响甚大，切削加工之后，应安排去毛刺工序。

2）零件在进入装配之前，一般都应安排清洗工序。工件内孔、箱体内腔易存留切屑；研磨、珩磨等光整加工工序之后，微小磨粒易附着在工件表面上，要注意清洗。

3）在用磁力夹紧工件的工序之后，要安排去磁工序，不让带有剩磁的工件进入装配线。

# 任务三　轴类零件加工工艺的编制

**一、轴类零件的功用和结构特点**

**1. 轴类零件的功用**

轴是机械加工中常见的典型零件之一。它在机械中主要用于支承齿轮、带轮、凸轮以及连杆等传动件，以传递转矩。

**2. 轴类零件的结构特点**

轴类零件属旋转体零件，主要由圆柱面、圆锥面、螺纹及键槽等表面构成，其长度大于直径。根据其结构形状又可分为光轴、空心轴、半轴、阶梯轴、异形轴（十字轴、偏心轴、曲轴、凸轮轴）等。其中阶梯传动轴应用较广，其加工工艺能较全面地反映轴类零件的加工规律和共性。

**3. 技术要求**

根据轴类零件的功用和工作条件，其技术要求主要有以下几个方面：

（1）尺寸精度　轴类零件的主要表面常为两类：一类是与轴承的内圈配合的外圆轴颈，即支承轴颈，用于确定轴的位置并支承轴，尺寸精度要求较高，其尺寸公差等级通常为

IT7～IT5；另一类为与各类传动件配合的轴颈，即配合轴颈，精度稍低，其尺寸公差等级通常为 IT9～IT6。

（2）几何形状精度　主要指轴颈表面、外圆锥面、锥孔等重要表面的圆度、圆柱度。其误差一般应限制在尺寸公差范围内，对于精密轴，需在零件图上另行规定其几何形状精度。

（3）相互位置精度　包括内外表面、重要轴面的同轴度，圆的径向跳动，重要端面对轴心线的垂直度，端面间的平行度等。

（4）表面粗糙度　轴的加工表面都有表面粗糙度的要求，一般根据加工的可能性和经济性来确定。支承轴颈的表面粗糙度值 $Ra$ 常为 $0.2～1.6\mu m$，传动件配合轴颈的表面粗糙度值 $Ra$ 为 $0.4～3.2\mu m$。

（5）其他　热处理、倒角、倒棱及外观修饰等要求。

## 二、轴类零件的材料、毛坯及热处理

### 1. 轴类零件的材料

1）一般轴类零件材料常用 45 钢。

2）中等精度而转速较高的轴，可选用 40Cr 等合金结构钢。

3）精度较高的轴，可选用轴承钢 GCr15 和弹簧钢 65Mn 等，也可选用球墨铸铁。

4）对于高转速、重载荷条件下工作的轴，可选用 20CrMnTi、20Mn2B、20Cr 等低碳合金钢或 38CrMoAl 氮化钢。

### 2. 轴类零件的毛坯

1）最常用的毛坯是圆棒料和锻件。

2）大型、结构复杂的轴采用铸件。

3）比较重要的轴，多采用锻件。

中小批生产用自由锻；大批大量生产用模锻。

### 3. 轴类零件的热处理

1）锻造毛坯在加工前，均需安排正火或退火处理，以细化晶粒，消除应力，改善切削加工性能。

2）为了获得较好的综合力学性能，轴类零件常要求调质处理，调质处理常安排在粗车之后、半精车之前。

3）表面淬火一般安排在精加工之前。

4）对于氮化钢（如 38CrMoAl），需在渗氮之前进行调质和低温时效处理。

## 三、轴类零件的一般加工工艺路线

### 1. 轴类零件加工方案

轴类零件的主要表面是各个轴颈的外圆表面，空心轴的内孔精度一般要求不高，而精密主轴上的螺纹、花键、键槽等次要表面的精度要求也比较高。因此，轴类零件的加工工艺路线主要是考虑外圆的加工顺序，并将次要表面的加工合理地穿插其中。下面是生产中常用的不同精度、不同材料轴类零件的加工工艺路线。

（1）一般渗碳钢的轴类零件加工工艺路线　备料→锻造→正火→钻中心孔→粗车→半精车、精车→渗碳（或碳氮共渗）→淬火、低温回火→粗磨→次要表面加工→精磨。

（2）一般精度调质钢的轴类零件加工工艺路线　备料→锻造→正火（退火）→钻中心

孔→粗车→调质→半精车、精车→表面淬火、回火→粗磨→次要表面加工→精磨。

（3）精密氮化钢轴类零件的加工工艺路线　备料→锻造→正火（退火）→钻中心孔→粗车→调质→半精车、精车→低温时效→粗磨→渗氮→次要表面加工→精磨→光磨。

（4）整体淬火轴类零件的加工工艺路线　备料→锻造→正火（退火）→钻中心孔→粗车→调质→半精车、精车→次要表面加工→整体淬火→粗磨→低温时效→精磨。

一般精度轴类零件，最终工序采用精磨就足以保证加工质量。精密轴类零件，除了精加工外，还应安排光整加工。对于除整体淬火之外的轴类零件，其精车工序可根据具体情况不同，安排在淬火热处理之前进行，或安排在淬火热处理之后、次要表面加工之前进行。

应该注意的是：经淬火后的部位，不能用一般刀具切削，所以一些沟、槽、小孔等需在淬火之前加工完。

轴类零件的一般加工方案，如图 1-22 所示。

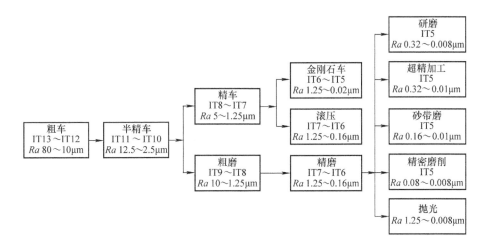

图 1-22　轴类零件的一般加工方案

**2. 基准分析**

轴类零件的设计基准是其支承轴颈的轴心连线，为了体现"基准统一"原则，常在轴的两端面加工出中心孔作为统一的定位基准面加工各段外圆柱面；或用柱面与中心孔联合定位；较短的轴则直接用外圆定位。

**3. 安装方案**

（1）用卡盘夹　用自定心卡盘直接夹持外圆，或用单动卡盘夹外圆结合百分表找正定位。

（2）两头顶　用前后顶尖与中心孔定位，通过拨盘和鸡心夹带动工件旋转，用于一次装夹下加工数段外圆。有利于保证各外圆柱面之间的同轴度和台阶面对轴线的垂直度。

当工件的刚度较低时，可在前后顶尖之间加装中心架或跟刀架作为辅助支承，以提高支承刚度。

若工件为空心轴，当其通孔加工出来后，中心孔已不复存在，此时可在通孔两头加工出一段锥孔，装上锥堵，利用锥堵上的中心孔来实现"两头顶"。

（3）一夹一顶　粗加工时，因切削力较大，可采用自定心卡盘夹一头，顶尖顶另一头的装夹方法。

（4）一夹一托　加工轴上的轴向孔或车端面，钻中心孔时需用外圆定位，常用自定心卡盘夹一头，中心架托一头的装夹方法。

（5）用V形块　铣削轴上的键槽时切削力较大，且槽深的设计基准为外圆下素线，常以键槽所在的外圆段为定位基准，用V形块和螺旋压板或专用虎钳装夹。

（6）用专用夹具　生产批量大时可设计专用夹具装夹。

**4. 加工方法**

外圆表面及台阶面、端面可采用车削、磨削、光整加工等方法，键槽采用铣削加工。各表面顺序地安排粗加工、半精加工和精加工等加工阶段以逐步达到技术要求。

**四、应用举例**

应用举例：实心轴的工艺路线拟定

（一）零件的工艺分析

图1-23所示零件是减速器中的传动轴，该零件为小批生产。它属于台阶轴类零件，由圆柱面、轴肩、螺纹、螺尾退刀槽、砂轮越程槽和键槽等组成。轴肩一般用来确定安装在轴上零件的轴向位置，各环槽的作用是使零件装配时有一个正确的位置，并使加工中磨削外圆或车削螺纹时退刀方便；键槽用于安装键，以传递转矩；螺纹用于安装各种锁紧螺母和调整螺母。根据工作性能与条件，该传动轴图样规定了主要轴颈 $M$、$N$，外圆 $P$、$Q$ 以及轴肩 $G$、$H$、$I$ 有较高的尺寸精度、位置精度和较小的表面粗糙度值，并有热处理要求。这些技术要求必须在加工中给予保证。因此，该传动轴的关键工序是轴颈 $M$、$N$ 和外圆 $P$、$Q$ 的加工。

（二）毛坯的选择

该传动轴材料为45钢，因其属于一般传动轴，故选45钢可满足其使用的要求。本例传动轴属于中、小传动轴，并且各外圆直径尺寸相差不大，故选择 $\phi60$mm 的热轧圆钢作为毛坯。

（三）定位基准的选择

合理地选择定位基准，对于保证零件的尺寸和位置精度有着决定性的作用。由于该传动轴的几个主要配合表面（$Q$、$P$、$N$、$M$）及轴肩面（$H$、$G$）对基准轴线 $A$—$B$ 均有径向圆跳动和端面圆跳动的要求，它又是实心轴，所以应选择两端中心孔为基准，采用双顶尖装夹方法，以保证零件的技术要求。

粗基准采用热轧圆钢的毛坯外圆。中心孔加工采用自定心卡盘装夹热轧圆钢的毛坯外圆，车端面、钻中心孔。但必须注意，一般不能用毛坯外圆装夹两次钻两端中心孔，而应该以毛坯外圆作为粗基准，先加工一个端面，钻中心孔，车出一端外圆；然后以已车削过的外圆作为基准，用自定心卡盘装夹（有时在上一工步已车外圆处搭中心架），车另一端面，钻中心孔。如此加工中心孔，才能保证两中心孔同轴。

（四）工艺路线的拟定

**1. 各表面加工方法的选择**

传动轴大都是回转表面，主要采用车削与外圆磨削成形。由于该传动轴的主要表面 $M$、$N$、$P$、$Q$ 的公差等级（IT6）较高，表面粗糙度 $Ra$ 值（$Ra0.8\mu m$）较小，故车削后还需磨削。外圆表面的加工方案可为：粗车→半精车→磨削。

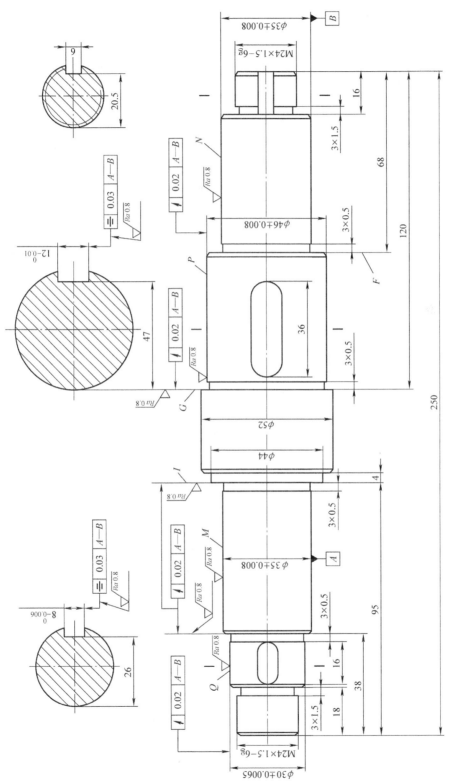

图 1-23　传动轴零件图

**2. 加工顺序的确定**

对精度要求较高的零件，其粗、精加工应分开，以保证零件的质量。该传动轴加工划分为三个阶段：粗车（粗车外圆、钻中心孔等）→半精车（半精车各处外圆、台阶和修研中心孔及次要表面等）→粗、精磨（粗、精磨各处外圆）。各阶段划分大致以热处理为界。

轴的热处理要根据其材料和使用要求确定。对于传动轴，正火、调质和表面淬火用得较多。该轴要求调质处理，并安排在粗车各外圆之后，半精车各外圆之前。

综合上述分析，传动轴的工艺路线如下：下料→车两端面，钻中心孔→粗车各外圆→调质→修研中心孔→半精车各外圆，车槽，倒角→车螺纹→划键槽加工线→铣键槽→修研中心孔→磨削→检验。

定位精基准面中心孔应在粗加工之前加工，在调质之后和磨削之前各需安排一次修研中心孔的工序。调质之后修研中心孔为消除中心孔的热处理变形和氧化皮，磨削之前修研中心孔是为提高定位精基准面的精度和减小锥面的表面粗糙度值。拟定传动轴的工艺过程时，在考虑主要表面加工的同时，还要考虑次要表面的加工。在半精加工 $\phi52$mm、$\phi44$mm 及 M24mm 外圆时，应车到图样规定的尺寸，同时加工出各退刀槽、倒角和螺纹；三个键槽应在半精车后以及磨削之前铣削加工出来，这样可保证铣键槽时有较精确的定位基准，又可避免在精磨后、铣键槽时破坏已精加工的外圆表面。在拟定工艺过程时，应考虑检验工序的安排、检查项目及检验方法的确定。

综上所述，所确定的该传动轴加工工艺过程见表 1-14。

**表 1-14　传动轴机械加工工艺过程卡片**

| 机械加工工艺过程卡片 | | | 产品名称 | 减速器 | 图　号 | |
| --- | --- | --- | --- | --- | --- | --- |
| | | | 零件名称 | 传动轴 | 共 1 页 | 第 1 页 |
| 毛坯种类 | 圆　钢 | 材料牌号 | 45 钢 | | 毛坯尺寸 | $\phi60$mm × 265mm |
| 序号 | 工种 | 工步 | 工　序　内　容 | 设备 | 工　具 | |
| | | | | | 夹具 | 刃具 | 量具 |

| 序号 | 工种 | 工步 | 工　序　内　容 | 设备 | 夹具 | 刃具 | 量具 |
| --- | --- | --- | --- | --- | --- | --- | --- |
| 1 | 下料 | | $\phi60$mm×265mm | | | | |
| 2 | 车 | | 自定心卡盘夹持工件毛坯外圆 | | | | |
| | | 1 | 车端面见平 | | | | |
| | | 2 | 钻中心孔 | | | | |
| | | | 用尾座顶尖顶住中心孔 | | | | |
| | | 3 | 粗车 $\phi46$mm 外圆至 $\phi48$mm，长 118mm | | | | |
| | | 4 | 粗车 $\phi35$mm 外圆至 $\phi37$mm，长 66mm | | | | |
| | | 5 | 粗车 M24mm 外圆至 $\phi26$mm，长 14mm | | | | |
| | | | 掉头，自定心卡盘夹持 $\phi48$mm 处 | | | | |
| | | | （$\phi44$mm 外圆） | | | | |
| | | 6 | 车另一端面，保证总长 250mm | | | | |

（续）

| 机械加工工艺过程卡片 | | | | 产品名称 | 减速器 | | 图 号 | | |
|---|---|---|---|---|---|---|---|---|---|
| | | | | 零件名称 | 传动轴 | | 共1页 | | 第1页 |
| 毛坯种类 | | 圆 钢 | 材料牌号 | | 45 钢 | | 毛坯尺寸 | | $\phi 60\text{mm} \times$ 265mm |

| 序号 | 工种 | 工步 | 工序内容 | 设备 | 工具 | | |
|---|---|---|---|---|---|---|---|
| | | | | | 夹具 | 刃具 | 量具 |
| | | 7 | 钻中心孔 | | | | |
| | | | 用尾座顶尖顶住中心孔 | | | | |
| | | 8 | 粗车 $\phi 52\text{mm}$ 外圆至 $\phi 54\text{mm}$ | | | | |
| | | 9 | 粗车 $\phi 35\text{mm}$ 外圆至 $\phi 37\text{mm}$，长 93mm | | | | |
| | | 10 | 粗车 $\phi 30\text{mm}$ 外圆至 $\phi 32\text{mm}$，长 36mm | | | | |
| | | 11 | 粗车 M24mm 外圆至 $\phi 26\text{mm}$，长 16mm | | | | |
| | | 12 | 检验 | | | | |
| 3 | 热 | | 调质处理 220～240HBW | | | | |
| 4 | 钳 | | 修研两端中心孔 | | | | |
| 5 | 车 | | 双顶尖装夹 | | | | |
| | | 1 | 半精车 $\phi 46\text{mm}$ 外圆至 $\phi 46.5\text{mm}$，长 120mm | | | | |
| | | 2 | 半精车 $\phi 35\text{mm}$ 外圆至 $\phi 35.5\text{mm}$，长 68mm | | | | |
| | | 3 | 半精车 M24mm 外圆至 $\phi 24_{-0.2}^{-0.1}\text{mm}$，长 16mm | | | | |
| | | 4 | 半精车 2 个 3mm×0.5mm 环槽 | | | | |
| | | 5 | 半精车 3mm×1.5mm 环槽 | | | | |
| | | 6 | 倒外角 C1，3 处 | | | | |
| | | | 掉头，双顶尖装夹 | | | | |
| | | 7 | 半精车 $\phi 35\text{mm}$ 外圆至 $\phi 35.5\text{mm}$，长 95mm | | | | |
| | | 8 | 半精车 $\phi 30\text{mm}$ 外圆至 $\phi 35.5\text{mm}$ 长 38mm | | | | |
| | | 9 | 半精 M24mm 外圆至 $\phi 24_{-0.2}^{-0.1}\text{mm}$，长 18mm | | | | |
| | | 10 | 半精车 $\phi 44\text{mm}$ 至尺寸，长 4mm | | | | |
| | | 11 | 车 2 个 3mm×0.5mm 环槽 | | | | |
| | | 12 | 半精车 3mm×1.5mm 环槽 | | | | |
| | | 13 | 倒外角 C1，4 处 | | | | |
| | | 14 | 检验 | | | | |
| 6 | 车 | | 双顶尖装夹 | | | | |
| | | 1 | 车 M24mm×1.5mm–6g 至尺寸 | | | | |
| | | | 掉头，双顶尖装夹 | | | | |
| | | 2 | 车 M24mm×1.5mm–6g 至尺寸 | | | | |
| | | 3 | 检验 | | | | |
| 7 | 钳 | | 划两个键槽及一个止动垫圈槽加工线 | | | | |
| 8 | 铣 | | 用 V 形台虎钳装夹，按线找正 | | | | |
| | | 1 | 铣键槽 12mm×36mm，保证尺寸 41～41.25mm | | | | |
| | | 2 | 铣键槽 8mm×16mm，保证尺寸 26～26.25mm | | | | |
| | | 3 | 铣止动垫圈槽 6mm×16mm，保证 20.5mm 至尺寸 | | | | |
| | | 4 | 检验 | | | | |

（续）

| 机械加工工艺过程卡片 | | | | 产品名称 | 减速器 | | 图 号 | | |
| --- | --- | --- | --- | --- | --- | --- | --- | --- | --- |
| | | | | 零件名称 | 传动轴 | | 共1页 | | 第1页 |
| 毛坯种类 | | 圆 钢 | | 材料牌号 | 45 钢 | | 毛坯尺寸 | | $\phi 60 mm \times$ 265mm |
| 序号 | 工种 | 工步 | 工 序 内 容 | | | | 设备 | 工　具 | |
| | | | | | | | | 夹具 | 刃具 | 量具 |
| 9 | 钳 | | 修研两端中心孔 | | | | | | | |
| 10 | 磨 | 1 | 磨外圆 M 至尺寸 | | | | | | | |
| | | 2 | 磨轴肩面 I | | | | | | | |
| | | 3 | 磨外圆 Q 至尺寸 | | | | | | | |
| | | 4 | 磨轴肩面 H | | | | | | | |
| | | | 掉头，双顶尖装夹 | | | | | | | |
| | | 5 | 磨外圆 P 至尺寸 | | | | | | | |
| | | 6 | 磨轴肩面 G | | | | | | | |
| | | 7 | 磨外圆 N 至尺寸 | | | | | | | |
| | | 8 | 磨轴肩面 F | | | | | | | |
| | | 9 | 检验 | | | | | | | |

### 五、工艺示例

（一）齿轮传动轴

如图 1-24 所示，其工艺路线见表 1-15。

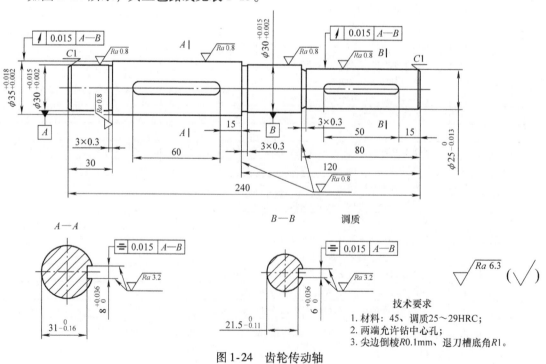

图 1-24　齿轮传动轴

表 1-15  齿轮传动轴参考工艺

| 工序号 | 工序名称 | 工序内容 | 工序图 | 机床 | 夹具 | 备注 |
|---|---|---|---|---|---|---|
| 0 | 锻造 | | | | | 未注锻造圆角 R2,退火 |
| 5 | 车 | 1)以左端外圆面定位,加工中部、右端、光右端面(保持有效总长 243mm),钻中心孔<br>2)以 φ40mm×50mm 外圆面定位,加工左端、光左端面、钻中心孔 | | C620-1 | 自定心卡盘 | |
| 10 | 粗车 | (见图) | | C620-1 | 自定心卡盘、尾顶尖 | |

（续）

| 工序号 | 工序名称 | 工序内容 | 工 序 图 | 机 床 | 夹 具 | 备 注 |
|---|---|---|---|---|---|---|
| 15 | 精车（掉头） | （见图） | | C620-1 | 自定心卡盘，尾顶尖 | |
| 20 | 检验 | （图略） | | | | |
| 25 | 热处理 | 调质25~29HRC | （图略） | | | |
| 30 | 研磨顶尖孔 | 研去两端60°锥面的氧化皮 | （图略） | C618 | 自定心卡盘 | 60°锥面铸铁研具 |
| 35 | 精车 | | | C620-1B | 夹头，双顶尖 | |

（续）

| 工序号 | 工序名称 | 工序内容 | 工 序 图 | 机 床 | 夹 具 | 备 注 |
|---|---|---|---|---|---|---|
| 40 | 精车（掉头） | | | C620－1B | 桃形夹头，双顶尖 | |
| 45 | 铣 | 铣两处键槽 | | X52K | 铣床，轴用台虎钳（或 V 形块） | |

（续）

| 工序号 | 工序名称 | 工序内容 | 工序图 | 机床 | 夹具 | 备注 |
|---|---|---|---|---|---|---|
| 50 | 检验 | 检验35、40、45道工序尺寸 | （图略） | | | |
| 55 | 磨 | 磨四处外圆柱面，同时靠平三处台阶面（分两次定位安装） | | M1432A 或（M1332） | 桃形夹头、死顶尖 | |
| 60 | 钳 | 去两键槽，周边毛刺 R0.1 | （图略） | | | |
| 65 | 洗涤 | 1）用汽油清洗整个零件表面　2）压缩空气吹干 | （图略） | | | |
| 70 | 总检 | （按零件图） | （图略） | | | |
| 75 | 油封入库 | 1）润滑脂涂抹整个零件表面　2）油蜡纸包装　3）入库 | （图略） | | | |

（二）车床主轴

图1-25所示为车床主轴（空心轴）。

**1. 主轴加工工艺过程分析**

（1）主轴毛坯的制造方法及热处理　批量：大批；材料：45钢；毛坯：模锻件。

1）材料　在单件小批生产中，轴类零件的毛坯往往使用热轧棒料。对于直径差较大的阶梯轴，为了节约材料和减少机械加工的劳动量，则往往采用锻件毛坯。单件小批生产的阶梯轴一般采用自由锻毛坯，在大批大量生产时则采用模锻毛坯。

2）热处理　45钢在调质处理（235HBW）之后，再经局部高频感应淬火，可以使局部硬度达到62～65HRC，再经过适当的回火处理，可以降到需要的硬度（例如，CA6140主轴规定为52HRC）。

9Mn2V，这是一种碳的质量分数为0.9%左右的锰钒合金工具钢，淬透性、机械强度和硬度均比45钢为优。经过适当的热处理之后，适用于高精度机床主轴的尺寸精度稳定性的要求。例如，万能外圆磨床M1432A头架和砂轮主轴就采用这种材料。

38CrMoAl，这是一种中碳合金氮化钢，由于渗氮温度比一般淬火温度低，为540～550℃，变形更小，硬度也很高（大于65HRC，中心硬度大于28HRC）并有优良的耐疲劳性能，故高精度半自动外圆磨床MBG1432的头架轴和砂轮轴均采用这种钢材。

此外，对于中等精度而转速较高的轴类零件，多选用40Cr等合金结构钢，这类钢经调质和高频淬火后，具有较高的综合力学性能，能满足使用要求。有的轴件也选用滚珠轴承钢（如GCr15）和弹簧钢（如66Mn）等材料，这些钢材经调质和表面淬火后，具有极高的耐磨性和耐疲劳性能。要求在高速和重载条件下工作的轴类零件，可选用18CrMnTi、20Mn2B等低碳合金钢，这些钢料经渗碳淬火后具有较高的表面硬度、冲击韧度和心部强度，但热处理所引起的变形比38CrMoAl大。

凡要求局部高频感应淬火的主轴，要在前道工序中安排调质处理（有的钢材则用正火）；当毛坯余量较大时（如锻件），调质放在粗车之后、半精车之前，以便因粗车产生的内应力得以在调质时消除；当毛坯余量较小时（如棒料），调质可放在粗车（相当于锻件的半精车）之前进行。高频感应淬火处理一般放在半精车之后。由于主轴只需要局部淬硬，故精度有一定要求，而不需淬硬部分的加工，如车螺纹、铣键槽等工序，均安排在局部淬火和粗磨之后。对于精度较高的主轴在局部淬火及粗磨之后，还需进行低温时效处理，从而使主轴的金相组织和应力状态保持稳定。

（2）定位基准的选择　对实心的轴类零件，精基准面就是顶尖孔，满足基准重合和基准统一；而对于类似CA6140车床的空心主轴，除顶尖孔外，还有轴颈外圆表面，并且两者交替使用，互为基准。

（3）加工阶段的划分　主轴加工过程中的各加工工序和热处理工序均会不同程度地产生加工误差和应力，因此要划分加工阶段。主轴加工基本上划分为下列三个阶段。

1）粗加工阶段

① 毛坯处理。毛坯备料、锻造和正火。

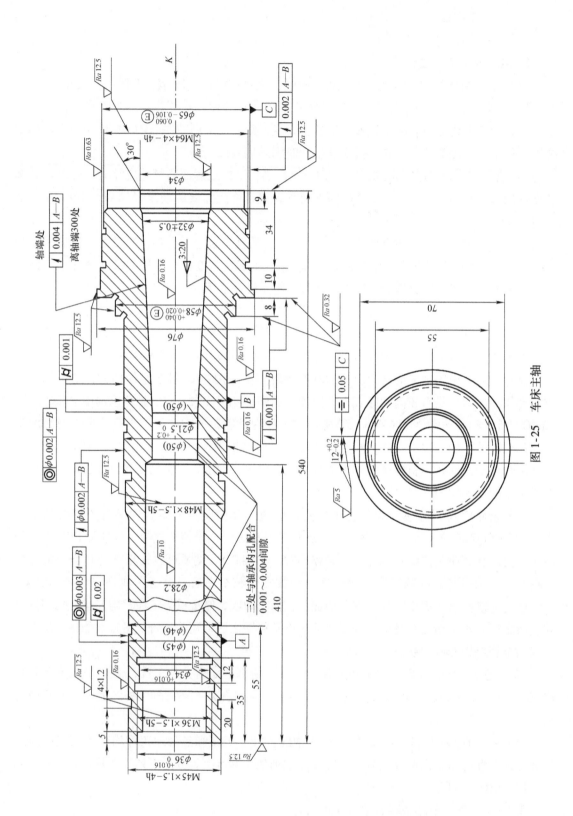

图 1-25  车床主轴

② 粗加工。锯去多余部分，铣端面、钻中心孔和荒车外圆等。

2）半精加工阶段

① 半精加工前热处理。对于 45 钢，一般采用调质处理以达到 220～240HBW。

② 半精加工。车工艺锥面（定位锥孔）半精车外圆端面和钻深孔等。

3）精加工阶段

① 精加工前热处理。局部高频感应淬火。

② 精加工前各种加工。粗磨定位锥面、粗磨外圆、铣键槽和花键槽以及车螺纹等。

③ 精加工。精磨外圆和内外锥面以保证主轴最重要表面的精度。

（4）加工顺序的安排和工序的确定

1）具有空心和内锥特点的轴类零件，在考虑支承轴颈、一般轴颈和内锥等主要表面的加工顺序时，可有以下几种方案。

① 外表面粗加工→钻深孔→外表面精加工→锥孔粗加工→锥孔精加工。

② 外表面粗加工→钻深孔→锥孔粗加工→锥孔精加工→外表面精加工。

③ 外表面粗加工→钻深孔→锥孔粗加工→外表面精加工→锥孔精加工。

针对 CA6140 车床主轴的加工顺序来说，可做这样的分析比较。

第一方案：在锥孔粗加工时，由于要用已精加工过的外圆表面作为精基准面，会破坏外圆表面的精度和粗糙度，所以此方案不宜采用。

第二方案：在精加工外圆表面时，还要再插上锥堵，这样会破坏锥孔精度。另外，在加工锥孔时不可避免地会有加工误差（锥孔的磨削条件比外圆磨削条件差，加上锥堵本身的误差等就会造成外圆表面和内锥面的不同轴，故此方案也不宜采用。

第三方案：在锥孔精加工时，虽然也要用已精加工过的外圆表面作为精基准面，但由于锥面精加工的加工余量已很小，磨削力不大，同时锥孔的精加工已处于轴加工的最终阶段，对外圆表面的精度影响不大，加上这一方案的加工顺序，可以采用外圆表面和锥孔互为基准，交替使用，能逐步提高同轴度。

经过这一比较可知，类似 CA6140 车床主轴这类轴件的加工顺序，以第三方案为佳。

通过方案的分析比较也可看出，轴类零件各表面先后加工顺序，在很大程度上与定位基准的转换有关。当零件加工用的粗、精基准选定后，加工顺序就大致可以确定了。因为各阶段开始总是先加工定位基准面，即先行工序必须为后面的工序准备好所用的定位基准。例如，CA6140 车床主轴工艺过程，一开始就铣端面钻中心孔。这是为粗车和半精车外圆准备定位基准；半精车外圆又为深孔加工准备了定位基准；半精车外圆也为前后的锥孔加工准备了定位基准。反过来，前后锥孔装上锥堵后的顶尖孔，又为此后的半精加工和精加工外圆准备了定位基准；而最后磨锥孔的定位基准则又是上一工序磨好的轴颈表面。

2）工序的确定要按加工顺序进行，应当掌握两个原则：

① 工序中的定位基准面要安排在该工序之前加工。例如，深孔加工之所以安排在外圆表面粗车之后，是为了要有较精确的轴颈作为定位基准面，以保证深孔加工时壁厚均匀。

② 对各表面的加工要粗、精分开，先粗后精，多次加工，以逐步提高其精度和降低其表面粗糙度。主要表面的精加工应安排在最后。

为了改善金相组织和加工性能而安排的热处理工序，如退火、正火等，一般应安排在机械加工之前。

为了提高零件的力学性能和消除内应力而安排的热处理工序，如调质、时效处理等，一般应安排在粗加工之后，精加工之前。

（5）大批生产和小批生产工艺过程的比较

1）定位基准的选择见表1-16。

表1-16 不同生产类型下主轴加工定位基准的选择

| 工 序 名 称 | 定 位 基 准 面 | |
| --- | --- | --- |
| | 大 批 生 产 | 小 批 生 产 |
| 加工顶尖孔 | 毛坯外圆 | 划线 |
| 粗车外圆 | 顶尖孔 | 顶尖孔 |
| 钻深孔 | 粗车后的支承轴颈 | 夹一端，托另一端 |
| 半精车和精车 | 两端锥堵的顶尖孔 | 夹一端，顶另一端 |
| 粗、精磨外锥 | 两端锥堵的顶尖孔 | 两端锥堵的顶尖孔 |
| 粗、精磨外圆 | 两端锥堵的顶尖孔 | 两端锥堵的顶尖孔 |
| 粗、精磨内孔 | 两支承轴颈外表面或靠近两支承轴颈的外圆表面 | 夹小端，托大端 |

2）轴端两顶尖孔的加工。在单件小批生产时，多在车床或钻床上通过划线找正加工。在成批生产时，可在中心孔钻床上加工。专用机床可在同一工序中铣出两端面并打好顶尖孔。

3）外圆表面的加工。在单件小批生产时，多在普通车床上进行；而在大批生产时，则广泛采用高生产率的多刀半自动车床或液压仿形车床等设备。

4）深孔加工。在单件小批生产时，通常在车床上用麻花钻头进行加工。在大批生产中，可采用锻造的无缝钢管作为毛坯，从根本上免去了深孔加工工序；若是实心毛坯，可用深孔钻头在深孔钻床上进行加工；如果孔径较大，还可采用套料的先进工艺。

5）花键轴加工。在单件小批生产时，常在卧式铣床上用分度头分度，以圆盘铣刀铣削；而在成批生产（甚至小批生产）时，广泛采用花键滚刀在专用花键轴铣床上加工。

6）前后支承轴颈以及与其有较严格的位置精度要求的表面精加工，在单件小批生产时，多在普通外圆磨床上加工；而在成批大量生产中，多采用高效的组合磨床加工，见表1-17。

表1-17　主轴加工工艺示例

| 序号 | 工序名称 | 工序简图 | 设 备 |
|---|---|---|---|
| 1 | 备料 | | |
| 2 | 精锻 | | |
| 3 | 热处理　正火 | | |
| 4 | 锯头 | | |
| 5 | 端面钻中心孔 | | 中心孔机床 |
| 6 | 粗车外圆 | | 普通车床 |
| 7 | 热处理　调质 | | |
| 8 | 车大端各部 | | 普通车床 |

（续）

| 序号 | 工序名称 | 工序简图 | 设备 |
|---|---|---|---|
| 9 | 仿形车小端各部 | | 仿形多刀半自动车床 |
| 10 | 钻 $\phi 48mm$ 深孔 | | 深孔钻床 |

（续）

| 序号 | 工序名称 | 工序简图 | 设备 |
|------|----------|----------|------|
| 11 | 车小端内锥孔（配1:20锥堵） | 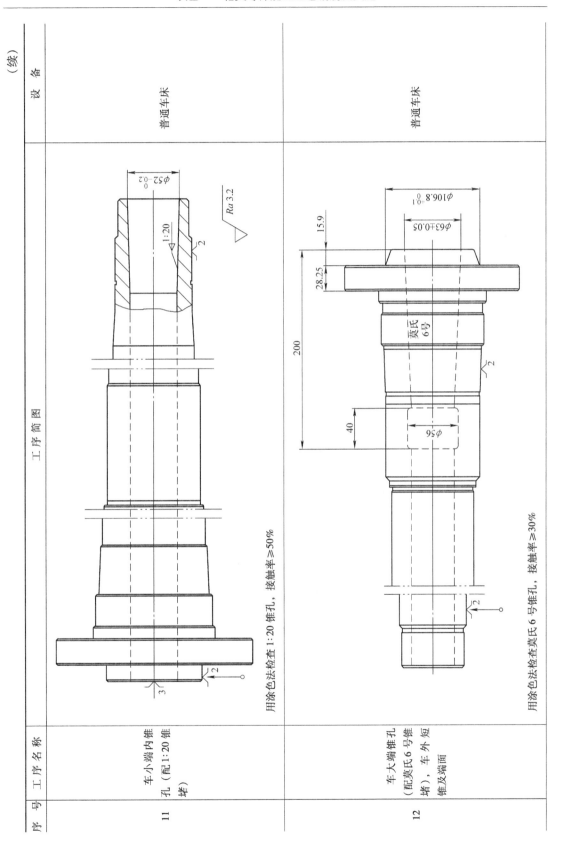 用涂色法检查1:20锥孔，接触率≥50% | 普通车床 |
| 12 | 车大端锥孔（配莫氏6号锥堵），车外短锥及端面 | 用涂色法检查莫氏6号锥孔，接触率≥30% | 普通车床 |

（续）

| 序号 | 工序名称 | 工序简图 | 设备 |
|---|---|---|---|
| 13 | 钻大端端面各孔 | | 钻床及钻模 |
| 14 | 钻 $\phi 4$mm 小孔 | | 钻床及钻模 |

（续）

| 序　号 | 工　序　名　称 | 工　序　简　图 | 设　备 |
|---|---|---|---|
| 15 | 热处理 | 局部（短锥 C 和 φ90mm 轴颈）高频感应淬火 | |
| 16 | 精车各外圆并切槽 | C4　$\phi70.4$　$\phi74_{-0.2}^{\ 0}$　4×1　$\phi75.4$　$\phi75.75$　1:12　$\phi76.5$　$\phi80.4$　4×0.5　$\phi89.4_{-0.054}^{\ 0}$　3　$\phi86$　$\phi97.5_{-0.21}^{\ 0}$　$\phi100_{-0.2}^{\ 0}$　4×1.5　$\phi99$　$\phi100.4_{-0.054}^{\ 0}$　1:12　$\phi105.75$　$\phi109$　4×0.5　$\phi115.4_{-0.054}^{\ 0}$　$\phi112$　35　44　30　110　$106.4_{-0.1}^{+0.3}$　$114.9_{+0.05}^{+0.20}$　38　$112.1_{\ 0}^{+0.5}$　8　8　46　32　10　$279.9_{-0.3}^{\ 0}$　$465.85_{\ 0}^{+0.5}$　$237.85_{-0.5}^{\ 0}$　$\sqrt{Ra\,3.2}$ | 数控车床 |
| 17 | 粗磨外圆 | $\phi75.25_{-0.068}^{\ 0}$　$\phi90.4_{-0.076}^{\ 0}$　$\sqrt{Ra\,1.6}$ | 外圆磨床 |

（续）

| 序号 | 工序名称 | 工序简图 | 设备 |
|---|---|---|---|
| 18 | 粗磨莫氏6号内锥孔（重配莫氏6号锥堵） | $\phi 63.15\pm0.05$　莫氏6号　$\sqrt{Ra\,0.8}$　用涂色法检查莫氏6号锥孔，接触率≥40% | 内圆磨床 |
| 19 | 粗铣和精铣花键 | $115^{+0.2}_{+0.05}$　$\sqrt{Ra\,1.6}$　$14^{-0.06}_{-0.11}$　$\phi 81.9$　$36°$　$\phi 89.4^{\;0}_{-0.054}$　$\sqrt{Ra\,3.2}$ | 半自动花键轴铣床 |

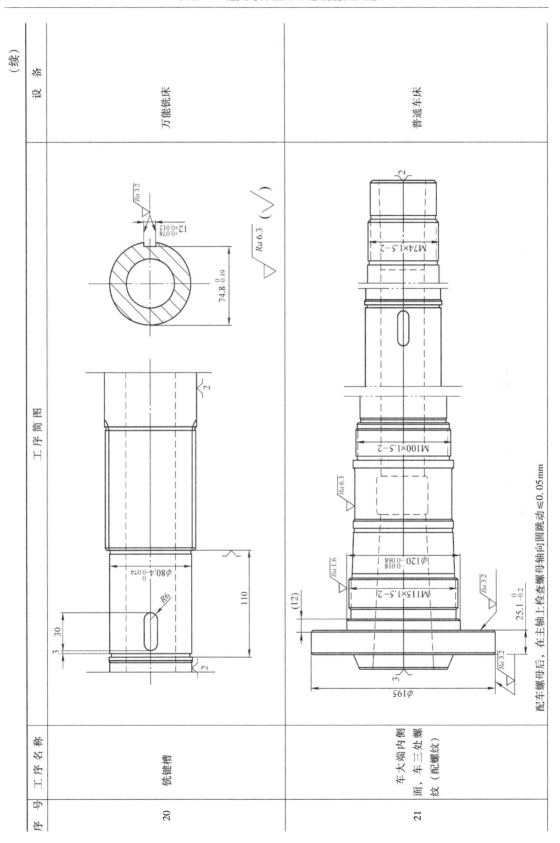

（续）

| 序 号 | 工序名称 | 工序简图 | 设 备 |
|---|---|---|---|
| 20 | 铣键槽 | | 万能铣床 |
| 21 | 车大端内侧面，车三处螺纹（配螺纹） | 配车螺母后，在主轴上检查螺母轴向圆跳动 ≤0.05mm | 普通车床 |

（续）

| 序号 | 工序名称 | 工序简图 | 设备 |
|---|---|---|---|
| 22 | 粗磨各外圆及 E、F 两端面 | <br>1) 轴颈 φ75mm、φ80mm 对轴颈 A、B 径向圆跳动公差 0.01mm<br>2) 轴颈 φ70mm、φ89mm、φ90mm 对轴颈 A、B 径向圆跳动公差 0.015mm<br>3) E、F 面对中心线的轴向圆跳动公差 0.02mm | 外圆磨床 |
| 23 | 粗磨两处 1:12 外锥面 | | 专用组合磨床 |

（续）

| 序号 | 工序名称 | 工序简图 | 设备 |
|---|---|---|---|
| 24 | 精磨两处 1:12外锥面和 D端面以及短 锥面等 | 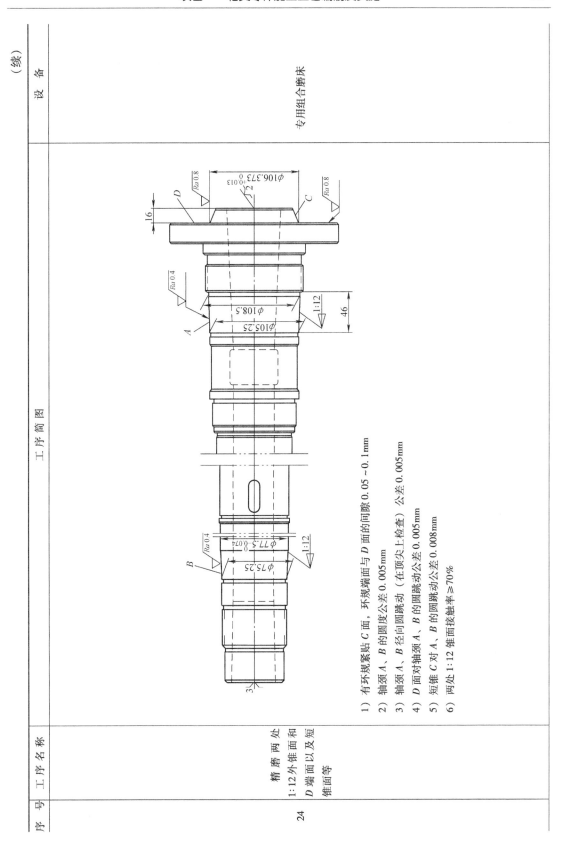 1) 有环规紧贴 C 面，环规端面与 D 面的间隙 0.05～0.1mm<br>2) 轴颈 A、B 的圆度公差 0.005mm<br>3) 轴颈 A、B 径向圆跳动（在顶尖上检查）公差 0.005mm<br>4) D 面对轴颈 A、B 的圆跳动公差 0.005mm<br>5) 短锥 C 对轴颈 A、B 的圆跳动公差 0.008mm<br>6) 两处 1:12 锥面接触率≥70% | 专用组合磨床 |

（续）

| 序号 | 工序名称 | 工序简图 | 设备 |
|---|---|---|---|
| 25 | 精磨莫氏6号内锥孔（锥堵） | 　$\phi 63.348$　莫氏6号　$\sqrt{Ra\,0.4}$<br><br>1）莫氏6号锥孔表面用涂色法检查，接触率≥70%<br>2）莫氏6号对轴颈 A、B 圆跳动公差<br>　①近轴端处为 0.005mm<br>　②离轴端 300mm 处为 0.01mm<br>3）莫氏6号锥孔对端面的位移公差 ±2mm | 专用主轴锥孔磨床 |
| 26 | 钳工 | 四个 $\phi23$mm 钻孔处锐边倒角 | |
| 27 | 检查 | 按图样技术要求全部检查 | |

**2. 主轴加工中的几个工艺问题**

（1）锥堵和锥堵心轴的使用　对于空心的轴类零件，若通孔直径较小的轴，可直接在孔口倒出宽度不大于 2mm 的 60°锥面，代替中心孔。而当通孔直径较大时，则不宜用倒角锥面代之，一般都采用锥堵或锥堵心轴的顶尖孔作为定位基准，图 1-26 为锥堵和锥堵心轴。

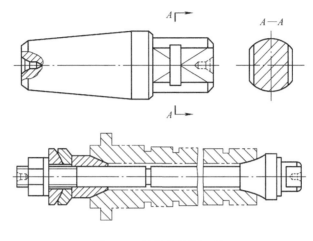

图 1-26　锥堵和锥堵心轴

使用锥堵或锥堵心轴时应注意事项：

1）一般不中途更换或拆装，以免增加安装误差。

2）锥堵心轴要求两个锥面应同轴，否则拧紧螺母后会使工件变形。

（2）顶尖孔的研磨　因热处理、切削力、重力等的影响，常常会损坏顶尖孔的精度，因此在热处理工序之后和磨削加工之前，对顶尖孔要进行研磨，以消除误差，常用的研磨方法有以下几种。

1）用铸铁顶尖研磨。

2）用磨石或橡胶轮研磨。

3）用硬质合金顶尖刮研。

4）用中心孔磨床磨削。

（3）外圆加工方法（略）

（4）深孔加工　一般孔的深度与孔径之比 $l/d > 5$ 就算深孔。CA6140 车床主轴内孔 $l/d = 18$，属深孔加工。

1）加工方式。加工深孔时，工件和刀具的相对运动方式有三种。

① 工件不动，刀具转动并送进。这时如果刀具的回转中心线对工件的中心线有偏移或倾斜。加工出的孔轴心线必然是偏移或倾斜的。因此，除笨重或外形复杂而不便于转动的大型工件外，一般不采用。

② 工件转动，刀具做轴向送进运动。这种方式钻出的孔轴心线与工件的回转中心线能达到一致。如果钻头偏斜，则钻出的孔有锥度；如果钻头中心线与工件回转中心线在空间斜交，则钻出的孔的轴向截面是双曲线，但无论如何，孔的轴心线与工件的回转中心线仍是一致的，故轴的深孔加工多采用这种方式。

③ 工件转动，同时刀具转动并送进。由于工件与刀具的回转方向相反，所以相对切削

速度大，生产率高，加工出来的孔的精度也较高。但对机床和刀杆的刚度要求较高，机床的结构也较复杂，因此应用不很广泛。

2）深孔加工的冷却与排屑。在单件、小批生产中，加工深孔时，常用接长的麻花钻头，以普通的冷却润滑方式，在改装过的普通车床上进行加工。为了排屑，每加工一定长度之后，需把钻头退出。这种加工方法，不需要特殊的设备和工具。由于钻头有横刃，轴向力较大，两边切削刃又不容易磨得对称，因此加工时钻头容易偏斜，此法的生产率很低。

在批量生产中，深孔加工常采用专门的深孔钻床和专用刀具，以保证质量和生产率。这些刀具的冷却和切屑的排出，很大程度上取决于刀具结构特点和冷却液的输入方法。目前应用的冷却与排屑的方法有两种：

① 内冷却外排屑法。加工时切削液从钻头的内部输入，从钻头外部排出。高压切削液直接喷射到切削区，对钻头起冷却润滑作用，并且带着切屑从刀杆和孔壁之间的空隙排出。

② 外冷却内排屑法。切削液从钻头外部输入，有一定压力的切削液经刀杆与孔壁之间的通道进入切削区，起冷却润滑作用，然后经钻头和刀杆内孔带着大量切屑排出。

## 思考与练习

1. 生产规模不同，工序的划分有何不同？
2. 安装次数多好还是少好？
3. 工艺规程有哪些作用？有哪些种类？
4. 试阐述机械加工工艺规程的设计步骤。
5. 试对比不同生产类型的特点。
6. 零件的结构工艺性是指什么？
7. 生产纲领是指什么？
8. 试阐述制定工艺规程的原则。
9. 空心轴的工艺路线拟定需要注意哪些问题？

# 项目二　套筒类零件加工工艺编制

**教学内容和要求：**

主要讲授余量的概念、余量的确定方法，工序尺寸及公差的确定方法，尺寸链的概念及其计算方法；套筒类零件的工艺路线拟定。要求具备制定一般套筒类零件机械加工工艺规程的初步能力。

## 任务一　了解毛坯类型和余量确定方法

材料的成形过程是机械制造的重要工艺过程。机器制造中，大部分零件是先通过铸造成形、锻压成形、焊接成形或非金属材料成形方法制得毛坯，再经过切削加工制成的。毛坯的选择，对机械制造质量、成本、使用性能和产品形象有重要的影响，是机械设计和制造中的关键环节之一。

通常，零件的材料一旦确定，其毛坯成形方法也大致确定了。例如，零件采用 ZL202、HT200、QT600-2 等，显然其毛坯应选用铸造成形；齿轮零件采用 45 钢、LD7 等，常采用锻压成形；零件采用 Q235、08 钢等板、带材，则一般选用切割、冲压或焊接成形；零件采用塑料，则选用合适的塑料成型方法；零件采用陶瓷，则应选用陶瓷成形方法。反之，在选择毛坯成形方法时，除了考虑零件结构工艺性之外，还要考虑材料的工艺性能能否符合要求。

### 一、毛坯选择的原则

毛坯选择的原则，应在满足使用要求的前提下，尽可能地降低生产成本，使产品在市场上具有竞争能力。

#### 1. 工艺性原则

零件的使用要求决定了毛坯形状特点，各种使用要求和形状特点，形成了相应的毛坯成形工艺要求。零件的使用要求具体体现在对其形状、尺寸、加工精度、表面粗糙度等外部质量，和对其化学成分、金属组织、力学性能、物理性能和化学性能等内部质量的要求上。对于不同零件的使用要求，必须考虑零件材料的工艺特性（如铸造性能、锻造性能、焊接性能等）来确定采用何种毛坯成形方法。例如，不能采用锻压成形的方法和避免采用焊接成形的方法来制造灰铸铁零件；避免采用铸造成形方法制造流动性较差的薄壁毛坯；不能采用普通压力铸造的方法成形致密度要求较高或铸后需热处理的毛坯；不能采用锤上模锻的方法锻造铜合金等再结晶速度较低的材料；不能用埋弧焊焊接仰焊位置的焊缝；不能采用电阻焊方法焊接铜合金构件；不能采用电渣焊焊接薄壁构件，等等。选择毛坯成形方法的同时，也要兼顾后续机械加工的可加工性。如对于切削加工余量较大的毛坯就不能采用普通压力铸造成形，否则将暴露铸件表皮下的孔洞；对于需切削加工的毛坯尽量避免采用高牌号珠光体球墨铸铁和薄壁灰铸铁，否则难以切削加工。一些结构复杂，难以采用单种成形方法成形的毛坯，既要考虑各种成形方案结合的可能性，也需考虑这些结合是否会影响机械加工的可加工性。

**2. 适应性原则**

在毛坯成形方案的选择中，还要考虑适应性原则。即根据零件的结构形状、外形尺寸和工作条件要求，选择适应的毛坯方案。

例如，对于阶梯轴类零件，当各台阶直径相差不大时，可用棒料；若相差较大，则宜采用锻造毛坯。

形状复杂和薄壁的毛坯，一般不应采用金属型铸造；尺寸较大的毛坯，通常不采用模锻、压力铸造和熔模铸造，多数采用自由锻、砂型铸造和焊接等方法制坯。

零件的工作条件不同，选择的毛坯类型也不同。如机床主轴和手柄都是轴类零件，但主轴是机床的关键零件，尺寸形状和加工精度要求很高，受力复杂且在其使用过程中只允许发生很微小的变形，因此要选用具有良好综合力学性能的 45 钢或 40Cr，经锻造制坯及严格切削加工和热处理制成；而机床手柄则采用低碳钢圆棒料或普通灰铸铁件为毛坯，经简单的切削加工即可完成，不需要热处理。再如内燃机曲轴在工作过程中承受很大的拉伸应力、弯曲应力和扭转应力，应具有良好的综合力学性能，故高速大功率内燃机曲轴一般采用强度和韧性较好的合金结构钢锻造成形，功率较小时可采用球墨铸铁铸造成形或用中碳钢锻造成形。对于受力不大且为圆形曲面的直轴，可采用圆钢下料直接切削加工成形。

**3. 生产条件兼顾原则**

毛坯的成形方案要根据现场生产条件选择。现场生产条件主要包括现场毛坯制造的实际工艺水平、设备状况以及外协的可能性和经济性，但同时也要考虑因生产发展而采用较先进的毛坯制造方法。

为此，毛坯选择时，应分析本企业现有的生产条件，如设备能力和员工技术水平，尽量利用现有生产条件完成毛坯制造任务。若现有生产条件难以满足要求时，则应考虑改变零件材料和（或）毛坯成形方法，也可通过外协加工或外购解决。

毛坯种类及应用见表 2-1。

表 2-1 常用毛坯的种类、特点及应用

| 毛坯种类 | 成形方法 | 对原材料工艺性能要求 | 适用材料 | 适宜形状 | 优 点 | 缺 点 | 应 用 |
|---|---|---|---|---|---|---|---|
| 铸件 | 液态成形 | 流动性好，收缩率小 | 铸铁、铸钢、有色金属 | 形状不限，可相当复杂 | 不受金属种类、零件尺寸、形状和质量的限制，适应性广；毛坯与零件形状相近，切削加工量少，材料利用率高，成本低，砂型铸造生产周期短 | 铸件组织粗大，力学性能差，砂型铸造生产率低，铸件精度低，表面质量差 | 灰铸铁件用于受力不大，或以承压为主的零件，或要求减振、耐磨的零件；球墨铸铁件用于受力较大的零件；铸钢件用于承受重载而形状复杂的大、中型零件 |
| 锻件 | 固态塑性变形成形 | 塑性好，变形抗力小 | 中碳钢及合金结构钢 | 自由锻件简单，模锻件可较复杂 | 锻件组织致密，晶粒细小，力学性能好，使流线沿零件外形轮廓连续分布可提高锻件使用性能和寿命 | 材料利用率低，生产成本高，自由锻件精度低，表面较粗糙，模锻件精度中等，表面质量较好，生产周期长 | 承受重载荷、动载荷及复杂载荷的重要零件，如主轴、传动轴、齿轮、曲轴等 |

（续）

| 毛坯种类 | 成形方法 | 对原材料工艺性能要求 | 适用材料 | 适宜形状 | 优　点 | 缺　点 | 应　用 |
|---|---|---|---|---|---|---|---|
| 型材 | 用轧制、拉拔、挤压等方法，使固态金属通过塑性变形成形 | — | 碳钢、合金钢、有色金属 | 简单，一般为圆形或平面 | 根据零件选择合适的型材毛坯可减少加工工时，材料利用率高；组织致密，力学性能好 | 零件的表面质量取决于切削方法；对性能要求高的零件，若纤维流线不合乎要求时，需改用锻件 | 中、小型简单零件 |
| 冲压件 | 经冷塑性变形成形 | 塑性好，变形抗力小 | 低碳钢和有色金属薄板 | 可较复杂 | 组织细密，利用冷变形强化，可提高强度和硬度，结构刚性好；冲压件结构轻巧，精度高、表面质量好，材料利用率较高，成本低 | 冲模的制造成本高，生产周期长；取料时注意流线的合理分布 | 低碳钢、有色金属薄板成形的零件，适用于大批、大量生产 |
| 焊接件 | 利用金属的熔化或原子扩散作用，形成永久性的连接 | 强度高，塑性好，液态下化学稳定性好 | 低碳钢和低合金结构钢 | 形状不受限制 | 材料利用率高，生产准备周期短；接头力学性能可达到或接近母材 | 精度较低；接头处表面粗糙；生产率中、低 | 主要用于低碳钢、低合金高强度结构钢、不锈钢及铝合金的各种金属结构件，或组合件及修补旧零件 |
| 粉末冶金件 | 通过制粉、压制、烧结等工序生产材料和零件 | — | — | 大小和形状受限制 | 少无切屑加工，能生产有特殊性能的材料和制品 | 粉末成本高，模具费用高，制品的强度和韧性较差 | 大批生产含油轴承、高熔点材料、硬质合金和铁基合金零件等 |

**二、毛坯余量的一般确定方法**

工艺路线拟定以后，即应确定每个工序的加工余量、工序尺寸及其公差。工序尺寸是工件加工过程中各个工序应保证的加工尺寸。工序尺寸允许的变动范围就是工序尺寸公差。由于工序尺寸的确定与工序的加工余量有密切关系，因此先讨论加工余量的问题。

**1. 加工余量的确定**

加工余量是指加工过程中，工件加工表面上所切取金属层的厚度。余量有工序余量和加工总余量（毛坯余量）之分。

（1）工序余量　工序余量是相邻两工序的工序尺寸之差；图 2-1 为工序余量与工序尺寸及其公差的关系，由图可知：

对于被包容面 $\qquad\qquad\qquad Z_{\mathrm{b}}=a-b \qquad\qquad\qquad\qquad$ (2-1)

对于包容面 $\qquad\qquad\qquad Z_{\mathrm{b}}=b-a \qquad\qquad\qquad\qquad$ (2-2)

式中　$Z_{\mathrm{b}}$——本工序的基本余量；

　　　$a$——上工序公称尺寸；

　　　$b$——本工序公称尺寸。

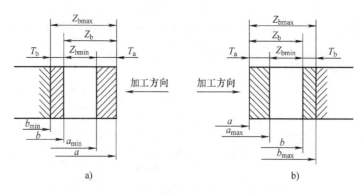

图 2-1　加工余量和工序公差的关系

a）被包容面（轴）　b）包容面（孔）

（2）加工总余量　加工总余量 $Z_{\Sigma}$ 是毛坯尺寸与零件图样的设计尺寸之差。

$$Z_{\Sigma} = 各工序加工余量之和 = 毛坯尺寸与零件尺寸之差 = 毛坯余量$$

对于工序尺寸的公差一般规定为"入体原则"。即对包容尺寸（轴的外径和实体的长、宽、高），其最大工序尺寸就是公称尺寸，上极限偏差为零；对包容尺寸（孔的直径、槽的宽度），其最小加工尺寸就是公称尺寸，下极限偏差为零。毛坯公差一般取双向公差，由图 2-1 可得

$$Z_b = Z_{bmin} + T_a \tag{2-3}$$

$$Z_{bmax} = Z_b + T_b \tag{2-4}$$

式中　$Z_{bmin}$——本工序最小工序余量；

$Z_{bmax}$——本工序最大工序余量；

$T_a$——上工序尺寸的公差；

$T_b$——本工序尺寸的公差。

加工总余量是指零件从毛坯到成品过程中，在某一表面上所切除金属层的总厚度，所以加工总余量等于各工序加工余量之和，如图 2-2 所示，即

$$Z_{总} = Z_1 + Z_2 + Z_3 + \cdots + Z_n = \sum_{i=1}^{n} Z_i \tag{2-5}$$

式中　$Z_{总}$——加工总余量；

$Z_i$——第 $i$ 道工序的工序加工余量；

$n$——该表面加工的工序数。

加工余量有双边余量和单边余量之分。对于外圆和孔等回转表面，加工余量指双边余量，即以直径方向计算，实际切削的金属层厚度为加工余量的一半。平面的加工余量则是单边余量，它等于实际切削的金属层厚度。

**2. 影响最小加工余量的因素**

加工余量的大小对于零件的加工质量和生产率均有较大的影响。加工余量过大，不仅增加机械加工的劳动量，降低生产率，而且增加材料、工具和电力的消耗。但是加工余量过小，又不能保证消除前工序的各种误差和表面缺陷，甚至产生废品。因此，应合理地确定加工余量。

下面分析影响加工余量的各个因素。

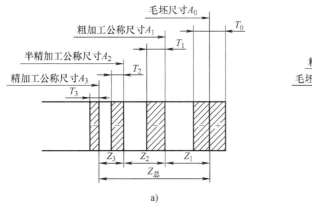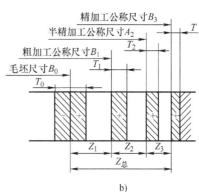

图 2-2 加工余量和工序尺寸分布图

a）被包容面（轴） b）包容面（孔）

（1）上道工序的表面粗糙度和各种表面缺陷 表面粗糙度和缺陷层 $H$。本工序必须把上道工序留下的表面粗糙度值 $H_{1a}$ 全部切除。还应该切除上道工序在表面留下的一层金属组织已遭破坏的缺陷层 $H_{2a}$，如图 2-3 所示。

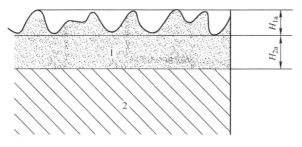

图 2-3 加工表面的粗糙度与缺陷层

1—缺陷层 2—正常组织

（2）上道工序尺寸公差 $T_a$ 由图 2-4 可知，工序的基本余量中包括了上道工序的尺寸公差 $T_a$。

（3）上工序各表面间相互位置的形位误差 图 2-5 所示的小轴，当轴线有垂直度误差 $\delta$ 时，须在本工序中纠正，因而直径方向上的加工余量应增加 $2\delta$。

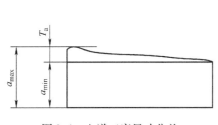

图 2-4 上道工序尺寸公差

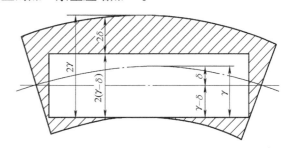

图 2-5 轴的弯曲对加工余量的影响

（4）本工序加工时装夹误差 $\varepsilon_b$ 装夹误差包括工件的定位误差和夹紧误差，若用夹具装夹时，还有夹具在机床上的装夹误差。这些误差会使工件在加工时位置发生偏移，所以加工余量还必须考虑装夹误差的影响。图2-6所示为用自定心卡盘夹持工件磨孔时，由于自定心卡盘定心不准，使工件轴线偏离主轴旋转轴线 $e$ 值，造成孔的磨削余量不均匀，为确保上道工序各项误差和缺陷的切除，孔的直径余量应增加 $2e$。

装夹误差 $\varepsilon_b$ 的数值，可先分别求出定位误差、夹紧误差和夹具的装夹误差后再相加而得。$\varepsilon_b$ 也具有矢量性质。

综上所述，加工余量的基本公式为

单边余量时

$$Z_b = T_a + R_a + D_a + |\rho_a + \varepsilon_b| \qquad (2\text{-}6)$$

双边余量时

$$2Z_b = T_a + 2(R_a + D_a) + 2|\rho_a + \varepsilon_b| \qquad (2\text{-}7)$$

在应用上述公式时，要结合具体情况进行修正。例

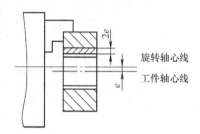

图2-6 自定心卡盘上的安装误差

如，在无心磨床上加工小轴或用浮动铰刀、浮动镗刀和拉刀加工孔时，都采用自为基准原则，故不计装夹误差 $\varepsilon_b$。形位误差 $\rho_a$ 中仅剩形状误差，不计位置误差，故公式为

$$2Z_b = T_a + 2(R_a + D_a) + 2\rho_a \qquad (2\text{-}8)$$

对于研磨、珩磨、超精磨和抛光等光整加工，若主要是为了改善表面粗糙度时，则公式为

$$2Z_b = 2R_a \qquad (2\text{-}9)$$

若还需要提高尺寸和形状精度时，则公式为

$$2Z_b = T_a + 2R_a + 2|\rho_a| \qquad (2\text{-}10)$$

### 三、加工余量的确定

确定加工余量的基本原则是：在保证加工质量的前提下，加工余量越小越好。

实际工作中，确定加工余量的方法有以下三种：

（1）查表法　根据有关手册提供的加工余量数据，再结合本厂生产实际情况加以修正后确定加工余量。这是各工厂广泛采用的方法。

（2）经验估计法　根据工艺人员本身积累的经验确定加工余量。一般为了防止余量过小而产生废品，所估计的余量总是偏大。常用于单件、小批生产。

（3）分析计算法　根据理论公式和一定的试验资料，对影响加工余量的各因素进行分析、计算来确定加工余量。这种方法较合理，但需要全面可靠的试验资料，计算也较复杂。一般只在材料十分贵重或少数大批、大量生产的工厂中采用。

### 四、工序尺寸及公差的确定

工件上的设计尺寸一般都要经过几道工序的加工才能得到，每道工序所应保证的尺寸称为工序尺寸。编制工艺规程的一个重要工作就是要确定每道工序的工序尺寸及其公差。在确定工序尺寸及其公差时，存在工序基准与设计基准重合和不重合两种情况。

#### 1. 基准重合时工序尺寸及其公差的计算

当工序基准、定位基准或测量基准与设计基准重合，表面多次加工时，工序尺寸及其公差的计算相对来说比较简单。其计算顺序是：先确定各工序的加工方法，然后确定该加工方法所要求的加工余量及其所能达到的精度，再由最后一道工序逐个向前推算，即由零件图上

的设计尺寸开始，一直推算到毛坯图上的尺寸。工序尺寸的公差都按各工序的经济精度确定，并按"入体原则"确定上、下极限偏差。

例 2-1　如图 2-7 所示小轴零件，毛坯为普通精度的热轧圆钢，装夹在车床前、后顶尖间加工，主要工序；下料→车端面→钻中心孔→粗车外圆→精车外圆→磨削外圆。如图 2-7 所示，计算各工序的工序尺寸。各工序的工序尺寸计算结果见表 2-2。

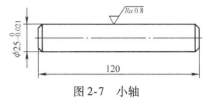

图 2-7　小轴

表 2-2　小轴的工序尺寸及公差　　　　　　　　（单位：mm）

| 工序名称 | 工序余量 | 工序所达到的经济精度 | 工序公称尺寸 | 工序尺寸及上、下极限偏差 | |
|---|---|---|---|---|---|
| 磨削 | 0.3 | IT7<br>0.021 | 25.00 | $\phi25.0$ | $\begin{matrix}0\\-0.021\end{matrix}$ |
| 精车 | 0.8 | IT10<br>0.084 | 25 + 0.3 = 25.3 | $\phi25.3$ | $\begin{matrix}0\\-0.084\end{matrix}$ |
| 粗车 | 1.9 | IT12<br>0.210 | 25.3 + 0.8 = 26.1 | $\phi26.1$ | $\begin{matrix}0\\-0.210\end{matrix}$ |
| 毛坯 | 3.0 | IT14<br>1.0 | 26.1 + 1.9 = 28.0 | $\phi28\pm0.5$ | |

例 2-2　某主轴箱体主轴孔的设计要求为 $\phi100H7$，$Ra = 0.8\mu m$。其加工工艺路线为：毛坯→粗镗→半精镗→精镗→浮动镗。试确定各工序尺寸及其公差。

**解**　从机械工艺手册查得各工序的加工余量和所能达到的精度，具体数值见表 2-3 中的第二列和第三列，计算结果见表 2-3 中的第四列和第五列。

表 2-3　主轴孔工序尺寸及其公差的计算　　　　　　　　（单位：mm）

| 工序名称 | 工序余量 | 工序的经济精度 | 工序公称尺寸 | 工序尺寸及公差 |
|---|---|---|---|---|
| 浮动镗 | 0.1 | $H7\left(\begin{matrix}+0.035\\0\end{matrix}\right)$ | 100 | $\phi100^{+0.035}_{0}$，$Ra = 0.8\mu m$ |
| 精镗 | 0.5 | $H9\left(\begin{matrix}+0.087\\0\end{matrix}\right)$ | 100 − 0.1 = 99.9 | $\phi99.9^{+0.087}_{0}$，$Ra = 1.6\mu m$ |
| 半精镗 | 2.4 | $H11\left(\begin{matrix}+0.22\\0\end{matrix}\right)$ | 99.9 − 0.5 = 99.4 | $\phi99.4^{+0.22}_{0}$，$Ra = 6.3\mu m$ |
| 粗镗 | 5 | $H13\left(\begin{matrix}+0.54\\0\end{matrix}\right)$ | 99.4 − 2.4 = 97 | $\phi97^{+0.54}_{0}$，$Ra = 12.5\mu m$ |
| 毛坯孔 | 8 | （±1.2） | 97 − 5 = 92 | $\phi92\pm1.2$ |

**2. 基准不重合时工序尺寸及其公差的计算**

加工过程中，工件的尺寸是不断变化的，由毛坯尺寸到工序尺寸，最后达到满足零件性能要求的设计尺寸。一方面，由于加工的需要，在工序图以及工艺卡上要标注一些专供加工用的工艺尺寸，工艺尺寸往往不是直接采用零件图上的尺寸，而是需要另行计算；另一方面，当零件加工时，有时需要多次转换基准，因而引起工序基准、定位基准或测量基准与设计基准不重合。这时，需要利用工艺尺寸链原理来进行工序尺寸及其公差的计算。

(1) 工艺尺寸链的基本概念

1) 工艺尺寸链的定义。加工图 2-8 所示零件，零件图上标注的设计尺寸为 $A_1$ 和 $A_\Sigma$。当用零件的面 $A$ 来定加工面 $B$，得尺寸 $A_1$，仍以面 $A$ 定位加工面 $C$，保证尺寸 $A_2$，于是 $A_1$、$A_2$ 和 $A_\Sigma$ 就形成了一个封闭的图形。这种由相互联系的尺寸按一定顺序首尾相接排列成的尺寸封闭图形就称为尺寸链。

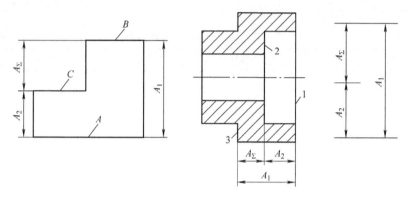

图 2-8 尺寸链

2) 尺寸链种类。零件在加工过程中形成的尺寸链称为工艺尺寸链，如图 2-9 所示。在机器设计和装配中形成的尺寸链称为装配尺寸链，如图 2-10 所示。

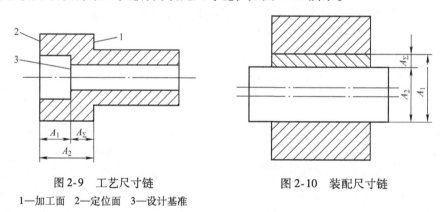

图 2-9 工艺尺寸链    图 2-10 装配尺寸链
1—加工面 2—定位面 3—设计基准

(2) 工艺尺寸链的组成 组成工艺尺寸链的各个尺寸称为尺寸链的环，这些环可分为封闭环和组成环。

1) 封闭环。封闭环是尺寸链中最终间接获得或间接保证精度的那个环。每个尺寸链中必有一个，且只有一个封闭环。

2) 组成环。除封闭环以外的其他环都称为组成环，组成环又分为增环和减环。

① 增环 ($A_i$)。若其他组成环不变，某组成环的变动引起封闭环随之同向变动，则该环为增环。

② 减环 ($A_j$)。若其他组成环不变，某组成环的变动引起封闭环随之异向变动，则该环为减环。

工艺尺寸链一般都用工艺尺寸链图表示。建立工艺尺寸链时，应首先对工艺过程和工艺尺寸进行分析，确定间接保证精度的尺寸，并将其定为封闭环，然后再从封闭环出发，按照零件表面尺寸间的联系，用首尾相接的单向箭头顺序表示各组成环，这种尺寸图就是尺寸链图。根据上述定义，利用尺寸链图即可迅速判断组成环的性质，凡与封闭环箭头方向相同的环即为减环，而凡与封闭环箭头方向相反的环即为增环。

（3）工艺尺寸链的特性　通过上述分析可知，工艺尺寸链的主要特性是封闭性和关联性。

所谓封闭性，是指尺寸链中各尺寸的排列呈封闭形式。没有封闭的不能称为尺寸链。

所谓关联性，是指尺寸链中任何一个直接获得的尺寸及其变化，都将影响间接获得或间接保证的那个尺寸及其精度的变化。

（4）工艺尺寸链计算的基本公式　工艺尺寸链的计算方法有两种，即极值法和概率法，这里仅介绍生产中常用的极值法。

1）封闭环的公称尺寸。封闭环的公称尺寸等于组成环尺寸的代数和，即

$$A_{\sum} = \sum_{i=1}^{m} \overrightarrow{A_i} - \sum_{j=m+1}^{n-1} \overleftarrow{A_j} \tag{2-11}$$

式中　$A_{\sum}$——封闭环的尺寸；

$\overrightarrow{A_i}$——增环的公称尺寸；

$\overleftarrow{A_j}$——减环的公称尺寸；

$m$——增环的环数；

$n$——包括封闭环在内的尺寸链的总环数。

2）封闭环的极限尺寸。封闭环的上极限尺寸等于所有增环的上极限尺寸之和减去所有减环的下极限尺寸之和；封闭环的下极限尺寸等于所有增环的下极限尺寸之和减去所有减环的上极限尺寸之和，故极值法也称为极大极小法，即

$$A_{\sum \max} = \sum_{i=1}^{m} \overrightarrow{A_{i\max}} - \sum_{j=m+1}^{n-1} \overleftarrow{A_{j\min}} \tag{2-12}$$

$$A_{\sum \min} = \sum_{i=1}^{m} \overrightarrow{A_{i\min}} - \sum_{j=m+1}^{n-1} \overleftarrow{A_{j\max}} \tag{2-13}$$

3）封闭环的上极限偏差 $B_s(A_{\sum})$ 与下极限偏差 $B_x(A_{\sum})$：

封闭环的上极限偏差等于所有增环的上极限偏差之和减去所有减环的下极限偏差之和，即

$$B_s(A_{\sum}) = \sum_{i=1}^{m} B_s(\overrightarrow{A_i}) - \sum_{j=m+1}^{n-i} B_x(\overleftarrow{A_j S}) \tag{2-14}$$

封闭环的下极限偏差等于所有增环的下极限偏差之和减去所有减环的上极限偏差之和，即

$$B_x(A_{\sum}) = \sum_{i=1}^{m} B_s(\overrightarrow{A_i}) - \sum_{j=m+1}^{n-i} B_s(\overleftarrow{A_j}) \tag{2-15}$$

4）封闭环的公差 $T(A_{\sum})$。封闭环的公差等于所有组成环公差之和，即

$$T(A_{\sum}) = \sum_{i=1}^{n-i} T(A_i) \tag{2-16}$$

5）计算封闭环的竖式。封闭环时还可列竖式进行解算。解算时应用口诀：增环上、下极限偏差照抄；减环上、下极限偏差对调、反号，即

| 环的类型 | 公称尺寸 | 上极限偏差 ES | 下极限偏差 EI |
|---|---|---|---|
| 增环 $\overrightarrow{A_1}$ | $+A_1$ | $ES_{A1}$ | $EI_{A1}$ |
| $\overrightarrow{A_2}$ | $+A_2$ | $ES_{A2}$ | $EI_{A2}$ |
| 减环 $\overleftarrow{A_3}$ | $-A_3$ | $-EI_{A3}$ | $-ES_{A3}$ |
| $\overleftarrow{A_4}$ | $-A_4$ | $-EI_{A4}$ | $-ES_{A4}$ |
| 封闭环 $A_\Sigma$ | $A_\Sigma$ | $ES_{A\Sigma}$ | $EI_{A\Sigma}$ |

（5）工艺尺寸链的计算形式

1）正计算形式。已知各组成环尺寸求封闭环尺寸。其计算结果是唯一的，产品设计的校验常用这种形式。

2）反计算形式。已知封闭环尺寸求各组成环尺寸。由于组成环通常有若干个，所以反计算形式需将封闭环的公差值按照尺寸大小和精度要求合理地分配给各组成环。产品设计常用此形式。

3）中间计算形式。已知封闭环尺寸和部分组成环尺寸求某一组成环尺寸。该方法应用最广，常用于加工过程中基准不重合时计算工序尺寸。

尺寸链多属于这种计算形式。

**3. 工艺尺寸链的分析与解算**

（1）测量基准与设计基准不重合时的工艺尺寸及其公差的确定　在工件加工过程中，有时会遇到一些表面加工之后，按设计尺寸不便直接测量的情况，因此需要在零件上另选一容易测量的表面作为测量基准进行测量，以间接保证设计尺寸的要求。这时就需要进行工艺尺寸的换算。

**例 2-3**　如图 2-11a 所示，尺寸 $10_{-0.36}^{0}$ mm 不便测量，改测量孔深 $A_2$，通过 $50_{-0.17}^{0}$ mm （$A_1$）间接保证尺寸 $10_{-0.36}^{0}$ mm （$A_0$），求工序尺寸 $A_2$ 及其极限偏差。

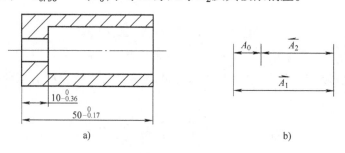

图 2-11　测量基准与设计基准不符

**解**　① 画尺寸链，尺寸链如图 2-11b 所示。

② 封闭环 $A_0 = 10_{-0.36}^{0}$ mm，增环 $A_1 = 50_{-0.17}^{0}$ mm，减环 $A_2$

③ 计算封闭环公称尺寸：$10\text{mm} = 50\text{mm} - A_2$　所以　$A_2 = 40\text{mm}$

封闭环上极限偏差：$0 = 0 - EI_2$　所以　$EI_2 = 0$

封闭环下极限偏差：$0.36\text{mm} = -0.17\text{mm} - ES_2$　所以　$ES_2 = 0.19\text{mm}$

所以 $\qquad\qquad A_2 = 40^{+0.19}_{0}\text{mm}$

④ 验算封闭环公差 $T_0 = 0.36\text{mm}$，$T_1 + T_2 = (0.17 + 0.19)\text{mm} = 0.36\text{mm}$。计算正确。

（2）定位基准与设计基准不重合时尺寸的换算　采用调整法加工零件时，若所选的定位基准与设计基准不重合，那么该加工表面的设计尺寸就不能由加工直接得到，这时就需要进行工艺尺寸的换算，以保证设计尺寸的精度要求，并将计算的工序尺寸标注在工序图上。

**例 2-4**　如图 2-12 所示 $A$、$B$、$C$ 面已加工。以 $A$ 面定位镗孔，求工序尺寸及其极限偏差。

**解**　① 画尺寸链。

② 封闭环 $A_0 = 100\text{mm} \pm 0.15\text{mm}$

增环 $A_2 = 40^{0}_{-0.06}\text{mm}$，$A_3$

减环 $A_1 = 240^{+0.1}_{0}\text{mm}$

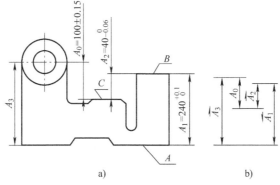

图 2-12　定位基准与设计基准不符

③ 计算封闭环公称尺寸：$100\text{mm} = 40\text{mm} + A_3 - 240\text{mm}$，所以 $A_3 = 300\text{mm}$

封闭环上极限偏差：$0.15\text{mm} = 0 + ES_3 - 0$，所以 $ES_3 = 0.15\text{mm}$

封闭环下极限偏差：$-0.15\text{mm} = -0.06\text{mm} + EI_3 - 0.1\text{mm}$，所以 $EI_3 = 0.01\text{mm}$

$$A_3 = 300^{+0.15}_{+0.01}\text{mm} = (300.08 \pm 0.07)\text{mm}$$

④ 验算封闭环公差：$T_0 = 0.3\text{mm}$，$T_1 + T_2 + T_3 = (0.10 + 0.06 + 0.14)\text{mm} = 0.30\text{mm}$，计算正确。

计算上面的尺寸链，由于环数少，利用尺寸链解算公式比较简便。不过公式记忆起来会感到有些困难，甚至容易弄混；如果尺寸链环数很多，利用尺寸链解算公式计算起来还会感到比较麻烦，并且容易出错。

（3）工序基准是尚需加工的设计基准时的工序尺寸及其公差的计算　从待加工的设计基准（一般为基面）标注工序尺寸，因为待加工的设计基准与设计基准两者差一个加工余量，所以这仍然可以作为设计基准与定位基准不重合的问题进行解算。

# 任务二　套筒类零件的工艺路线拟定

## 一、概述

### 1. 零件的功用与结构

（1）功用　支承、导向作用。

（2）结构　　主要表面为同轴度要求较高的内、外圆表面，零件壁厚较薄，长度大于直径。

常见的有轴承衬套、钻套、液压缸，如图 2-13 所示。

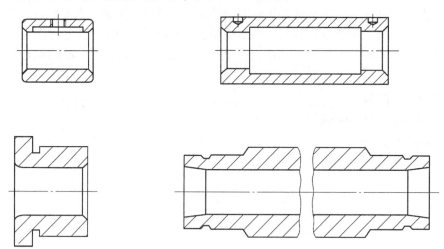

图 2-13　套类零件

### 2. 技术要求

（1）孔的技术要求　　孔是套筒类零件与回转轴颈、刀具或移动活塞相配合的，是起支承或导向作用的。孔的直径尺寸公差等级一般为 IT7，精密轴套为 IT6，气缸、液压缸为 IT9。形状公差在尺寸公差内，精密轴套控制在 $(1/2 \sim 1/3)$ $T$，长套筒要圆柱度要求，表面粗糙度值为 $Ra1.6 \sim 0.16\mu m$，高的可达 $Ra0.4\mu m$。

（2）外圆表面要求　　外圆一般以过盈或过渡配合与机座或箱体上的孔相连接，它是套筒零件的支承表面。外圆的尺寸公差等级一般为 IT7 ~ IT6，形状公差控制在外径公差范围内，表面粗糙度值为 $Ra3.2 \sim 0.63\mu m$。

（3）孔与外圆的同轴度　　当孔的终加工是在套筒装入机座后进行的，要求较低；最终加工是在装配前完成的，一般同轴度为 $\phi0.01 \sim \phi0.05mm$。

（4）轴线与端面的垂直度要求　　端面（包括凸缘端面）若在工作中受轴向载荷或作为定位基准（装配基准）时，其垂直度为 0.01 ~ 0.05mm。

### 3. 材料与毛坯

（1）材料　　钢、铸铁、青铜或黄铜，或双金属结构（如滑动轴承以离心铸造法浇注巴氏合金）。

（2）毛坯　　孔径小的用热轧或冷拉棒料，也可用实心铸件；孔径大的用无缝钢管或带孔铸件、锻件；大量生产时采用冷挤压或粉末冶金。

### 4. 加工工艺

套筒类零件加工的主要工艺问题是如何保证其主要加工表面（内孔和外圆）之间的相互位置精度，以及内孔本身的加工精度和表面粗糙度要求。尤其是薄壁、深孔的套筒零件，由于受力后容易变形，加上深孔刀具的刚性及排屑与散热条件差，故其深孔加工经常成为套筒零件加工的技术关键。套筒类零件的加工顺序一般有以下两种情况。

第一种情况为：粗加工外圆→粗、精加工内孔→最终精加工外圆。这种方案适用于外圆表面是最重要表面的套筒类零件加工。

第二种情况为：粗加工内孔→粗、精加工外圆→最终精加工内孔。这种方案适用于内孔表面是最重要表面的套筒类零件加工。

套筒类零件的外圆表面加工方法，根据精度要求可选择车削和磨削。内表面加工方法的选择则需考虑零件的结构特点、孔径大小、长径比、材料、技术要求及生产类型等多种因素。

**二、套筒类零件的内孔加工**

内孔是套筒类零件的主要加工表面，加工方法选择的原则具体根据孔的大小、深度、精度、结构形状等确定。

**1. 孔的一般加工方案**

1）当孔径较小时（<$\phi$50mm）宜采用钻孔、扩孔、铰孔方案。

2）孔较大时采用钻孔后镗或直接镗孔。

3）箱体上孔多采用精镗、浮动镗，缸筒件采用精镗、珩磨、滚压。

4）淬硬套筒，宜采用磨孔。

5）精密孔用高精度磨削、研磨、珩磨或抛光等。

**2. 常见孔的加工方法**

常见孔的加工方法有钻孔、扩孔、铰孔、镗孔、磨孔、拉孔、珩孔，研磨孔、滚压加工等。

（1）钻孔　钻孔是在实心材料上加工孔的第一道工序。它主要用于尺寸公差等级要求较高孔的预加工或尺寸公差等级低于IT11的孔的终加工。

钻孔刀具常用麻花钻。由于麻花钻具有宽而深的容屑槽、钻头顶部有横刃及钻头只有两条很窄的螺旋棱带与孔壁接触等结构特点，因而钻头的刚性差、导向性能差，钻孔时容易引偏，易出现孔径扩大现象，孔壁加工质量较差。

措施：加工前先加工孔的端面、采用工件回转方式或先钻引导锥等。

使用范围：孔径≤$\phi$75mm。当孔径≥$\phi$35mm时分两次钻，第一次钻孔的直径为所需孔径的1/2～7/10；第二次钻到所需孔径，这时横刃不参加切削，轴向抗力小，切屑较轻、小。

（2）扩孔　扩孔是用扩孔钻对工件上已钻出、铸出或锻出孔做进一步加工的方法。

扩孔加工有如下特点：

1）加工精度比钻孔高。切深小，钻头无横刃，刀体刚度大，导向作用好，尺寸公差等级为IT11～IT10，$Ra6.3～3.2\mu m$。

2）扩孔能纠正原孔轴线的歪斜。

3）生产率高，由于余量小（1/8$\phi$）、扩孔齿数较多，$f=0.4～2mm/r$。

4）孔径>$\phi$100mm的孔，多用镗孔而不用扩孔。

（3）铰孔　铰孔是对未淬硬的中小尺寸孔进行精加工的一种方法，加工的孔径范围一般为$\phi$3～$\phi$80mm。

铰孔的工艺特点：

1）铰孔精度主要取决于铰刀精度。

2）铰孔比镗孔容易保证尺寸精度和形状精度，且生产率较高。一般尺寸公差等级为IT8～IT7，手铰可达IT6，$Ra1.6～0.2\mu m$。

3）适应性差，一种铰刀只能加工一种尺寸和一种精度的孔。

4）不能校正原孔轴线的偏斜。

（4）镗孔　镗孔是常用的孔的加工方法，可作为粗加工，也可以作为精加工。

镗孔的工艺特点：

1）加工范围广，适合非标孔、大直径孔、短孔以及盲孔、有色金属孔及孔系等的加工。

2）能获得较高的精度与低表面粗糙度值，IT8～IT6，$Ra1.6～0.4\mu m$，用金刚镗则更低。

3）修正前道工序的孔轴线的偏斜和不直，生产率较低。

4）可在车床、铣床、镗床及数控机床上进行。

（5）磨孔　磨孔是单件小批生产中常用的孔精加工方法，它特别适宜于加工淬硬的孔、表面精度断续的孔和长度很短的精密孔。

对于中小型回转零件，磨孔在内圆磨床或万能磨床上进行；对于大型薄壁零件，可采用无心内圆磨削。

1）内圆磨削的工艺特点：

① 轮直径 $D$ 受到工件孔径 $D_1$ 的限制（$D=0.5～0.9D_1$），砂轮尺寸小，损耗快，要经常更换，影响效益。

② 磨削速度低，因此，磨削精度较难控制。

③ 砂轮轴受孔径与长度限制，刚性差，易弯曲、振动，影响加工精度与表面质量。

④ 砂轮与工件内切，接触面积大，散热条件差，易烧伤，宜用切削液。

⑤ 切削液不易进入磨削区，排屑困难。

2）内孔磨削方法：

① 中心圆磨。中心圆磨用于中小型工件，在万能磨床、内圆磨床上进行。

② 行星式内圆磨。行星式内圆磨用于质量大、形状不对称的内孔，用行星式磨床。

③ 无心内圆磨。无心内圆磨用于直径短套孔。

（6）拉孔　拉孔是用拉刀在拉床上对已预加工的孔进行半精加工或精加工的方法。拉孔的特点：

1）尺寸精度高，表面质量好。一般尺寸公差等级为IT9～IT7，$Ra1.6～0.1\mu m$。

2）不能纠正轴线的偏斜。

3）拉刀结构复杂，成本高，制造周期长。

4）一把拉刀只拉一种规格尺寸的孔，要求工件材质均匀。

5）薄壁孔、盲孔、阶梯孔、深孔、大直径孔和很小的孔及淬硬孔不宜采用拉削。

6）拉削范围为 $\phi10～\phi100mm$。

### 三、孔的精密加工

当套筒类零件内孔的加工精度和表面质量要求很高时，则精加工后还需进行精密加工。

孔的精密加工方法有精细镗、研磨、珩磨、滚压等。

**1. 精细镗**

精细镗是由于最初使用金刚石作为镗刀材料而得名的。

精细镗的工艺特点：

1）用精度高、刚度大、高转速的金刚镗床（转速高达 500r/min）镗削。切削铸铁时转速为 100m/min，切削钢时转速为 200m/min，切削铝时转速为 300m/min。

2）切削用量小，切削热小，加工精度高。

3）生产率高，加工范围广。

**2. 珩磨**

珩磨是用若干细粒度磨条组成的珩磨头进行内孔光整加工的方法，通常在磨削或精镗后进行。

（1）珩磨孔的工艺特点

1）加工范围广。

2）磨头与主轴浮动联接。

3）尺寸公差等级高，IT6，$Ra0.8 \sim 0.025\mu m$，能修正几何误差，交叉网纹有利于油膜形成。

（2）影响珩磨质量和生产率的因素

1）珩磨的圆周速度 $v_p$ 和往复速度 $v_w$ 的因素。圆周速度 $v_p$ 和往复速度 $v_w$ 越高，珩磨的质量越好、效率越高，但磨损增加、热量增加、易堵塞砂轮。圆周速度 $v_p$ 和往复速度 $v_w$ 的比值影响网纹交叉角 $\alpha(\alpha = 40° \sim 60°)$。

2）珩磨头行程 $L$ 与越程量 $a$。

$$L = L_k + 2a - L_s$$

式中 $L_k$——被加工表面长度；

$L_s$——磨条长度，要求磨条不宜过长。

3）珩磨压力。珩磨的压力增加，磨损增加，切削能力下降。

4）冷却与润滑。

**四、套筒类零件加工工艺分析**

套筒类零件由于其功用、结构形状、尺寸、材料及热处理等的不同，其工艺差别很大。就结构形状而言，可分为短套筒与长套筒两类，这两类套筒在装夹与加工方法上有很大的差别。下面分别分析其工艺特点。

**1. 短套筒零件的加工——气缸套零件加工工艺**

图 2-14 为 A110 型柴油机气缸零件图，由于 $L/D \approx 3$，属短套筒零件。内孔 $G$ 是重要表面，其加工工艺过程见表 2-4。

**2. 长套筒零件的加工——液压缸零件加工工艺**

图 2-15 所示为液压缸零件。该零件的孔长与直径之比 $L/D = 24$，属典型的长套筒零件。

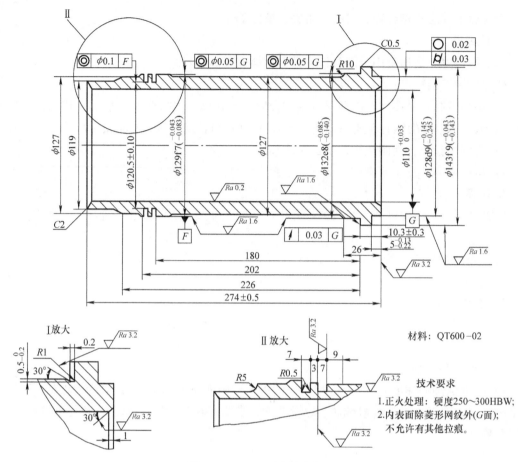

图 2-14  A110 型柴油机气缸

表 2-4  气缸套零件加工工艺

| 工序号 | 工序名称 | 工序内容 | 定位夹紧 |
|---|---|---|---|
| 010 | 铸造毛坯 | | |
| 020 | 人工时效 | | |
| 030 | 粗镗内孔 | 镗内孔至 $\phi108^{+0.20}_{0}$ mm 和一端台阶 $\phi135$mm | 外圆 |
| 040 | 粗车外圆 | 粗车各级外圆 | 内孔气压胀胎夹具 |
| 050 | 热处理 | 正火 | |
| 060 | 半精车 | 半精车法兰凸台端面及外圆 | 内孔气压胀胎夹具 |
| 070 | 半精镗 | 半精镗内孔至 $\phi109^{+0.1}_{0}$ mm 及总长 $269^{+0.5}_{-0.5}$mm | 外圆法兰凸台端面及外圆 |
| 080 | 精车 | 精车法兰凸台端面，外圆割槽 | 内孔气压胀胎夹具 |
| 090 | 去氧化皮 | 用圆弧车刀 $R10$mm 车外圆并用靠模样板 抛丸除锈去氧化皮 | |
| 100 | 半精车 | 半精车密封槽 | 外圆法兰凸台端面及外圆 |
| 110 | 精镗 | 精镗内孔至 $\phi110^{+0.065}_{-0.10}$ mm | 外圆法兰凸台端面及外圆 |
| 120 | 精车 | 精车外圆至 $\phi129^{-0.065}_{0}$ mm，$\phi132^{-0.085}_{-0.148}$mm | 内孔气压胀胎夹具 |
| 130 | 粗珩 | 粗珩磨内孔至 $\phi110^{-0.025}_{-0.060}$mm | 外圆法兰凸台端面及外圆 |
| 140 | 精珩 | 精珩磨内孔至 $\phi110^{+0.035}_{0}$ mm | 外圆法兰凸台端面及外圆 |

图 2-15 中主要技术要求为:

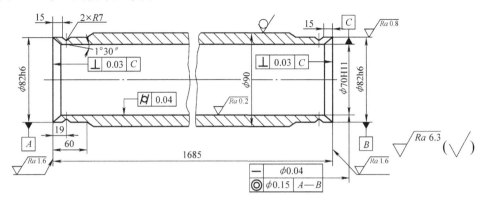

图 2-15　液压缸零件

1) 内孔必须光滑无纵向划痕。
2) 内孔圆柱度误差不大于 $\phi 0.04\text{mm}$。
3) 内孔轴线的直线度误差不大于 $0.1/1000\text{mm}$。
4) 内孔轴线与端面的垂直度误差不大于 $0.03\text{mm}$。
5) 内孔对两端支承外圆 ($\phi 82\text{h}6$) 的同轴度公差为 $\phi 0.04\text{mm}$。

对于液压缸这类长套筒零件,为保证内外圆同轴度,加工外圆时,其装夹方式常采用两种方式:用顶尖顶住两端孔口的倒角;一头夹紧外圆另一头用中心架支承(一夹一托)或一头夹紧外圆另一头用后顶尖顶住(一夹一顶)。加工内孔时,一般采用夹一头,另一头用中心架支承外圆。粗加工孔采用镗削,半精加工和精加工孔多用浮动铰孔方式。若内孔要求表面粗糙度值很低时,还须选用精磨或滚压加工。本例采用一夹一托或一夹一顶方式来加工外圆;采用工艺螺纹固夹一头,中心架托另一头外圆的方式来加工内孔。内孔经推镗、浮动精铰后再进行冷压加工,以保证达到图样规定的要求。

其加工工艺见表 2-5。

表 2-5　液压缸零件的加工工艺

| 序号 | 工序名称 | 工序内容 | 定位与夹紧 |
| --- | --- | --- | --- |
| 1 | 下料 | 切断无缝钢管,使总长度 $L = 1692\text{mm}$ | |
| 2 | 车 | (1) 车 $\phi 82\text{mm}$ 外圆到 $\phi 88\text{mm}$,并车工艺螺纹 M88×1.5mm | 三爪夹一端外圆,大头顶尖顶另一端孔 |
| | | (2) 车端面及倒角 | 三爪夹一端外圆,搭中心架托 $\phi 88\text{mm}$ 处 |
| | | (3) 掉头车 $\phi 82\text{mm}$ 外圆到 $\phi 84\text{mm}$ | 三爪夹一端外圆,大头顶尖顶另一端孔 |
| | | (4) 车端面及倒角,取总长 1686mm(留加工量 1mm) | 三爪夹一端外圆,搭中心架托 $\phi 84$ 处 |

（续）

| 序号 | 工序名称 | 工序内容 | 定位与夹紧 |
|---|---|---|---|
| 3 | 深孔推镗 | （1）半精镗锥孔到 $\phi68$mm<br>（2）精推镗孔到 $\phi69.85$mm<br>（3）精铰（浮动镗刀镗孔）到 $\phi70$mm ± 0.02mm，表面粗糙度 $Ra$ 值为 1.6μm | 一端用 M88×1.5mm 工艺螺纹固定在夹具中，另一端搭中心架 |
| 4 | 滚压孔 | 用滚压头滚压孔至 $\phi70$mm + 0.19mm，表面粗糙度 $Ra$ 值为 0.2μm | 一端用工艺螺纹固定在夹具中，另一端搭中心架 |
| 5 | 车 | （1）车去工艺螺纹，车 $\phi82$h6 到尺寸，割 $R7$ 槽 | 软爪夹一端，以孔定位顶另一端 |
| | | （2）镗内锥孔 1°30′ 及车端面 | 软爪夹一端，中心架托另一端（百分表找正孔） |
| | | （3）掉头，车 $\phi82$h6 到尺寸，割 $R7$ 槽 | 软爪夹一端，顶另一端 |
| | | （4）车内锥孔 1°30′ 及车端面取总长 1685mm | 软爪夹一端，中心架托另一端（百分表找正孔） |

## 思考与练习

1. 零件加工时，获得尺寸精度的方法有哪几种？获得形状精度的方法有哪几种？
2. 什么是尺寸链？什么是组成环？什么是封闭环？
3. 什么是装配？装配精度和哪些因素有关？
4. 制定装配工艺规程的基本要求及主要依据有哪些？

# 项目三 齿轮加工工艺编制

**教学内容和要求：**

主要讲授设备及工艺装备的选择、切削用量计算和工时定额的确定；齿轮的作用、种类、结构特点、材料、毛坯；齿轮加工方法原理以及典型齿轮零件的一般加工工艺。要求初步具备编制中等精度的齿轮加工工艺的能力。

## 任务一 设备和工艺装备的选择、切削用量和工时定额的确定

### 一、机床设备及工艺装备的选择

（一）选择机床设备的原则

选择机床设备的基本原则主要从以下五个方面考虑：

1）机床的精度应与要求的加工精度相适应。

2）机床的生产率与生产类型相适应。

一般，加工单件小批零件采用通用机床、工装；加工大批零件采用专用机床、组机、专用工装；数控机床可用于各种生产类型；尽可能用标准刀具。

3）机床的规格与加工工件的尺寸相适应。

4）机床的选择应结合现场的实际情况。

5）合理选用数控机床。

（二）工艺装备的选择原则

**1. 夹具的选择**

（1）单件小批生产 采用各种通用夹具和机床附件，如卡盘、台虎钳、分度头等；有组合夹具站的，可采用组合夹具。

（2）大批大量生产 为提高劳动生产率应采用专用高效夹具。

采用数控加工时夹具要敞开，其定位、夹紧元件不能影响加工走刀（如碰撞等）。

**2. 刀具的选择**

1）一般优先采用标准刀具。刀具的选择主要取决于工序所采用的加工方法、加工表面的尺寸大小、工件材料、要求的加工精度、表面粗糙度、生产率、经济性，在选择时应尽量采用标准刀具。

2）若采用工序集中时，应采用各种高效的专用刀具、复合刀具和多刃刀具等。

3）刀具的类型、规格和精度等级应符合加工要求。

4）数控加工对刀具的刚性及寿命要求较普通加工严格。应合理选择各种刀具、辅具（刀柄、刀套、夹头等）。

**3. 量具的选择**

量具的选择主要根据生产类型和要求的检验精度进行。

（1）对于尺寸误差

1）单件小批生产应广泛采用通用量具，如游标卡尺、百分尺和千分表等。

2）大批大量生产应采用各种量规和高效的专用检验夹具和量仪等。

3）大量生产多采用自动化程度高的量仪，如电动或气动量仪等。

4）量具的精度必须与加工精度相适应。

（2）对于几何误差

1）在单件小批生产中，一般采用通用量具（百分表、千分表等），也有采用三坐标测量机的。

2）在成批大量生产中，多采用专用检具。

## 二、切削液的选择

### （一）切削液的作用

#### 1. 冷却作用

冷却作用是依靠切削液的对流传热和汽化把切削热从固体（刀具、工件和切屑）上带走，降低切削区的温度，减少工件变形，保持刀具硬度和尺寸。

切削液冷却性能的好坏，取决于它的热导率、比热容、汽化热、汽化速度、流量、流速等。一般来说，水溶液的冷却性能最好，油类最差，乳化液介于两者之间而接近于水。

#### 2. 润滑作用

在切削加工中，刀具与切屑、刀具与工件表面之间产生摩擦，切削液就是减轻这种摩擦的润滑剂。切削液渗入到切屑、刀具、工件的接触面间，黏附在金属表面上形成润滑膜，减小它们之间的摩擦系数、减轻黏结现象、抑制积屑瘤，并改善已加工表面的粗糙度，提高刀具寿命。

润滑性能取决于切削液的渗透性、吸附薄膜形成能力与强度等。

切削液的润滑作用，一般油基切削液比水基切削液优越，含油性、极压添加剂的油基切削液效果更好。油性添加剂一般是带有极压性基等的长链有机化合物，如高级脂肪酸、高级醇、动植物油脂等。油基添加剂是通过极压性基吸附在金属的表面上形成一层润滑膜，减少刀具与工件、刀具与切屑之间的摩擦，从而达到减小切削阻力，延长刀具寿命，降低工件表面粗糙度值的目的。油性添加剂的作用只限于温度较低的状况，当温度超过200℃，油性剂的吸附层受到破坏而失去润滑作用，所以一般低速、精密切削使用含有油性添加剂的切削液，而在高速、重切削的场合，应使用含有极压添加剂的切削液。

#### 3. 清洗作用

在金属切削过程中，切屑、铁粉、磨屑、油污等物易黏附在工件表面和刀具、砂轮上，影响切削效果，同时使工件和机床变脏，不易清洗。切削液能够冲走切削中产生的细屑、砂轮脱落下来的微粒等，起到清洗作用，防止加工表面、机床导轨面受损；有利于精加工、深孔加工、自动线加工中的排屑。

对于油基切削液，黏度越低，清洗能力越强，特别是含有柴油、煤油等轻组分的切削液，渗透和清洗性能就更好。含有表面活性剂的水基切削液，清洗效果较好。表面活性剂一方面能吸附各种粒子、油泥，并在工件表面形成一层吸附膜，阻止粒子和油泥黏附在工件、刀具和砂轮上，另一方面能渗入到粒子和油污黏附的界面上把粒子和油污从界面上分离，随切削液带走，从而起到清洗作用。切削液的清洗作用还应表现在对切屑、磨屑、铁粉、油污等有良好的分离和沉降作用。循环使用的切削液在回流到冷却槽后能迅速使切屑、铁粉、磨屑、微粒等沉降于容器的底部，油污等物悬浮于液面上，这样便可保证切削液反复使用后仍能保持清洁，保证加工质量和延长使用周期。

（二）切削液的种类

金属切削加工中常用的切削液可分为三大类：水溶液、乳化液、切削油。

**1. 水溶液**

水溶液的主要成分是水，它的冷却性能好，若配成液体呈透明状，则便于操作者观察。但是单纯的水容易使金属生锈，且润滑性能欠佳。因此，经常在水溶液中加入一定的添加剂，使其既能保持冷却性能，又有良好的防锈性能和一定的润滑性能。

**2. 乳化液**

乳化液是将乳化油用水稀释而成的。乳化油是由矿物油、乳化剂及添加剂配成，用95%～98%水稀释后即成为乳白色或半透明状的乳化液。它具有良好的冷却作用，但因为含水量大，所以润滑、防锈性能均较差。为了提高其润滑性能和防锈性能，可再加入一定量的油性、极压添加剂和防锈添加剂，配制成极压乳化液或防锈乳化液。

**3. 切削油**

切削油的主要成分是矿物油，少数采用动植物油或复合油。纯矿物油不能在摩擦界面上形成坚固的润滑膜，润滑效果一般。在实际使用中常常加入油性添加剂、极压添加剂和防锈添加剂，以提高其润滑和防锈性能。

动植物油有良好的"油性"，适于低速精加工，但是它们容易变质，因此最好不用或少用，而应尽量采用其他代用品，如含硫、氯等极压添加剂的矿物油。

（三）切削液的选用原则

**1. 按加工性质选用**

1）粗加工时，应选用以冷却为主的水溶液或乳化液。

2）精加工时，应选用润滑为主的极压切削油或高浓度的极压乳化液。

3）钻削、铰削、拉削和深孔加工时，应选用黏度较小的极压水溶液、极压乳化液和极压切削油，并应加大流量和压力。

**2. 按刀具材料选用**

1）高速工具钢刀具粗加工，用极压水溶液或极压乳化液。高速工具钢刀具精加工，用极压乳化液或极压切削油，以减小摩擦，提高表面质量和精度，延长刀具寿命。

2）硬质合金刀具高速切削，一般不使用切削液。

3）使用立方氮化硼刀具或砂轮时，不宜使用水质切削液。

**3. 按工件材料选用**

按工件材料选用切削液时要注意以下几点：

1）铸铁、黄铜及硬铝等脆性材料，由于切屑碎末会堵塞冷却系统，容易使机床磨损，一般不加切削液。但精加工时为了降低表面粗糙度值，可采用黏度较小的煤油或7%～10%乳化液。

2）切削有色金属和铜合金时，不宜采用含硫的切削液，以免腐蚀工件。

3）切削镁合金时，不能用油质切削液，以免燃烧起火。

### 三、切削用量的合理选择

**（一）切削用量选择的原则**

在机床、刀具、工件的强度以及工艺系统刚性允许的条件下：

1）首先，选择尽可能大的背吃刀量 $a_p$。

2）其次，选择在加工条件和加工要求限制下允许的进给量 $f$。

3）最后，再按刀具寿命的要求确定一个合适的切削速度 $v_c$。

**（二）刀具寿命的确定**

**1. 刀具的经济寿命 $T_C$（min）**

按工序加工成本最低的原则确定的刀具寿命。

**2. 刀具的最高生产率寿命 $T_P$（min）**

按工序加工时间最少的原则确定的刀具寿命，计算刀具寿命的近似公式如表 3-1 所示。

表 3-1 计算刀具寿命的近似公式

| 刀具寿命 | 高速工具钢 | 硬质合金 | 陶　瓷 |
|---|---|---|---|
| 经济寿命 | $T_C = 7\left(t_{ct} + \dfrac{C_t}{M}\right)$ | $T_C = 4\left(t_{ct} + \dfrac{C_t}{M}\right)$ | $T_C = \left(t_{ct} + \dfrac{C_t}{M}\right)$ |
| 最高生产率寿命 | $T_P = 7t_{ct}$ | $T_P = 4t_{ct}$ | $T_P = t_{ct}$ |

**（三）切削用量的合理制定**

合理的切削用量是指在保证加工质量的前提下，充分利用刀具和机床的性能，能获得高的生产率和低的加工成本的切削用量。

制定合理切削用量的顺序：$a_p$、$f$、$v_c$、$n_{实际}$、$v_{实际}$。

**1. 背吃刀量 $a_p$ 和进给次数的选择**

1）粗加工时，首先应将精加工的和半精加工的余量留下来，剩下的余量尽可能在一次进给下切除。

2）精加工时的最小背吃刀量的确定，取决于刀具切削刃的锋利程度，对于切削刃较锋利的高速工具钢刀具不应小于 0.005mm；对于切削刃不太锋利的硬质合金刀具，背吃刀量要略大一点。

**2. 进给量 $f$ 的选择**

（1）粗加工时，主要考虑工艺系统的承受能力　选择进给量的限制条件有：机床进给机构的强度、车刀刀杆强度、车刀刀杆刚度、刀片强度以及工件装夹刚度等，每个限制条件给出一个允许的进给量，在这几个允许的进给量中选取最小的一个。

在制定大批大量生产的工艺规程时，应该按照上述限制条件，通过计算和比较，来确定合理的进给量。

（2）半精加工和精加工时，最大进给量主要受加工精度和表面粗糙度的限制　当车刀的刀尖圆弧半径 $r_\varepsilon$ 较大或车削刀具有副偏角很小的修光刃，且切削速度较高时，进给量可以选得大一些。

在生产中，进给量常常是按实际经验确定的，表 3-2 为硬质合金刀具切削用量推荐表。

表 3-2　硬质合金刀具切削用量推荐表

| 刀具材料 | 工件材料 | 粗加工 | | | 精加工 | | |
|---|---|---|---|---|---|---|---|
| | | 切削速度/<br>(m/min) | 进给量/<br>(mm/r) | 背吃刀量/<br>mm | 切削速度/<br>(m/min) | 进给量/<br>(mm/r) | 背吃刀量/<br>mm |
| 硬质合金或<br>涂层<br>硬质合金 | 碳钢 | 220 | 0.2 | 3 | 60 | 0.1 | 0.4 |
| | 低合金钢 | 180 | 0.2<br>0.2 | 33 | 220<br>220 | 0.1<br>0.1 | 0.4 |
| | 高合金钢 | 120 | 0.2 | 3 | 160 | 0.1 | 0.4 |
| | 铸铁 | 80 | 0.2<br>0.2 | 33 | 140<br>140 | 0.1<br>0.1 | 0.4 |
| | 不锈钢 | 80 | 0.2 | 2 | 20 | 0.1 | 0.4 |
| | 钛合金 | 40 | 0.3<br>0.2 | 1.5<br>1.5 | 60<br>60 | 0.1<br>0.1 | 0.4 |
| | 灰铸铁 | 120 | 0.3<br>0.3 | 22 | 150<br>150 | 0.15<br>0.15 | 0.5 |
| | 球墨铸铁 | 100 | 0.2<br>0.3 | 2 | 120<br>120 | 0.15<br>0.15 | 0.5 |

**3. 切削速度 $v_c$ 的选择**

1）首先，应该根据已确定的背吃刀量 $a_p$、进给量 $f$ 以及刀具寿命 $T$，再按刀具寿命与切削用量关系式计算，即

$$v_c = \frac{c_v}{T^m f^{y_v} a_p^{x_v}}$$

式中　　　$c_v$——刀具寿命系数；

$m$、$y_v$、$x_v$——与刀具、工件材料和切削条件有关的指数。

所选定的这个刀具寿命 $T$，一般都在刀具的经济寿命 $T_c$ 和最高生产率寿命 $T_p$ 之间。

2）计算得到 $v_c$ 后，根据加工工件直径计算相应的转速，即

$$v_c = \frac{\pi d_w n}{1000}$$

再按照机床的转速表，确定一个可实现的转速 $n$。然后，再计算在这个实际转速 $n$ 下的实际的切削速度 $v_c$。通常要求实际的切削速度 $v_c$ 尽量接近（一般为略小于）初始计算值。

3）校验机床功率。

切削功率 $P_c$（单位：kW）：

$$P_c = \frac{F_c v_c}{6 \times 10^4}$$

机床的有效功率：

$$P'_{机床} = \eta_m P_{机床}$$

若 $P'_{机床} \geqslant P_c$，则机床校验合格。

### 四、时间定额的确定

制定工艺规程的根本任务是在保证产品质量的前提下，提高劳动生产率和降低成本，即做到高产、优质、低消耗。要达到这一目的，制定工艺规程时，还必须对工艺过程认真开展技术经济分析，有效地采取提高机械加工生产率的工艺措施。

机械加工生产率是指工人在单位时间内生产的合格产品的数量，或者指制造单件产品所消耗的劳动时间，它是劳动生产率的指标。机械加工生产率通常通过时间定额来衡量。

（一）时间定额的组成

时间定额是指在一定的生产条件下，规定每个工人完成单件合格产品或某项工作所必需的时间。

时间定额是安排生产计划、核算生产成本的重要依据，也是设计、扩建工厂或车间时计算设备和工人数量的依据。

#### 1. 单件时间

完成一个工件的一个工序的时间称为单件时间 $T_d$。

$$T_d = t_m + t_a + t_s + t_r$$

（1）基本时间 $t_m$（单位：min）　基本时间是指直接改变生产对象的尺寸、形状、相对位置、表面状态或材料性质等工艺过程所消耗的时间。

（2）辅助时间 $t_a$（单位：min）　辅助时间是指为实现工艺过程所必须进行的各种辅助动作所消耗的时间。如装卸工件、操作机床、改变切削用量、试切和测量工件、引进及退回刀具等动作所需时间都是辅助时间。

$$基本时间 + 辅助时间 = 工序作业时间$$

（3）布置工作地时间 $t_s$（单位：min）　布置工作地时间是为使加工正常进行，工人照管工作地（如换刀、润滑机床、清理切屑、收拾工具等）所消耗的时间。一般按作业时间的 2% ~7% 估算。

（4）休息与生理需要时间 $t_r$（单位：min）　休息和生理需要时间是指工人在工作班内恢复体力和满足生理上的需要所消耗的时间。一般按作业时间的 2% 估算。

#### 2. 单件核算时间

在成批生产中，单件核算时间 $t_h$ 为

$$t_h = t_d + t_Z/N$$

式中　$t_d$——单件时间；

　　　$t_Z$——准备终结时间；

　　　$N$——零件批量。

大批大量生产时，每个工作地始终完成某一固定工序，$t_Z/N \approx 0$，故不考虑准备终结时间，即 $t_h = t_d$。

（二）提高生产率的措施

劳动生产率是一个综合技术经济指标，它与产品设计、生产组织、生产管理和工艺设计都有密切关系。这里讨论提高机械加工生产率的问题，主要从工艺技术的角度，研究如何通过减少时间定额，寻求提高生产率的工艺途径。

提高机械加工生产率的工艺措施：

**1. 缩短基本时间**

（1）采用精铸、精锻的毛坯件，实施无切屑或少切屑加工

（2）合理选择切削条件，确定合理的切削用量　增大切削速度、进给量和背吃刀量都可以缩短基本时间，这是机械加工中广泛采用的提高生产率的有效方法。近年来，国外出现了聚晶金刚石和聚晶立方氮化硼等新型刀具材料，切削普通钢材的速度可达 900m/min；加工 60HRC 以上的淬火钢、高镍合金钢，在 980℃ 时仍能保持其热硬性，切削速度可在 900m/min 以上。高速滚齿机的切削速度可达 65～75m/min，目前最高滚切速度已超过 300m/min。磨削方面，近年的发展趋势是在不影响加工精度的条件下，尽量采用强力磨削，提高金属切除率，磨削速度已超过 60m/s；而高速磨削速度已达到 180m/s 以上。

（3）采用多刀多刃切削，多件同时加工　多件加工可分顺序多件加工、平行多件加工和平行顺序多件加工三种形式。

顺序多件加工是指工件按进给方向一个接一个地顺序装夹，减少了刀具的切入、切出时间，即减少了基本时间。这种形式的加工常见于滚齿、插齿、龙门刨、平面磨和铣削加工中，如图 3-1a 所示。

平行多件加工是指工件平行排列，一次进给可同时加工 $n$ 个工件，加工所需基本时间和加工一个工件相同，所以分摊到每个工件的基本时间就减少到原来的 $1/n$，其中 $n$ 为同时加工的工件数。这种方式常见于铣削和平面磨削中，如图 3-1b 所示。

平行顺序多件加工是上述两种形式的综合，常用于工件较小、批量较大的情况，如立轴平面磨削和立轴铣削加工中，如图 3-1c 所示。

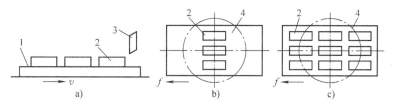

图 3-1　顺序多件、平行多件和平行顺序多件加工
1—工作台　2—工件　3—刨刀　4—铣刀

（4）缩短工作行程　利用几把刀具或复合刀具对工件的同一表面或几个表面同时进行加工，或者利用宽刃刀具、成形刀具做横向进给同时加工多个表面，实现复合工步，都能减少每把刀的切削行程长度或使切削行程长度部分或全部重合，减少基本时间。

（5）采用先进切削技术　在可行条件下，采用先进切削技术，如高速切削、强力切削与大进给切削等。

**2. 缩短辅助时间**

缩短辅助时间的方法通常是使辅助操作实现机械化和自动化，或使辅助时间与基本时间重合，如图 3-2 所示。具体措施有：

（1）采用高度自动化的机床或数控机床　这不仅可以保证加工质量，而且大大减少了装卸和找正工件的时间。

（2）采用先进的检测设备，实施在线主动检测　零件在加工中需多次停机测量，尤其是精密零件或重型零件更是如此，这样不仅降低了生产率，不易保证加工精度，还增加了工

人的劳动强度，主动测量的自动测量装置能在加工中测量工件的实际尺寸，并能用测量的结果控制机床进行自动补偿调整。该方法在内、外圆磨床上采用，已取得了显著的效果。

（3）采用多工位连续加工　在大批大量生产中，采用回转工作台和转位夹具，在不影响切削加工的情况下装卸工件，使辅助时间与基本时间重合。该方法在铣削平面和磨削平面中得到广泛的应用，可显著地提高生产率。

（4）合理采用先进制造技术（AMT）

合理采用先进制造技术（AMT），例如 CAPP、CAM、GT 及 CIMS 等。

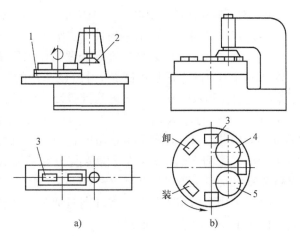

图 3-2　辅助时间与基本时间重合的示例
1—双工位夹具　2—铣刀　3—工件　4—精铣刀　5—粗铣刀

（5）合理采用科学管理模式　合理采用科学管理模式，提高管理效率和劳动生产率，使制造系统管理组织机构合理化，使制造系统以最优化的方式运行。

（6）采用两个相同夹具交替工作的方法　当一个夹具安装好工件进行加工时，另一个夹具同时进行工件装卸，这样也可以使辅助时间与基本时间重合。该方法常用于批量生产中。

**3. 缩短布置工作场地时间**

布置工作场地时间，主要消耗在更换刀具和调整刀具的工作上。因此，缩短布置工作场地时间主要是减少换刀次数、换刀时间和调整刀具的时间。减少换刀次数就是要提高刀具或砂轮的寿命，而减少换刀和调刀时间是通过改进刀具的装夹和调整方法，采用对刀辅具来实现的。例如，采用各种机外对刀的快换刀夹具、专用对刀样板或样件以及自动换刀装置等。目前，在车削和铣削中已广泛采用机械夹固的可转位硬质合金刀片，既能减少换刀次数，又减少了刀具的装卸、对刀和刃磨时间，从而大大提高了生产率。

**4. 缩短准备与终结时间**

缩短准备与终结时间的主要方法是扩大零件的批量和减少调整机床、刀具和夹具的时间。

# 任务二　齿轮零件的加工工艺编制

**一、概述**

（一）齿轮的功用和结构特点

**1. 齿轮的功用**

由于齿轮传动具有传动比准确、传动力大、效率高、结构紧凑、可靠耐用等优点，因此，齿轮在机器和仪器中应用极为广泛，齿轮的需求量也日益增加。其功用是按一定的传动比传递运动和动力。

齿轮按齿圈的分布形式分为直齿齿轮、斜齿齿轮、人字齿齿轮、曲齿齿轮等，如图 3-3

所示；按轮体的形式，齿轮可以分为盘形齿轮、套类齿轮、轴式齿轮、扇形齿轮、齿条等，如图 3-4 所示。其中，盘形齿轮应用最广泛。

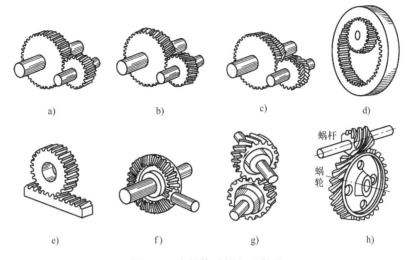

图 3-3　齿轮传动的主要类型

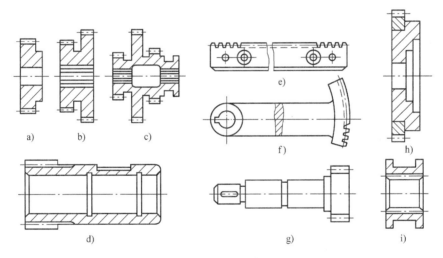

图 3-4　圆柱齿轮的各种形式

### 2. 齿轮的结构特点

齿轮因其在机器中的功用不同而结构各异，但总是由齿圈和轮体组成的。在齿圈上均匀地分布着直齿、斜齿等轮齿，而在轮体上有轮辐、轮毂、孔、键槽等。

（二）齿轮传动的精度要求

齿轮的制造精度对机器的工作性能、承载能力、噪声及使用寿命影响很大，因此，齿轮制造必须满足齿轮传动的使用要求。

### 1. 传递运动的准确性

传递运动的准确性即主动轮转过一个角度时，从动轮应按给定的传动比转过相应的角度。要求齿轮在一转中，转角误差的最大值不能超过一定的限度，即为一转角精度。

**2. 工作的平稳性**

工作的平稳性要求齿轮传动平稳，无冲击，振动和噪声小，这就需要限制齿轮传动时，瞬时传动比的变化，即一齿转角精度。

**3. 齿面接触的均匀性**

齿轮载荷由齿面承受，两齿轮配合时，接触面积的大小对齿轮寿命影响很大。所以齿轮载荷的均匀性，由接触精度来衡量。

**4. 有一定的齿侧间隙**

一对相互配合的齿轮，其非工作面必须留有一定的间隙，即为齿侧间隙，其作用是存储润滑油，使工作齿面形成油膜，减少磨损；同时可以补偿热变形、弹性变形、加工误差和安装误差等因素引起的侧隙减小，防止卡死。应当根据齿轮副的工作条件，来确定合理的侧隙。

以上四项要求，根据齿轮传动装置的用途和工作条件而有所不同。例如，滚齿机分度蜗杆副、读数仪表所用的齿轮副，对传动准确性要求高，工作平稳性也有一定要求，而对载荷的均匀性要求一般不严格。

在国家标准 GB/T 10095.1—2008 中规定了齿轮传动有 13 个精度等级，精度由高到低依次为 0 级、1 级、2 级……12 级。其中常用的精度等级为 6 ~ 9 级。7 级精度是基础级，是设计中普遍采用且在一般条件下用滚齿、插齿、剃齿三种切齿方法就能得到的精度等级。

按齿轮各项误差对传动性能的主要影响，标准中将齿轮每个精度等级的各项公差分为三个公差组：传递运动的准确性、传动的平稳性、载荷的均匀性。

根据齿轮的精度等级，齿轮的工作齿面和基准面应有相应的表面粗糙度要求，见表 3-3。

表 3-3　齿轮孔、齿轮轴和齿面的表面粗糙度 Ra 值　　　　　（单位：μm）

| 精度等级 | 5 | 6 | 7 | 8 | 9 |
|---|---|---|---|---|---|
| 齿轮孔 | 0.4 ~ 0.2 | 0.8 | 1.6 ~ 0.8 | 1.6 | 3.2 |
| 齿轮轴 | 0.2 | 0.4 | 0.8 | 1.6 | 1.6 |
| 齿形面 | 0.4 | 0.8 ~ 0.4 | 0.8 | 3.2 | 6.3 |

（三）齿轮的材料和毛坯

**1. 齿轮的材料**

齿轮应按照使用的工作条件选用合适的材料。齿轮材料的选择对齿轮的加工性能和使用寿命都有直接的影响。

对一般传力齿轮，齿轮材料应具有一定的接触疲劳强度、弯曲疲劳强度和耐磨性要求。

对受冲击载荷的齿轮传动，其轮齿容易折断。此时，要求材料有较大的机械强度和较好的冲击韧性。

对高精度齿轮，要求材料淬火时变形小，并具有较好的精度保持性。

此外，还应考虑齿轮的结构情况，如大直径齿轮可选用铸钢和铸铁。

齿轮材料有中碳钢、中碳合金结构钢、渗碳钢、铸钢、铸铁、胶布胶木、尼龙等。

**2. 齿轮毛坯**

（1）圆钢

（2）锻件

（3）铸钢　铸钢用于直径较大、形状复杂且受力较大的齿轮。一般适用于齿轮直径为 $400 \sim 600\text{mm}$。

（4）铸铁　铸铁机械强度较差，但加工性能好，成本低，故适用于受力不大、无冲击的低速齿轮。

除上述毛坯外，对高速轻载齿轮，为减少噪声，可用夹布胶木制造，或用尼龙、塑料压铸成形。

（四）齿轮的热处理

**1. 切齿前的预备热处理**

切齿前常用的热处理方法有退火、正火和调质。

（1）退火　铸铁毛坯应进行退火，以便使内部组织均匀，消除内应力和改善切削性能。

（2）正火　铸钢毛坯要正火，其作用与退火相同、低碳钢的锻件毛坯，其正火主要是为改善材料的切削性能。

（3）调质　中碳钢锻件毛坯调质处理的目的，一是提高材料的力学性能，二是对切齿后需淬火的齿轮提供良好的条件。

**2. 切齿后的热处理**

切齿后的热处理主要是为了提高齿面硬度。具体方法有：

（1）高频感应淬火　淬火后轮齿变形较小，齿面硬度较高，心部韧性好，是最常用的表面淬火方法。

（2）整体淬火　这种方法简便易行，但淬火后常引起内孔变形、端面翘曲及径向圆跳动增大。由于齿心韧性不好，故轮齿容易冲击折断。

（3）化学热处理　对含碳量比较低的齿坯材料，可采用齿面渗碳淬火及渗氮、碳氮共渗等热处理方法。这种齿面硬度很高，齿心韧性较好，可用于高速或有冲击的齿轮。由于表面硬化层较薄，故不宜用于重载齿轮。

**二、齿轮加工方案和齿形加工方法**

齿轮加工过程可大致分为齿坯加工和齿形加工两个阶段。其主要工艺有两方面，一是齿坯内孔（或轴颈）和基准端面的加工精度，它是齿轮加工、检验和装配的基准，对齿轮质量影响很大；二是齿形加工精度，它直接影响齿轮传动质量，是整个齿轮加工的核心。

（一）圆柱齿轮齿坯的加工方法

**1. 齿坯精度**

齿坯的外圆、端面及孔经常作为齿形加工、测量和装配的基准，所以齿坯的精度对于整个齿轮的精度有着重要的影响。

齿坯精度中主要是对齿轮孔的尺寸精度和形状精度、孔和端面的位置精度有较高的要求；对齿坯外圆也有一定的要求，具体要求见表3-4和表3-5。

表 3-4　齿坯尺寸和形状公差

| 齿轮精度等级 | 5 | 6 | 7 | 8 |
|---|---|---|---|---|
| 孔的尺寸和形状公差等级 | IT5 | IT6 | IT7 | |
| 轴的尺寸和形状公差等级 | IT5 | | | IT6 |
| 顶圆直径公差等级 | IT7 | IT8 | | |

表 3-5　齿坯基准面径向圆跳动和轴向圆跳动公差　　　　（单位：μm）

| 分度圆直径/mm | 公差等级 | |
|---|---|---|
| | IT6 和 IT5 | IT8 和 IT7 |
| <125 | 11 | 18 |
| 125~400 | 14 | 22 |
| 400~800 | 20 | 32 |

**2. 圆柱齿轮齿坯的加工方法**

（1）大批大量生产的齿坯加工　大批大量加工中等尺寸齿坯时，多采用"钻→拉→多刀车"的工艺方案。

1）以毛坯外圆及端面定位进行钻孔或扩孔。

2）拉孔。

3）以孔定位在多刀半自动车床上粗精车外圆、端面、切槽及倒角等。

这种工艺方案由于采用高效机床可组成流水线或自动线，所以生产率高。

（2）成批生产的齿坯加工　成批生产齿坯时，常采用"车→拉→车"的工艺方案。

1）以齿坯外圆或轮毂定位，精车外圆、端面和内孔。

2）以端面支承拉孔（或花键孔）。

3）以孔定位精车外圆及端面等。

这种方案可由卧式车床或转塔车床及拉床实现。它的特点是加工质量稳定，生产率较高。当齿坯孔有台阶或端面有槽时，可以充分利用转塔车床上的多刀来进行多工位加工，在转塔车床上一次完成齿坯的加工。

（二）齿坯加工方案的选择

齿坯加工工艺主要取决于轮体结构形状和生产批量，对轴式和盘形齿轮，其齿坯的加工工艺与一般轴和圆盘零件基本相同，唯加工时应重点保证齿形加工基准面的精度要求。轴式齿轮的基准面是轴颈，盘形齿轮的基准面是孔和端面。由于齿坯的外圆、端面或内孔常是作为齿形加工、测量和装配的基准，这些对齿形的加工有重要的影响。下面以盘形齿轮为例分析齿坯加工的主要过程。

**1. 中批、小批生产的齿坯加工**

1）以齿坯外圆或凸缘作为粗基准，自定心卡盘装夹，在卧式车床或转塔车床上粗加工外圆、端面和内孔。

2）夹紧外圆，精镗内孔和基准端面。

3）以内孔在心轴上定位，精车外圆、端面及其他表面。

对花键孔齿坯，其加工方案大致相仿，可以为粗加工外圆、端面和花键底孔→以花键底孔定位，端面支承拉出花键→以花键孔在心轴上定位，精车外圆、端面及其他表面。

**2. 大批生产的齿坯加工**

无论圆柱孔或花键孔的齿轮，其齿坯均采用高生产率机床加工，如拉床、多轴自动或多刀半自动车床等。其加工方案有如下四点：

1）以外圆为粗基准，粗加工端面和内孔（或花键）底孔。

2）以端面支承拉孔（内孔或花键孔）。

3）以孔在心轴上定位，在多刀半自动车床上粗车外圆、端面。

4）还是以孔在心轴上定位，在另一台车床上继续精车外圆、端面及其他表面。

对直径较小的齿坯，可采用棒料在卧式多轴自动或半自动车床上将外圆、基准端面和内孔在一道工序中全部加工完成。

（三）齿形加工原理

齿轮加工的关键是齿面加工。目前，齿面加工的主要方法是刀具切削加工和砂轮磨削加工。前者由于加工效率高，加工精度较高，因而是目前广泛采用的齿面加工方法；后者主要用于齿面的精加工，效率一般比较低。

**1. 齿形加工方法**

齿轮加工机床的种类繁多，构造各异，加工方法也各不相同。

（1）按加工对象的不同分

1）圆柱齿轮加工机床：滚齿机、插齿机等。

2）锥齿轮加工机床：刨齿机、铣齿机、拉齿机等。

（2）按齿形加工原理分

1）成形法齿轮加工机床：铣床（用面铣刀或指形齿轮铣刀）、刨床、插床（用成形铣刀），如图3-5所示。

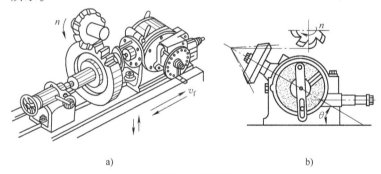

a)　　　　　　　　　　　　　　　　b)

图3-5　铣齿轮

a）铣直齿轮　b）铣锥齿轮

2）展成法齿轮加工机床：滚齿机、插齿机、剃齿机等。此外，多数磨齿机及锥齿轮加工机床也是按展成法原理进行加工的。

**2. 成形法**

成形法是利用与被加工齿轮的齿槽截面形状一致的刀具，在齿坯上加工出齿面的方法。例如，在铣床上用面铣刀或指形齿轮铣刀铣削齿轮（图3-6）；在刨床或插床上用成形刀具加工齿轮。

成形铣削一般在普通铣床上进行。铣削时工件安装在分度头上，铣刀旋转对工件进行切削加工，工作台做直线进给运动，加工完一个齿槽，分度头将工件转过一定角度，再进行另一个齿槽，依次加工出所有齿槽。

这种加工方法的优点是机床较简单，可以利用通用机床加工，缺点是加工齿轮的精度低。

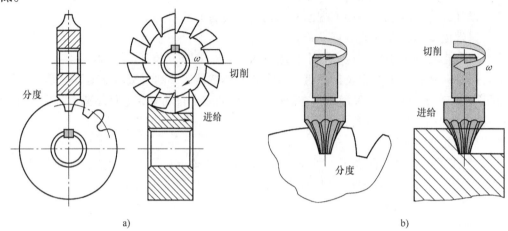

图 3-6　成形法加工齿轮
a）面铣刀加工　b）指形齿轮铣刀加工

渐开线形状随齿数变化。要想获得精确的齿廓，加工一种齿数的齿轮就需要一把刀具。这在工程上是不现实的。

因为加工某一模数的齿轮，面铣刀一般一套只有 8 把，每把铣刀有规定的铣齿范围，铣刀的齿形曲线是按该范围内最小齿数的齿形制造的，对其他齿数的齿轮，均存在着不同程度的齿形误差。另外，加工时分度装置的分度误差，还会引起分齿不均匀。此外，这种方法生产率低，只适用于单件小批生产一些低速、低精度的齿轮。在大批生产中，通常采用多齿廓成形刀具来加工齿轮，如用齿轮拉刀、齿轮推刀或多齿刀盘等刀具同时加工出齿轮的各个齿槽。

当加工模数大于 8mm 时的齿轮时，采用指形齿轮铣刀进行加工。铣削斜齿轮时必须在万能铣床上进行。铣削时工作台偏转一个角度，使其等于齿轮的螺旋角 $\beta$，工件在随工作台进行进给的同时，由分度头带动做附加旋转运动而形成螺旋齿槽。

成形法铣削齿轮用的刀具有面铣刀和指形齿轮铣刀，后者适用于加工大模数的直齿轮、斜齿轮，特别是人字齿轮。

**3. 展成法**

展成法加工齿轮是利用齿轮的啮合原理进行的，即把齿轮副（齿轮—齿条或齿轮—齿轮）中的一个制作为刀具，另一个则为工件，并强制刀具和工件做严格的啮合运动而展成切出齿廓。

用展成法加工齿轮，可以用一把刀具加工同一模数不同齿数的齿轮，且加工精度和生产率也较高，因此，各种齿轮加工机床广泛采用这种加工方法，如滚齿机、插齿机、剃齿机等。此外，多数磨齿机及锥齿轮加工机床也是按展成法原理进行加工的。

常用齿轮的加工方法有滚齿、插齿、剃齿、珩齿、磨齿等。

（1）滚齿　采用齿轮滚刀滚切加工圆柱齿轮齿形，其实质是按一对螺旋齿轮啮合的原理来加工齿形的。滚齿时齿面是由滚刀的刀齿切削包络而成，由于参加切削的刀齿数量有限，因此，齿面的粗糙度值较大，齿形的精度受到一定的影响。滚齿时，必须将滚刀转动一个角度，使刀齿切削方向与被切齿轮的轮齿方向一致，如图 3-7 所示。滚齿是齿形加工方法中生产率较高、应用最广的一种加工方法。滚齿可直接加工 8～9 级精度的齿轮，也可用作 7 级以上齿轮的粗加工及半精加工。

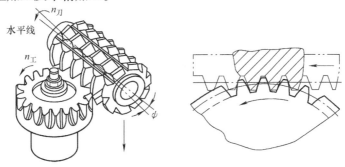

图 3-7　滚齿原理

滚齿加工的特点：

1）加工精度高。与铣齿相比，齿形精度高，精滚可加工出 6 级精度的齿轮，齿面粗糙度 $Ra$ 值可达 $0.8\mu m$。但需要专用的齿轮加工机床。

2）滚刀通用性强。可以用同一模数的滚刀，加工相同模数的各种不同齿数的圆柱齿轮。

3）生产率高。滚齿是多刃刀具的连续切削，加工过程平稳，生产率高。

4）适用性较好。滚齿一般用于加工直齿轮、斜齿轮和蜗轮，但不能加工内齿轮、人字齿轮和多联齿轮。

（2）插齿　齿面的插削是利用一对齿轮啮合的原理来实现齿形加工的，如图 3-8 所示。插齿刀实质上就是一个磨有前后角并具有切削刃的齿轮。插齿的齿形精度比滚齿高，但插齿的运动精度比滚齿差。所以插齿和滚齿一样，也可用作较高精度齿轮的粗加工及半精加工。

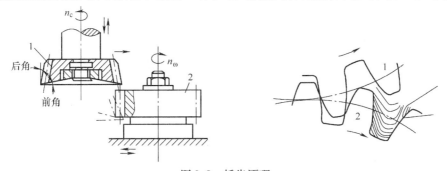

图 3-8　插齿原理
1—插齿刀　2—齿轮坯

插齿加工的特点：

1）加工精度高。插齿所形成的齿形包络线的切线数量比滚齿多，齿面粗糙度值小，齿形精度高于滚齿，但公法线长度变动量比滚齿大。

2）插刀通用性强。同一模数的插齿刀可以加工模数相同的各种不同齿数的圆柱齿轮。

3）适用性好。插齿不但能加工外啮合齿轮，还能加工用滚刀难以加工的内齿轮、多联齿轮、扇形齿轮和齿条。

4）生产率低。插齿刀往复运动有返回行程，即为断续切削，因此，生产率低于滚齿。

（3）剃齿　剃齿是用剃齿刀对齿轮的齿面进行精加工的一种方法。剃齿时刀具与工件做一种自由啮合的展成运动。安装时剃齿刀与工件轴线倾斜一个螺旋角 $\beta$，如图3-9所示。剃齿刀的圆周速度可以分解为沿工件齿向的切向速度和沿工件齿面的法向速度，从而带动工件旋转和轴向运动，使刀具在工件表面上剃下一层极薄的切屑。同时，工作台带动工件做往复运动，以剃削轮齿的全长。

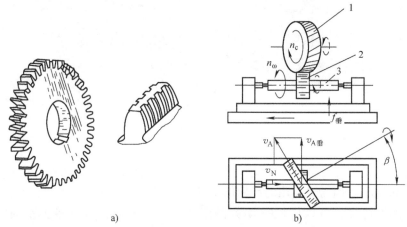

图 3-9　剃齿原理

a）剃齿刀　b）剃齿运动

1—剃齿刀　2—工件　3—心轴

剃齿属于展成法加工，剃齿是在滚齿、插齿的基础上对齿面进行微量切削的一种精加工。它适用于加工35HRC以下的直齿轮和斜齿轮。

剃齿的特点：

1）剃齿的加工精度可达7~6级，表面粗糙度 $Ra$ 值可达0.8~0.4μm。

2）剃齿主要用于提高齿形精度和降低表面粗糙度值，不能修正公法线长度变动误差。

3）剃齿的生产率高，适应于大批生产的齿轮精加工。

（4）珩齿　珩齿原理与剃齿相似，珩轮与工件类似于一对螺旋齿轮呈无侧隙啮合，利用啮合处的相对滑动，并在齿面间施加一定的压力来进行珩齿。珩轮带动工件高速正反向转动，工件沿轴向往复运动、沿径向做进给运动。与剃齿不同的是，珩齿开车后一次径向进给到预定位置，故开始时齿面压力较大，随后逐渐减小，直至压力消失时珩齿便结束。

与剃齿相比较，珩齿具有以下工艺特点：

1）珩齿速度低。

2）齿面质量高。

3）珩轮弹性较大，对各项误差修正作用不强。

4）珩齿余量小。

5）珩齿生产率很高。

（5）磨齿　磨齿是目前齿形加工中精度最高的一种方法。它既可磨削未淬硬齿轮，也可磨削淬硬的齿轮。

（四）齿端加工

齿轮的齿端加工有倒圆、倒尖、倒棱和去毛刺四种方式。经倒圆、倒尖、倒棱后的齿轮（图 3-10），沿轴向移动时容易进入啮合。齿端倒圆应用最多，图 3-11 是用指形齿轮铣刀倒圆的原理图。倒圆时，齿轮慢速旋转，指形齿轮铣刀在高速度旋转的同时沿齿轮轴向做往复直线运动。齿轮每转过一齿，铣刀往复运动一次，两者在相对运动中即完成齿端倒圆。同时由齿轮的旋转实现连续分齿，生产率较高。齿端加工应安排在齿形淬火之前进行。

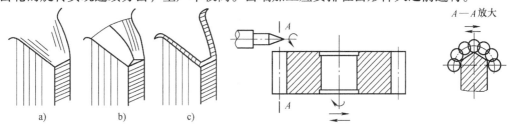

图 3-10  齿端加工
a）倒圆  b）倒尖  c）倒棱

图 3-11  齿端倒圆

（五）齿形加工方案的选择

齿形加工方案的选择，主要取决于齿轮的精度等级、生产批量和热处理方法等。对于 8 级及 8 级以下精度的不淬硬齿轮，用铣齿、滚齿或插齿等方法都可直接达到加工精度要求。

对淬硬齿轮，需在淬火前将精度提高一级，以保证淬火后达到预期精度，其加工方案可采用：滚（插）齿→齿端加工→齿面淬火→修正内孔。

6～7 级精度淬硬齿轮有如下两种加工方案：

1）剃齿—珩齿方案：滚（插）齿→齿端加工→剃齿→表面淬火→修正基准→珩齿。

2）磨齿方案：滚（插）齿→齿端加工→渗碳淬火→修正基准→磨齿。

剃齿—珩齿方案生产率高，广泛用于 7 级精度齿轮的成批生产中。磨齿方案的生产率低，一般用于 6 级精度以上或淬火后变形较大的齿轮。单件小批生产或 5 级精度以上的齿轮一般采用磨齿方案。

对于不淬硬的 7 级精度齿轮，可用滚齿方案。

目前一些机床厂和汽车拖拉机厂使用滚（插）齿→冷挤齿的加工方案，此方案可稳定地获得 7 级精度，适用于大批生产。

（六）不同精度等级齿轮加工工艺路线介绍

齿轮加工的工艺路线是根据齿轮材质和热处理要求、齿轮结构及尺寸大小、精度要求、生产批量和工厂设备条件而定。一般可以归纳为如下工艺路线：

毛坯制造→齿坯热处理→齿坯加工→齿形加工→齿端加工→齿圈热处理→齿轮定位表面精加工→齿圈的精整加工。

**1. 传动齿轮**

图 3-12 所示传动齿轮，材料为 20CrMnSi，生产类型为大量。其加工工艺路线见表 3-6。

**2. 三联齿轮**

图 3-13 所示三联齿轮，材料为 40Cr，生产类型为大批。其加工工艺路线见表 3-7。

**3. 精密齿轮**

图 3-14 所示精密齿轮，材料为 12Cr2Ni4，生产类型为单件。其加工工艺路线见表 3-8。

| 齿轮参数 | | |
|---|---|---|
| 齿数 | 30 | |
| 法向模数 | 2.5mm | |
| 法向压力角 | 15° | |
| 分度圆上螺旋角 | 30° | |
| 螺旋方向 | 右 | |
| 变位系数 | 0.234 | |
| 分度圆法向齿厚 | $4.24^{-0.044}_{-0.096}$ mm | |
| 公法线长度变动公差 | 0.028 mm | |
| 径向圆跳动公差 | 0.05 mm | |
| 一齿切向综合公差 | 0.015 mm | |
| 齿向公差 | 0.016 mm | |
| 精度等级 | 8 | |

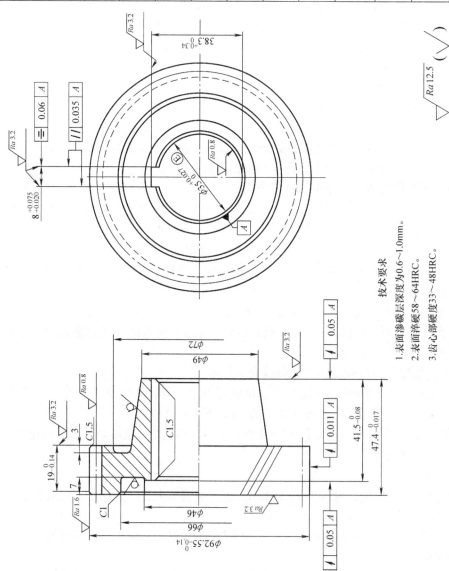

技术要求

1. 表面渗碳层深度为0.6～1.0mm。

2. 表面淬硬58～64HRC。

3. 齿心部硬度33～48HRC。

图 3-12 传动齿轮

表 3-6 传动齿轮加工工艺参考

| 机械加工工艺过程 | | | | | 说　明 |
|---|---|---|---|---|---|
| 工序号 | 工序名称 | 安装 | 工序内容 | 定位及夹紧 | |
| 1 | 锻 | | 模锻 | | 1）该零件是汽车变速器的齿轮，其机械加工过程分为齿坯和齿形加工两大部分；对 7 级淬火齿轮，其齿形加工一般采用滚齿、剃齿、齿圈高频感应淬火、珩齿等工艺过程，方可达到精度要求<br>2）零件内孔 $\phi35^{+0.027}_{0}$ mm，两端面是装配基准且端面圆跳动要求较高，本应该以它作为定位基准，但因其面积小，定位不稳定，故滚齿时改用齿圈端面定位，这样刚性好，便于保证加工精度<br>3）本零件热处理采用整体渗碳淬火，其内孔键槽拉削宜在热处理前进行，否则键槽无法拉削；虽然热处理时会引起内孔变形，但因该零件孔径较小，轮毂较长，变形较小，仍可达到加工精度；而孔径大，轮壁薄的齿轮，因其变形大，故键槽宜热处理后加工；为此内孔应予保护不渗碳或切除渗碳层后淬火使内孔硬度降低，便于拉键槽；一般不需渗碳的齿轮键槽宜在淬火后加工，以减少齿面淬火时引起的内孔变形 |
| 2 | 热处理 | | 正火 | | |
| 3 | 检验 | | | | |
| 4 | 车 | | 粗车小端面；粗车内孔 $\phi35^{+0.027}_{0}$ mm 至 $\phi(32\pm0.02)$ mm，孔口倒角 $C1\sim C3$ | 大外圆及大端面 | |
| 5 | 拉 | | 粗拉内孔 $\phi35^{+0.027}_{0}$ mm 处至 $\phi34^{+0.17}_{0}$ mm，表面粗糙度值 $Ra$ 为 6.3 $\mu$m | 小端面及内孔 | |
| 6 | 拉 | | 精拉内孔 $\phi35^{+0.027}_{0}$ mm 处至 $\phi34.7^{+0.05}_{+0.028}$ mm，表面粗糙度值 $Ra$ 为 3.2 $\mu$m | 小端面及内孔 | |
| 7 | 车 | 1 | 精车外圆 $\phi92.55^{0}_{-0.14}$ mm 及 $19^{0}_{-0.14}$ mm、$47.4^{0}_{-0.017}$ mm 的三个端面至图样要求 | 内孔及左内端面 | |
| | | | 精车左内端面至 $41.5^{0}_{-0.08}$ mm，表面粗糙度值 $Ra$ 为 3.2 $\mu$m，孔口倒角 $C1.5$ | 内孔及小端面 | |
| 8 | 检验 | | 齿坯检验 | | |
| 9 | 滚齿 | | 滚齿至公法线平均长度及偏差为 $27.53^{0}_{-0.03}$ mm | 内孔及大端面 | |
| 10 | 剃齿 | | 剃齿至公法线平均长度及偏差为 $27.42^{0}_{-0.03}$ mm | 内孔及端面 | |
| 11 | 拉 | | 拉键槽至图样要求 | 内孔及端面 | |
| 12 | 热处理 | | 渗碳、淬火、回火 58～64HRC | | |
| 13 | 磨 | | 粗精磨内孔 $\phi35^{+0.027}_{0}$ mm 至图样要求 | 分度圆 | |
| 14 | 珩齿 | | 珩齿至图样要求 | 内孔及端面 | |
| 15 | 清洗 | | | | |
| 16 | 检验 | | | | |
| 17 | 入库 | | | | |

| 齿　号 | I | II | III |
|---|---|---|---|
| 模　数/mm | 2.5 | 2.5 | 2.5 |
| 齿　数 | 18 | 36 | 27 |
| 压　力　角 | 20° | 20° | 20° |
| 公法线平均长度偏差/mm | $18.986_{-0.048}^{0}$ | $34.332_{-0.07}^{0}$ | $26.6615_{-0.07}^{0}$ |
| 公法线长度变动公差/mm | 0.04 | 0.04 | 0.04 |
| 径向圆跳动公差/mm | 0.063 | 0.063 | 0.063 |
| 一齿径向综合公差/mm | 0.028 | 0.028 | 0.028 |
| 齿向误差/mm | 0.021 | 0.021 | 0.021 |
| 精度等级 | 8 | 8 | 8 |

表头：齿轮参数

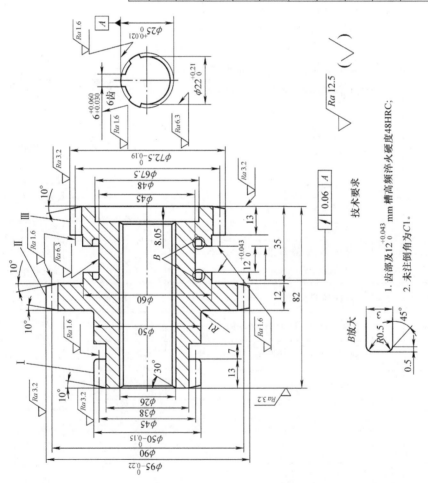

图3-13　三联齿轮

技术要求

1. 齿部及 $12_{0}^{+0.043}$ mm 槽高频淬火硬度48HRC;
2. 未注倒角为C1。

### 表 3-7　三联齿轮加工工艺参考

| 机械加工工艺过程 | | | | | 说　明 |
|---|---|---|---|---|---|
| 工序号 | 工序名称 | 安装 | 工序内容 | 定位及夹紧 | |
| 1 | 锻 | | 模锻 | | 1）零件内孔（$\phi26\text{mm} \times 73.95\text{mm}$）较长，为了缩小拉刀长度，故不采用圆孔花键拉刀，而选用圆柱拉刀和花键拉刀，分两道工序加工圆孔和花键 |
| 2 | 热处理 | | 正火 | | |
| 3 | 检验 | | | | |
| 4 | 车 | | 粗车端面、外圆 $\phi72.5^{\ 0}_{-0.19}\text{mm}$ 处至 $\phi73.6^{\ 0}_{-0.4}\text{mm}$，车外圆 $\phi95^{\ 0}_{-0.22}\text{mm}$ 处至 $\phi96.1^{\ 0}_{-0.4}\text{mm}$，钻内孔 $\phi22^{+0.21}_{\ 0}\text{mm}$ 至 $\phi21\text{mm}$，并车内孔 $\phi48\text{mm}$ 深 7mm | $\phi50^{\ 0}_{-0.15}\text{mm}$ 外圆及左端面 | 2）中间大齿圈齿形可采用滚齿或插齿加工；但本零件的三个齿圈模数都为 2.5mm，且中间齿圈宽度较小，若采用滚齿加工，由于其切入、切出行程长，工序间零件运输量大，生产率低，故本工艺三齿圈齿形都采用插齿加工；插齿的齿形精度高，且齿面的粗糙度值较低，尤其对齿形不再剃齿、珩齿的齿轮最为有利 |
| 5 | 车 | | 掉头，粗车另一端面，使总长 82mm 至 83mm，粗车外圆尺寸 $\phi50^{\ 0}_{-0.15}\text{mm}$ | 外圆及右端面 | |
| 6 | 拉 | | 拉内孔 $\phi22^{+0.21}_{\ 0}\text{mm}$ 至图样要求 | | |
| 7 | 拉 | | 拉花键孔 $\phi25^{+0.021}_{\ 0}\text{mm} \times \phi22^{+0.21}_{\ 0}\text{mm} \times 6^{+0.060}_{+0.030}\text{mm}$ 至尺寸 | 内孔及左内端面 | |
| 8 | 钳 | | 倒钝尖角 | | 3）本工艺齿形加工，选用插齿后高频感应淬火；由于热处理变形，齿轮精度一般会降低一级，故插齿时应按 7 级精度加工检验，以保证齿轮变形后为 8 级精度 |
| 9 | 车 | | 精车各段外圆、沉槽、端面至图样要求 | 内孔及右内端面 | |
| 10 | 插齿 | | 插齿齿数为 36 至图样要求 | 内孔及端面 | |
| 11 | 插齿 | | 插齿齿数为 27 至图样要求 | 内孔及端面 | |
| 12 | 插齿 | | 插齿齿数为 18 至图样要求 | 内孔及端面 | |
| 13 | 铣 | | 齿端倒圆角至图样要求 | 内孔及端面 | 4）本零件是大批生产，毛坯采用模锻，机械加工过程多采用多刀半自动车床、拉床等高生产率设备 |
| 14 | 钳 | | 倒钝尖角去毛刺 | | |
| 15 | 热处理 | | 齿部及槽 $12^{+0.043}_{\ 0}\text{mm}$ 高频感应淬火硬度至 48HRC | | |
| 16 | 钳 | | 校正花键孔 $\phi25^{+0.021}_{\ 0}\text{mm} \times \phi22^{+0.21}_{\ 0}\text{mm} \times 6^{+0.060}_{+0.030}\text{mm}$ 至图样要求 | 内孔及左端面 | |

| 齿轮参数 | | |
|---|---|---|
| 模　数 | | 2.75mm |
| 齿　数 | | 54 |
| 压　力　角 | | 22°30′ |
| 分度圆直径 | | 148.5mm |
| 变位系数 | | −0.13 |
| 理论齿高 | 齿顶 | 2.1175mm |
| | 齿根 | 3.7950mm |
| 分度圆弧齿厚 | | 4.02mm |
| 公法线平均长度偏差 | | $54.56^{-0.075}_{-0.150}$mm |
| 公法线长度变动公差 | | 0.025mm |
| 径向圆跳动公差 | | 0.040mm |
| 基节及其基本偏差 | | (7.982±0.006)mm |
| 齿形公差 | | 0.009mm |
| 齿向公差 | | 0.007mm |
| 精度等级 | | 6−5−5 |

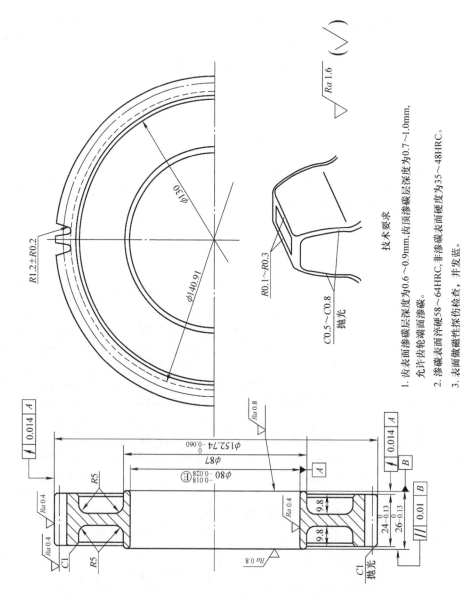

技术要求

1. 齿表面渗碳层深度为0.6～0.9mm,齿顶渗碳层深度为0.7～1.0mm,允许齿轮端面渗碳。
2. 渗碳表面淬硬58～64HRC,非渗碳表面硬度为35～48HRC。
3. 表面做磁性探伤检查,并发蓝。

图 3-14　精密齿轮

表3-8 精密齿轮加工工艺参考

| 工序号 | 工序名称 | 安装 | 工序内容 | 定位及夹紧 | 说 明 |
|---|---|---|---|---|---|
| | | | 机械加工工艺过程 | | |
| 1 | 锻 | | 自由锻 | | 1）齿轮精度要求高，齿形加工需经滚齿、淬火、粗磨、精磨等工序才能达到高精度和低的表面粗糙度值 |
| 2 | 检验 | | | | |
| 3 | 热处理 | | 调质 | | |
| 4 | 车 | | 粗、精车内孔 $\phi 80 ^{-0.018}_{-0.028}$ mm，留车、磨加工余量3.8mm，右端面留磨削加工余量0.7mm | 大外圆及大端面 | |
| | | | 粗、精车外圆 $\phi 152.74 ^{0}_{-0.060}$ mm，留磨削加工余量0.5mm，左端面留磨削加工余量0.4mm | 内孔及右端面 | 2）齿坯需全部加工，以便清楚毛坯制造时的表面缺陷，同时使齿轮各部分结构材料均匀、重量轻，避免在高速旋转时产生离心力 |
| 5 | 磨 | | 预磨内孔 $\phi 80 ^{-0.018}_{-0.028}$ mm处至 $\phi 76.6 ^{+0.03}_{0}$ mm及右端面留磨削余量0.4mm（工艺基准） | 外圆及左端面 | |
| 6 | 滚齿 | | 滚齿留粗、精磨齿加工余量0.3mm | 内孔及右端面 | |
| 7 | 钳 | | 齿端倒棱 C0.5～0.8 | 内孔及小端面 | |
| 8 | 热处理 | | 全部齿轮渗碳 | | |
| 9 | 检验 | | | | |
| 10 | 车 | | 车内孔 $\phi 80 ^{-0.018}_{-0.028}$ mm留车、磨加工余量1.4mm及车左端凹面，留精车加工余量0.5mm（切除渗碳层） | 外圆及右端面 | 3）为了提高齿轮的耐疲劳强度、防止应力集中，在齿轮加工中凡是过渡处均应为圆弧，不允许有尖角；各部分表面粗糙度值要求低，甚至在齿端倒角部分还需抛光，同时还需对齿轮进行磁力探伤、发蓝等措施，确保齿轮质量 |
| | | | 掉头，车右端的凹面，留精车加工余量0.5mm（切除渗碳层） | 外圆及左端面 | |
| 11 | 热处理 | | 淬火 | | |
| 12 | 检验 | | | | |
| 13 | 车 | | 车内孔 $\phi 80 ^{-0.018}_{-0.028}$ mm留磨削加工余量0.4mm | 外圆及左端面 | |
| 14 | 磨 | | 磨内孔 $\phi 80 ^{-0.018}_{-0.028}$ mm及轮毂右端面至图样要求 | 外圆及左端面 | |
| 15 | 磨 | | 磨轮毂左端面至图样要求 | 内孔及右端面 | |
| 16 | 磨 | | 磨齿顶圆 $\phi 152.74 ^{0}_{-0.060}$ mm及齿轮圈两端面至图样要求 | 内孔及端面 | |
| 17 | 车 | | 精车右端的凹面至图样要求 | 内孔及端面 | 4）本精密齿轮的齿形加工方案也适用于标准齿轮，本零件生产批量小，为了减少工装数量，机械加工用找正法加工 |
| | | | 掉头，精车左端的凹面至图样要求 | 内孔及右端面 | |
| 18 | 磁力探伤 | | | | |
| 19 | 磨齿 | | 粗磨齿形，留精磨齿形加工余量0.05mm | 内孔及端面 | |
| 20 | 磨 | | 磨齿两端圆弧（图3-14）R0.1～R0.3mm | 内孔及端面 | |
| 21 | 抛光 | | 齿两端倒棱处（C0.5～0.8）抛光 | | |
| 22 | 磨齿 | | 精磨齿形至图样要求 | 内孔及左端面 | |
| 23 | 磁力探伤 | | | | |
| 24 | 刻标记 | | 在齿轮凹面刻标记 | | |
| 25 | 热处理 | | 发蓝 | | |

### 三、应用举例

拓展训练：某企业生产的离合齿轮，零件材料为 45 钢，中批生产，其零件图样如图 3-15 所示。

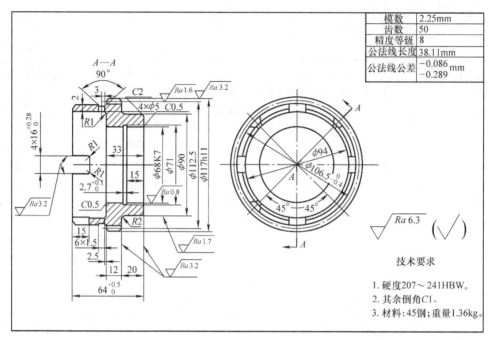

图 3-15 离合齿轮零件图

### 1. 任务要求

1）审查齿轮零件图样的工艺性。

2）选择齿轮的毛坯类型。

3）根据中批生产和结构特点要求，确定零件加工顺序。

4）编制齿轮零件的机械加工工艺过程卡片、机械加工工序卡片。

### 2. 加工工艺分析

（1）零件的工艺性分析 该零件属套筒类回转体零件，它的所有表面均需切削加工，各表面的加工精度和表面粗糙度都不难获得。四个 16mm 槽口相对 $\phi$68K7 孔的轴线互成 90° 垂直分布，其径向设计基准是 $\phi$68K7 孔的轴线，轴向设计基准是 $\phi$90mm 外圆柱的右端平面。$4 \times \phi$5mm 孔在 $6 \times 1.5$mm 沟槽内，孔中心线距沟槽一侧面的距离为 3mm，由于加工时不能选用沟槽的侧面为定位基准，故要精确地保证上述要求则比较困难，但这些小孔为油孔，位置要求不高，只要钻到沟槽之内接通油路即可，加工不成问题。应该说，这个零件的工艺性较好。

（2）选择毛坯 该零件材料为 45 钢。考虑到车床在车削螺纹工作中经常要正反向旋转，该零件在工作过程中则经常承受交变载荷及冲击性载荷，因此应该选用锻件，以使金属纤维尽量不被切断，保证零件工作可靠。

（3）确定机械加工余量 根据锻件质量、零件表面粗糙度、形状复杂系数查阅工艺手册相关内容，可查得单边余量在厚度方向为 1.7～2.2mm，水平方向也为 1.7～2.2mm，即锻件各外径的单面余量为 1.7 ~ 2.2mm，各轴向尺寸的单面余量也为 1.7 ~ 2.2mm。锻件中心两孔的单面余量按表查得为 2.5mm。

（4）确定毛坯余量　分析本零件，除 $\phi68K7$mm 孔为 $Ra0.8\mu m$ 以外，其余各加工表面粗糙度值 $Ra \geq 1.6\mu m$，因此这些表面的毛坯尺寸只需将零件的尺寸加上所查得的余量值即可（由于有的表面只需粗加工，这时可取所查数据中的小值。当表面需经粗加工和半精加工时，可取其较大值）。$\phi68K7$ 孔需精加工达到 $Ra0.8\mu m$，参考磨孔余量（工艺手册相关内容）确定精镗孔单面余量为 0.5mm。

综上所述，确定毛坯尺寸，见表 3-9。

表 3-9　离合齿轮毛坯（锻件）尺寸　　　　　　　　　（单位：mm）

| 零件尺寸 | 单面加工余量 | 锻件尺寸 | 零件尺寸 | 单面加工余量 | 锻件尺寸 |
|---|---|---|---|---|---|
| $\phi117h11$ | 2 | $\phi121$ | $\phi64^{+0.5}_{0}$ | 2 及 1.7 | 67.7 |
| $\phi106.5^{0}_{-0.4}$ | 1.75 | $\phi110$ | 20 | 2 及 2 | 20 |
| $\phi90$ | 2 | $\phi94$ | 12 | 2 及 1.7 | 15.7 |
| $\phi94$ | 2.5 | $\phi89$ | $\phi94$ 孔深 31 | 1.7 及 1.7 | 31 |
| $\phi68K7$ | 3 | $\phi62$ | | | |

（5）确定加工基准　本零件是带孔的盘状齿轮，孔是其设计基准（也是装配基准和测量基准），为避免由于基准不重合而产生的误差，应选孔为定位基准，即遵循"基准重合"的原则。具体而言，即选 $\phi68K7$ 孔及一端面作为精基准。

由于本齿轮全部表面都需加工，而孔作为精基准应先进行加工，因此应选外圆及一端面为粗基准。最大外圆上有分模面，表面不平整、有飞边等缺陷，定位不可靠，故不能选为粗基准。

（6）零件表面加工方法的选择　本零件的加工表面有外圆、内孔、端面、齿面、槽及小孔等，材料为 45 钢。以公差等级和表面粗糙度要求，查阅项目一中表 1-11 ~ 表 1-13 中加工经济精度与表面粗糙度相关内容，其加工方法选择如下：

1）$\phi90$mm 外圆面。为未注公差尺寸，根据 GB/T 1800—2009 规定其公差等级按 IT14，表面粗糙度 $Ra$ 值为 $3.2\mu m$，需进行粗车和半精车。

2）齿圈外圆面。公差等级 IT11，表面粗糙度 $Ra$ 值为 $3.2\mu m$，需粗车、半精车。

3）$\phi106.5^{0}_{-0.4}$mm 外圆面。公差等级为 IT12，表面粗糙度 $Ra$ 值为 $6.3\mu m$，粗车即可。

4）$\phi68K7$ 内孔。公差等级为 IT7，表面粗糙度 $Ra$ 值为 $0.8\mu m$，毛坯孔已锻出，为未淬火钢，加工方法可采取粗镗、半精镗之后用精镗、拉孔或磨孔等都能满足加工要求。由于拉孔适用于大批大量生产，磨孔适用于单件小批生产，故本零件宜采用粗镗、半精镗、精镗。

5）$\phi94$mm 内孔。为未注公差尺寸，公差等级按 IT14，表面粗糙度 $Ra$ 值为 $6.3\mu m$，毛坯孔已锻出，只需粗镗即可。

6）端面。本零件的端面为回转体端面，尺寸精度都要求不高，表面粗糙度 $Ra$ 值为 $3.2\mu m$ 及 $6.3\mu m$ 两种要求。要求 $Ra3.2\mu m$ 的端面可粗车和半精车，要求 $Ra6.3\mu m$ 的端面，经粗车即可。

7）齿面。齿轮模数为 2.25mm，齿数为 50，精度等级为 8 级，表面粗糙度 $Ra$ 值为 $1.6\mu m$，采用 A 级单头滚刀滚齿即能达到要求。

8）槽。槽宽和槽深的公差等级分别为 IT13 和 IT14，表面粗糙度值分别为 $Ra3.2\mu m$ 和 $Ra6.3\mu m$，需采用三面刃铣刀，粗铣、半精铣。

9）$\phi5mm$ 小孔。采用复合钻头一次钻出即可。

（7）制定工艺路线　齿轮的加工工艺路线一般是先进行齿坯的加工，再进行齿面加工。齿坯加工包括各圆柱表面及端面的加工。按照先加工基准面及先粗后精的原则，该零件加工可按下述工艺路线进行。

工序 Ⅰ：以 $\phi106.5mm$ 处外圆及端面定位，粗车另一端面，粗车外圆 $\phi90mm$ 及台阶面，粗车外圆 $\phi117mm$，粗镗孔 $\phi68mm$。

工序 Ⅱ：以粗车后的 $\phi90mm$ 外圆及端面定位，粗车另一端面，粗车外圆 $\phi106_{-0.4}^{\ 0}mm$ 及台阶面，车 $6mm\times1.5mm$ 沟槽，粗镗 $\phi94mm$ 孔、倒角。

工序 Ⅲ：以粗车后的 $\phi106_{-0.4}^{\ 0}mm$ 外圆及端面定位，半精车另一端面，半精车外圆 $\phi90mm$ 及台阶面，半精车外圆 $\phi117mm$，半精镗 $\phi68mm$ 孔、倒角。

加工齿面是以孔 $\phi68K7$ 为定位基准，为了更好地保证它们之间的位置精度，齿面加工之前，先精镗孔。

工序 Ⅳ：以 $\phi90mm$ 外圆及端面定位，精镗 $\phi68K7$ 孔，镗孔内的沟槽、倒角。

工序 Ⅴ：以 $\phi68K7$ 孔及端面定位，滚齿。

四个沟槽与四个小孔为次要表面，其加工应安排在最后。考虑定位方便，应该先铣槽后钻孔。

工序 Ⅵ：以 $\phi68K7$ 孔及端面定位，粗铣四个槽。

工序 Ⅶ：以 $\phi68K7$ 孔、端面及粗铣后的一个槽定位，半精铣四个槽。

工序 Ⅷ：以 $\phi68K7$ 孔、端面及一个槽定位，钻四个小孔。

工序 Ⅸ：钳工去毛刺。

工序 Ⅹ：终检。

该离合齿轮的加工工艺过程见表 3-10。

表 3-10　离合齿轮加工工艺过程

| 机械加工工艺过程 | | | | |
|---|---|---|---|---|
| 工序号 | 工序名称 | 安装 | 工序内容 | 定位及夹紧 |
| 1 | 锻造 | | 锻造毛坯 | |
| 2 | 车 | | 粗车小端面、外圆 $\phi90mm$、$\phi117mm$ 及台阶面，粗镗孔 $\phi68mm$ | $\phi106.5mm$ 处外圆及端面定位 |
| 3 | 车 | | 粗车大端面、外圆 $\phi106.5mm$ 及台阶面、沟槽，粗镗 $\phi94mm$ 孔，倒角 | 粗车后的 $\phi90mm$ 外圆及端面定位夹大端 |
| 4 | 车 | | 半精车小端面、外圆 $\phi91mm$、$\phi117mm$ 及台阶面，半精镗孔 $\phi68mm$，倒角 | 粗车后的 $\phi106.5mm$ 外圆及端面定位 |
| 5 | 镗 | | 精镗孔 $\phi68mm$，镗沟槽 $\phi71mm$，倒角 $C0.5$ | $\phi90mm$ 外圆及端面定位 |
| 6 | 滚齿 | | 滚齿达图样要求 | $\phi68K7$ 孔及端面定位 |

（续）

| 机械加工工艺过程 | | | | |
|---|---|---|---|---|
| 工序号 | 工序名称 | 安装 | 工序内容 | 定位及夹紧 |
| 7 | 铣 | | 粗铣四个槽口 | |
| 8 | 铣 | | 半精铣四个槽口 | $\phi68K7$ 孔及端面定位 |
| 9 | 钻 | | 钻 $4 \times \phi5mm$ 孔 | $\phi68K7$ 孔、端面及粗铣后的一个槽定位 |
| 10 | 钳 | | 去除全部毛刺 | $\phi68K7$ 孔、端面及一个槽定位 |
| 11 | 检验 | | 按零件图样要求全面检查 | |

## 思考与练习

1. 机床设备的选择原则是什么？工艺装备的选择原则是什么？

2. 什么是时间定额？它是由哪些部分组成的？提高劳动生产率的途径有哪些？

3. 齿轮的典型加工工艺过程由哪几个加工阶段组成？

4. 常用齿形加工方法有哪些？各有什么特点？应用在什么场合？

# 项目四  箱体类零件加工工艺编制

**教学内容和要求：**

主要讲授箱体零件的功用、结构特点、材料、毛坯、热处理方法；孔系的加工方法及获得位置精度的基本方法。要求掌握在箱体零件的加工中定位基准选择的一般原则，典型箱体零件的加工工艺；初步具有编制中等精度的箱体零件加工工艺的能力。

# 任务一  概  述

## 一、箱体零件功用及结构特点

箱体是机器的基础零件，它将机器中有关部件的轴、套、齿轮等相关零件连接成一个整体，并使之保持正确的相互位置，以传递转矩或改变转速来完成规定的运动。因此，箱体的加工质量将直接影响机器或部件的精度、性能和寿命。

箱体的结构形式一般都比较复杂，整体形状呈现封闭或半封闭状态，并随其在机器中的功用不同有很大差别。图 4-1 所示是几种常见的箱体结构形式。

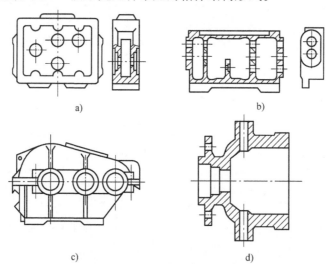

a)　　　　　　　　　　　　　　　　　b)

c)　　　　　　　　　　　　　　　　　d)

图 4-1　几种常见的箱体结构形式

a) 组合机床主轴箱　b) 车床进给箱　c) 分离式变速器　d) 泵壳

箱体的结构形式虽然多种多样，但也有其共同的特点：尺寸大，内部呈腔形，壁薄且不均匀；加工的部位多，加工的难度大；在箱体壁上有许多较高精度的支承孔、孔系和平面，还有精度不高的紧固孔、油孔和油槽等。箱体的加工表面主要是平面和孔系。

## 二、箱体零件主要技术要求

箱体零件通常是对旋转件进行支承，其支承孔本身的尺寸精度、相互间位置精度及支承孔与其端面的位置精度对机器或部件的使用性能有很大影响。以图 4-2 所示的某车床主轴箱为例，箱体零件的主要技术要求包含以下几个方面。

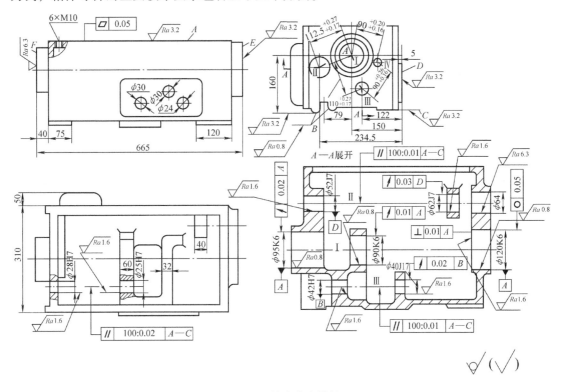

图 4-2　某车床主轴箱

### 1. 孔径精度

孔的尺寸精度和几何形状误差会使轴承与孔配合不良。孔径过大会使配合过松，使轴的回转轴线不稳定，并降低支承刚性，易产生噪声和振动；孔径过小会使配合过紧，轴承因外圈变形而不能正常运转，影响使用寿命；孔的形状误差会引起轴的回转误差，同时也会使轴承的外圈变形而引起主轴径向圆跳动。一般机床主轴箱主轴孔尺寸精度为 IT6，其余孔为 IT7 ~ IT6，孔的几何形状精度未做规定的，一般控制在尺寸公差的 1/2 范围内即可。

### 2. 孔与孔的位置精度

同一轴线上各孔的同轴度误差和孔端面对轴线的垂直度误差，会引起轴安装歪斜，造成主轴径向圆跳动和轴向窜动，加剧轴承磨损，通常支承孔的同轴度约为最小孔尺寸公差的 1/2。孔与孔之间的平行度误差，也会影响齿轮的啮合质量。

### 3. 孔和平面的位置精度

孔和平面的位置精度主要规定主要孔和主轴箱安装基面的平行度，它决定了主轴与床身导轨的相互位置关系。此精度是通过在总装时刮研来达到的。

### 4. 主要平面的精度

平面加工精度包括平面的形状精度和相互位置精度。箱体的主要平面往往是装配基准面或是加工中的定位基准面，故其加工精度直接影响机器的总装精度和加工时的定位精度。通常规定底面和导向面必须平直和相互垂直，一般箱体主要平面的平面度是 0.1 ~ 0.03mm，各主要平面对装配基准面垂直度为 0.1/300。

**5. 表面粗糙度**

重要孔和主要平面的表面粗糙度会影响连接面的配合性质或接触刚度。一般主轴孔的表面粗糙度 $Ra$ 值为 $0.4\mu m$，其他各纵向孔 $Ra$ 值为 $1.6\mu m$，孔的端面 $Ra$ 值为 $3.2\mu m$；装配基准面和定位基准面 $Ra$ 值为 $2.5 \sim 0.63\mu m$，其他平面 $Ra$ 值则为 $10 \sim 2.5\mu m$。

### 三、箱体零件的材料、毛坯及热处理

**1. 材料**

箱体材料常选用 HT200 ~ HT400 各种牌号的灰铸铁，常用 HT200。因为灰铸铁具有较好的耐磨性、铸造性和可加工性，而且吸振性好，成本又低。某些负荷较大的箱体采用铸钢件，在单件小批生产条件下，形状简单的箱体也可采用钢板焊接。对某些特定场合，也可采用其他材料，如坐标镗床主轴箱选用耐磨铸铁；飞机发动机箱体，为减轻重量，常用镁铝合金。

**2. 毛坯**

毛坯通常为铸件，铸造时，应防止砂眼和气孔的产生，应使箱体壁厚尽量均匀，减少毛坯制造时产生残留应力。毛坯的加工余量与生产批量、毛坯尺寸、结构、精度和铸造方法等因素有关。具体数值可从有关手册中查到。

铸造毛坯的造型方式一般与生产批量有关。当单件小批生产时，采用木模手工造型，其缺点是毛坯铸造精度低，加工余量较大；当大批大量生产且毛坯尺寸不太大时，常采用金属模机器造型，这种毛坯的精度较高，加工余量可适当减小。根据工厂的生产经验，一般平面的加工总余量为 $6 \sim 12mm$；孔半径方向的总余量为 $5 \sim 15mm$，对手工木模造型应取大值。

对于箱体上的孔，单件小批生产大于 $\phi50mm$ 的孔和成批生产大于 $\phi30mm$ 的孔一般在毛坯上铸出预孔。

**3. 热处理**

箱体浇注后应安排退火工序或人工时效处理，以消除残留应力，减少加工后的变形和保证精度的稳定。在加工过程中，对有较高要求的箱体零件可多次安排人工时效处理；对于特别精确的箱体如坐标镗床主轴箱，还应安排较长时间的自然时效。对于人工时效处理的方法，除加热保温外，也可采用振动时效。

### 四、箱体零件加工的工艺原则

**1. 合理安排加工顺序**

箱体零件的加工顺序为先面后孔。箱体类零件的加工顺序均为先加工面，以加工好的平面定位，再来加工孔。因为箱体孔的精度要求高，加工难度大，先以孔为粗基准加工平面，再以平面为精基准加工孔，这样不仅为孔的加工提供了稳定可靠的精基准，同时还可以使孔的加工余量较为均匀。由于箱体上的孔分布在箱体各平面上，先加工好平面，钻孔时，钻头不易引偏，扩孔或铰孔时，刀具也不易崩刃。

**2. 合理划分加工阶段**

加工阶段粗、精分开。箱体的结构复杂，壁厚不均，刚性不好，而加工精度要求又高，故箱体重要加工表面都要划分粗、精加工两个阶段，这样可以避免粗加工造成的内应力、切削力、夹紧力和切削热对加工精度的影响，有利于保证箱体的加工精度。粗、精分开也可及时发现毛坯缺陷，避免更大的浪费；同时还能根据粗、精加工的不同要求来合理选择设备，有利于提高生产率。

### 3. 合理安排工序间热处理

工序间合理安排热处理。箱体零件的结构复杂，壁厚也不均匀，因此，在铸造时会产生较大的残留应力。为了消除残留应力，减少加工后的变形和保证精度的稳定，在铸造之后必须安排人工时效处理。人工时效的工艺规范为：加热到 $500 \sim 550 \, ℃$，保温 $4 \sim 6h$，冷却速度小于或等于 $30 \, ℃/h$，出炉温度小于或等于 $200 \, ℃$。

普通精度的箱体零件，一般在铸造之后安排一次人工时效处理。对一些高精度或形状特别复杂的箱体零件，在粗加工之后还要安排一次人工时效处理，以消除粗加工所造成的残留应力。有些精度要求不高的箱体零件毛坯，有时不安排时效处理，而是利用粗、精加工工序间的停放和运输时间，使之得到自然时效。箱体零件人工时效的方法，除了加热保温法外，也可采用振动时效来达到消除残留应力的目的。

### 4. 工序集中，先主后次

相互位置要求较高的孔系和平面，一般尽量集中在同一工序中加工，以保证其相互位置要求和减少装夹次数；紧固螺纹孔、油孔等次要工序的安排，一般在平面和支承孔等主要加工表面精加工之后再进行加工。

### 5. 合理选择定位基准

用箱体上的重要孔作为粗基准。箱体类零件的粗基准一般都用它上面的重要孔作为粗基准，这样不仅可以较好地保证重要孔及其他各轴孔的加工余量均匀，还能较好地保证各轴孔轴心线与箱体不加工表面的相互位置。箱体加工精基准的选择与生产批量大小有关。

# 任务二　箱体零件的孔系加工

箱体上一系列相互位置有精度要求的孔的组合，称为孔系。孔系可分为平行孔系、同轴孔系、交叉孔系，如图4-3所示。孔系加工不仅孔本身的精度要求较高，而且孔距精度和相互位置精度的要求也高，因此是箱体加工的关键。

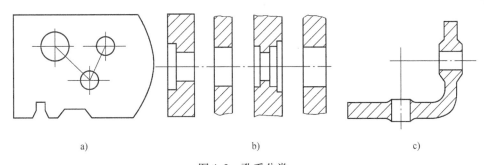

图4-3　孔系分类

a）平行孔系　b）同轴孔系　c）交叉孔系

### 一、平行孔系的加工

平行孔系是轴线互相平行且孔距也有精度要求的一系列孔。其主要技术要求是：保证各平行孔轴心线之间及轴心线与基准面之间的尺寸精度和位置精度。加工过程中常采用以下三种保证孔距精度的方法。

### 1. 找正法

找正法是在通用机床上，借助辅助工具来找正要加工孔的正确位置的加工方法。这种方法加工效率低，一般只适用于单件小批生产。根据找正方法的不同又可分为以下几种：

（1）划线找正法　加工前按照零件图在毛坯上划出各孔的位置轮廓线，然后按划线一一进行加工。划线和找正时间较长，生产率低，由于存在找线、划线误差，获得的孔距精度也低，一般在 ±0.5mm 左右。为提高加工精度，可将划线找正法与试切法相结合，即先按划线找正镗出一孔，再按线将主轴调至第二个孔的中心，试镗出一个比图样要小的孔，若不符合图样要求，则根据测量结果更新调整主轴的位置，再进行试镗、测量、调整，如此反复几次，直至达到要求的孔距尺寸。此法虽比单纯的按线找正所得到的孔距精度高，但孔距精度仍然较低，且操作的难度较大，生产率低，适用于单件小批生产。

（2）心轴和块规找正法　如图 4-4 所示，将精密心轴插入主轴孔内（或直接利用镗床主轴），然后根据孔和定位基准的距离组合一定尺寸的块规来校正主轴位置。校正时用塞尺测定块规与心轴之间的间隙，以避免块规与心轴直接接触而损伤块规。镗第二排孔时，分别在机床主轴和加工孔中插入心轴，采用同样的方法来校正主轴线的位置，以保证孔心距的精度。这种找正法的孔心距精度可达 ±0.3mm。

（3）样板找正法　利用精度很高的样板确定孔的加工位置。如图 4-5 所示，用 10～20mm 厚的钢板制造样板，装在垂直于各孔的端面上（或固定于机床工作台上）。样板上的孔距精度较箱体孔系的孔距精度高（一般为 ±0.1～±0.3mm），样板上的孔径较工件孔径大，以便于镗杆通过。样板上孔径尺寸精度要求不高，但要有较高的形状精度和较低的表面粗糙度值。当样板准确地装到工件上后，在机床主轴上装一百分表，按样板找正机床主轴，找正后，即换上镗刀加工。此法加工孔系不易出差错，找正方便，孔距精度可达 ±0.05mm。这种样板成本低，仅为镗模成本的 1/9～1/7，单件小批的大型箱体加工常用此法。

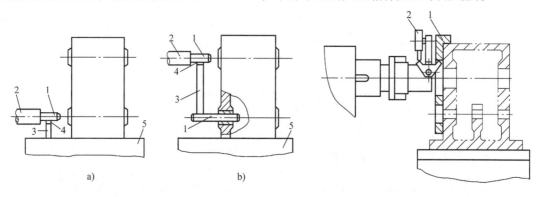

图 4-4　心轴和块规找正法

a）第一工位　b）第二工位

1—心轴　2—镗床主轴　3—量规　4—塞尺　5—镗床工作台

图 4-5　样板找正法

1—样板　2—百分表

## 2. 镗模法

镗模法即利用镗模夹具加工孔系。如图 4-6 所示，镗孔时，工件装夹在镗模上，镗杆被支承在镗模的导套里，增加了系统刚性。这样，镗刀便通过模板上的孔将工件上相应的孔加工出来，机床精度对孔系加工精度影响很小，孔距精度主要取决于镗模的制造精度，因而可以在精度较低的机床上加工出精度较高的孔系。当用两个或两个以上的支承来引导镗杆时，镗杆与机床主轴必须浮动连接。

镗模法加工孔系时镗杆刚度大大提高，定位夹紧迅速，节省了调整、找正的辅助时间，生产率高，是中批生产、大批大量生产中广泛采用的加工方法。但由于镗模自身存在的制造误差，导套与镗杆之间存在间隙与磨损，所以孔距的精度一般可达±0.05mm，同轴度和平行度从一端加工时可达0.02~0.03mm；当分别从两端加工时可达0.04~0.05mm。此外，镗模的制造要求高、周期长、成本高，对于大型箱体较少采用镗模法。

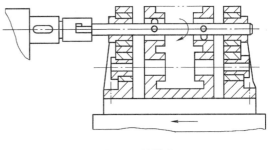

图4-6 镗模法

用镗模法加工孔系，既可在通用机床上加工，也可在专用机床或组合机床上加工。

### 3. 坐标法

坐标法镗孔是先将被加工孔系间的孔距尺寸换算为两个相互垂直的坐标尺寸，并按此坐标尺寸，在卧式镗床、坐标镗床或数控镗铣床等设备上，借助于测量装置，调整机床主轴与工件间在水平和垂直方向的相对位置，来保证孔距精度的一种镗孔方法。坐标法镗孔的孔距精度取决于坐标的移动精度。采用此法进行镗孔，不需要专用夹具，通用性好，适用于各种箱体加工。

在箱体的设计图样上，因孔与孔间有齿轮啮合关系，对孔距尺寸有严格的公差要求，采用坐标法镗孔之前，必须把各孔距尺寸及公差借助三角几何关系及工艺尺寸链规律换算成以主轴孔中心为原点的相互垂直的坐标尺寸及公差，具体计算方法可参阅有关参考资料。目前许多工厂编制了主轴箱传动轴坐标计算程序，用计算机很快即可完成该项工作。

### 二、同轴孔系的加工

成批生产中，一般采用镗模加工孔系，其同轴度由镗模保证。单件小批生产，其同轴度用以下几种方法来保证。

### 1. 利用已加工孔作支承导向

如图4-7所示，当箱体前壁上的孔加工好后，在孔内装一导向套，支承和引导镗杆加工后壁上的孔，以保证两孔的同轴度要求。此法适于加工箱壁较近的孔。

### 2. 利用镗床后立柱上的导向套支承镗杆

这种方法其镗杆系两端支承，刚性好，但此法调整麻烦，镗杆要长，很笨重，故只适于大型箱体的加工。

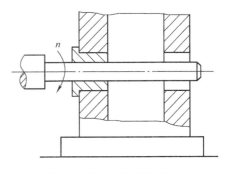

图4-7 已加工孔作为支承

### 3. 采用掉头镗

当箱体箱壁相距铰远时，可采用掉头镗，如图4-8所示。工件在一次装夹下，镗好一端孔后，将镗床工作台回转180°，调整工作台位置，使已加工孔与镗床主轴同轴，然后再加工孔。

当箱体上有一较长并与所镗孔轴线有平行度要求的平面时，镗孔前应先用装在镗杆上的百分表对此平面进行校正，使其与镗杆轴线平行。校正后加工孔 $A$，孔加工后，再将工作台回转180°，并用装在镗杆上的百分表沿此平面重新校正，然后再加工孔 $B$，就可保证 $A$、$B$

两孔同轴。若箱体上无长的加工好的工艺基面，也可用平行长铁置于工作台上，使其表面与要加工的孔轴线平行后固定。调整方法同上，也可达到两孔同轴的目的。

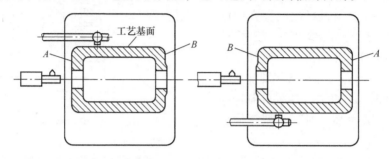

图 4-8　掉头镗对工件的校正

### 三、交叉孔系的加工

交叉孔系的主要技术要求是控制有关孔的垂直度误差。在普通镗床上主要靠机床工作台上的 90°对准装置。因为它是挡块装置，结构简单，但对准精度低。

当有些镗床工作台 90°对准装置精度很低时，可用心轴与百分表找正来提高其定位精度，即在加工好的孔中插入心轴，工作台转位 90°，摇工作台用百分表找正，如图 4-9 所示。

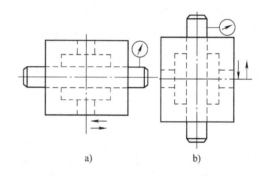

a)　　　　　b)

图 4-9　找正法加工交叉孔系

# 任务三　典型箱体零件加工工艺编制

### 一、主轴箱加工工艺过程及分析

（一）主轴箱加工工艺过程

各种箱体的工艺过程虽然随着箱体的机构、精度要求和生产批量的不同而有较大差异，但也有共同特点。主轴箱（见图 4-2）是整体式箱体中结构较为复杂、要求又高的一种箱体，其加工的难度较大，现以此为例来分析箱体的工艺过程。

表 4-1 为车床主轴箱小批生产的工艺过程；表 4-2 为车床主轴箱大批生产的工艺过程。从这两个表所列的箱体加工工艺过程可以看出，不同批量箱体加工的工艺过程，既有共性，又有各自的特性。

表 4-1　车床主轴箱小批生产工艺过程

| 工序号 | 工序内容 | 定位基准 |
|---|---|---|
| 1 | 铸造 | |
| 2 | 时效 | |
| 3 | 涂底漆 | |
| 4 | 划线：考虑主轴孔有加工余量，并尽量均匀，划 C、A 及 E、D 加工线 | |
| 5 | 粗、精加工顶面 A | 按线找正 |

（续）

| 工序号 | 工序内容 | 定位基准 |
|---|---|---|
| 6 | 粗、精加工 B、C 面及侧面 D | 顶面 A 并校正主轴线 |
| 7 | 粗、精加工两端面 E、F | B、C 面 |
| 8 | 粗、半精加工各纵向孔 | B、C 面 |
| 9 | 精加工各纵向孔 | B、C 面 |
| 10 | 粗、精加工横向孔 | B、C 面 |
| 11 | 加工螺孔及各次要孔 | |
| 12 | 清洗、去毛刺、倒角 | |
| 13 | 检验 | |

**表 4-2　车床主轴箱大批生产工艺过程**

| 序号 | 工序内容 | 定位基准 |
|---|---|---|
| 1 | 铸造 | |
| 2 | 时效 | |
| 3 | 涂底漆 | |
| 4 | 铣顶面 A | I 孔与 II 孔 |
| 5 | 钻、扩、铰 2×$\phi$8H7 工艺孔（将 6×M10 先钻至 $\phi$7.8mm，铰 2×$\phi$8H7） | 顶面 A 及外形 |
| 6 | 铣两端面 E、F 及前面 D | 顶面 A 及两工艺孔 |
| 7 | 铣导轨面 B、C | 顶面 A 及两工艺孔 |
| 8 | 磨顶面 A | 导轨面 B、C |
| 9 | 粗镗各纵向孔 | 顶面 A 及两工艺孔 |
| 10 | 精镗各纵向孔 | 顶面 A 及两工艺孔 |
| 11 | 精镗主轴孔 I | 顶面 A 及两工艺孔 |
| 12 | 加工横向孔及各面上的次要孔 | |
| 13 | 磨 B、C 导轨面及前面 D | 顶面 A 及两工艺孔 |
| 14 | 将 2×$\phi$8H7 及 4×$\phi$7.8mm 均扩钻至 $\phi$8.5mm，攻螺纹 6×M10 | |
| 15 | 清洗、去毛刺、倒角 | |
| 16 | 检验 | |

（二）主轴箱零件加工工艺分析

**1. 主要表面加工方法选择**

箱体主要加工表面有平面和轴承支承孔。

主要平面的加工，对于中、小件，一般在牛头刨床或普通铣床上进行。对于大件，一般在龙门刨床或龙门铣床上进行。刨削的刀具结构简单，机床成本低，调整方便，但生产率低；在大批、大量生产时，多采用铣削；当生产批量大且精度又较高时，可采用磨削。单件小批生产精度较高的平面时，除一些高精度的箱体仍需手工刮研外，一般采用宽刃精刨。当生产批量较大或为保证平面间的相互位置精度，可采用组合铣削和组合磨削，如图 4-10 所示。

箱体支承孔的加工，对于直径小于 $\phi$50mm 的孔，一般不铸出，可采用钻→扩（或半精镗）→铰（或精镗）的方案。对于已铸出的孔，可采用粗镗→半精镗→精镗（用浮动镗刀片）的方案。由于主轴轴承孔精度和表面质量要求比其余轴孔高，所以，在精镗后，还要用浮动镗刀片进行精细镗。对于箱体上的高精度孔，最后精加工工序也可采用珩磨、滚压等工艺方法。

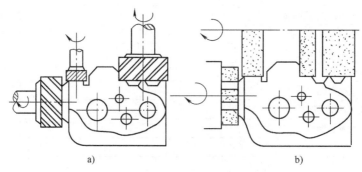

图 4-10　箱体平面的组合铣削与磨削

a）铣削　b）磨削

### 2. 定位基准的选择

（1）粗基准的选择　虽然箱体类零件一般都选择重要孔（如主轴孔）作为粗基准，但随着生产类型的不同，实现以主轴孔为粗基准的工件装夹方式是不同的。

1）中小批生产时，由于毛坯精度较低，一般采用划线装夹，其方法如下：

首先将箱体用千斤顶安放在平台上，如图 4-11 所示，调整千斤顶，使主轴孔 I 和 A 面与台面基本平行，D 面与台面基本垂直，根据毛坯的主轴孔划出主轴孔的水平线 I—I，在四个面上均要划出，作为第 1 校正线。划此线时，应根据图样要求，检查所有加工部位在水平方向是否均有加工余量，若有的加工部位无加工余量，则需要重新调整 I—I 线的位置，做必要的修正，直到所有的加工部位均有加工余量，才将 I—I 线最终确定下来。I—I 线确定之后，即划出 A 面和 C 面的加工线。然后将箱体翻转 90°，D 面一端置于三个千斤顶上，调整千斤顶，使 I—I 线与台面垂直（用大角尺在两个方向上校正），根据毛坯的主轴孔并考虑各加工部位在垂直方向的加工余量，按照上述同样的方法划出主轴孔的垂直轴线 II—II 作为第 2 校正线，如图 4-11b 所示，也在四个面上均划出。依据 II—II 线划出 D 面加工线。再将箱体翻转 90°，如图 4-11c 所示，将 E 面一端置于三个千斤顶上，使 I—I 线和 II—II 线与台面垂直。根据凸台高度尺寸，先划出 F 面，然后再划出 E 面加工线。

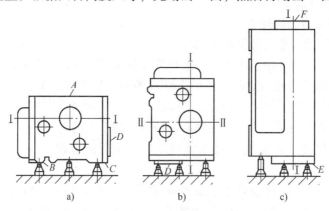

图 4-11　主轴箱的划线

加工箱体平面时，按线找正装夹工件，这样，就体现了以主轴孔为粗基准。

2）大批大量生产时，毛坯精度较高，可直接以主轴孔在夹具上定位，采用图4-12的夹具装夹。

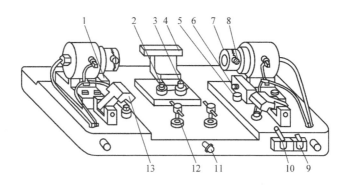

图4-12　以主轴孔为粗基准铣顶面的夹具

1、3、5—支承　2—辅助支承　4—支架　6—挡销　7—短轴　8—活动支柱
9、10—操纵手柄　11—螺杆　12—可调支承　13—夹紧块

先将工件放在1、3、5预支承上，并使箱体侧面紧靠支架4，端面紧靠挡销6，进行工件预定位。然后操纵手柄9，将液压控制的两个短轴7伸入主轴孔中。每个短轴上有三个活动支柱8，分别顶住主轴孔的毛面，将工件抬起，离开1、3、5各支承面。这时，主轴孔轴心线与两短轴轴心线重合，实现了以主轴孔为粗基准定位。为了限制工件绕两短轴的回转自由度，在工件抬起后，调节两可调支承12，辅以简单找正，使顶面基本呈水平，再用螺杆11调整辅助支承2，使其与箱体底面接触。最后操纵手柄10，将液压控制的两个夹紧块13插入箱体两端相应的孔内夹紧，即可加工。

（2）精基准的选择　箱体加工精基准的选择也与生产批量大小有关。

1）单件小批生产用装配基面作为定位基准。主轴箱单件小批加工孔系时，选择箱体底面导轨B、C面作为定位基准，B、C面既是床头箱的装配基准，又是主轴孔的设计基准，并与箱体的两端面、侧面及各主要纵向轴承孔在相互位置上有直接联系，故选择B、C面作为定位基准，不仅消除了主轴孔加工时的基准不重合误差，而且用导轨面B、C定位稳定可靠，装夹误差较小，加工各孔时，由于箱口朝上，所以更换导向套、安装调整刀具、测量孔径尺寸、观察加工情况等都很方便。

这种定位方式也有它的不足之处。加工箱体中间壁上的孔时，为了提高刀具系统的刚度，应当在箱体内部相应的部位设置刀杆的导向支承。由于箱体底部是封闭的，中间支承只能用图4-13所示的吊架从箱体顶面的开口处伸入箱体内，每加工一件需装卸一次，吊架与镗模之间虽有定位销定位，但吊架刚性差，制造安装精度较低，经常装卸也容易产生误差，且使加工的辅助时间增加，因此这种定位方式只适用于单件小批生产。

2）量大时采用一面两孔作为定位基准。大批量生产的主轴箱常以顶面和两定位销孔为精基准，如图4-14所示。

这种定位方式是加工时箱体口朝下，中间导向支架可固定在夹具上。由于简化了夹具结构，提高了夹具的刚度，同时工件的装卸也比较方便，因而提高了孔系的加工质量和劳动生

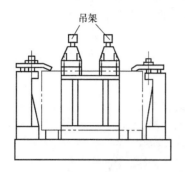
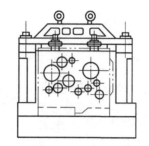
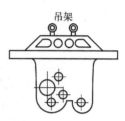

图4-13　吊架式镗模夹具

产率。

　　这种定位方式的不足之处在于定位基准与设计基准不重合，产生了基准不重合误差。为了保证箱体的加工精度，必须提高作为定位基准的箱体顶面和两定位销孔的加工精度。另外，由于箱口朝下，加工时不便于观察各表面的加工情况，因此，不能及时发现毛坯是否有砂眼、气孔等缺陷，而且加工中不便于测量和调刀。所以，用箱体顶面和两定位销孔作为精基准加工时，必须采用定径刀具（扩孔钻和铰刀等）。

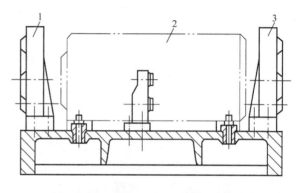

图4-14　箱体以一面两孔定位

　　上述两种方案的对比分析，仅仅是针对类似主轴箱而言，许多其他形式的箱体，采用一面两孔的定位方式，上面所提及的问题也不一定存在。实际生产中，一面两孔的定位方式在各种箱体加工中应用十分广泛。因为这种定位方式很简便地限制了工件六个自由度，定位稳定可靠；在一次安装下，可以加工除定位以外的所有五个面上的孔或平面，也可以作为从粗加工到精加工的大部分工序的定位基准，实现"基准统一"；此外，这种定位方式夹紧方便，工件的夹紧变形小；易于实现自动定位和自动夹紧。因此，在组合机床与自动线上加工箱体时，多采用这种定位方式。

　　由以上分析可知，箱体精基准的选择有两种方案：一是以三平面为精基准（主要定位基面为装配基面）；另一是以一面两孔为精基准。这两种定位方式各有优缺点，实际生产中的选用与生产类型有很大的关系。通常优先考虑"基准统一"，中小批生产时，尽可能使定位基准与设计基准重合，即一般选择设计基准作为统一的定位基准；大批大量生产时，优先考虑的是如何稳定加工质量和提高生产率，不过分地强调基准重合问题，一般多用典型的一面两孔作为统一的定位基准，由此而引起的基准不重合误差，可采用适当的工艺措施去解决。

**二、变速器箱体加工工艺过程及分析**

　　一般变速器，为了制造与装配的方便，常做成可分离的，如图4-15所示。

（一）分离式箱体的主要技术要求

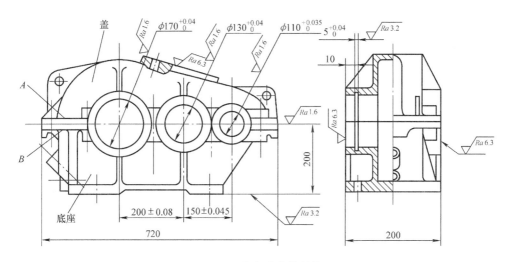

图 4-15　分离式箱体结构

1）对合面对底座的平行度误差不超过 0.5/1000。

2）对合面的表面粗糙度 Ra 值小于 1.6μm，两对合面的接合间隙不超过 0.03mm。

3）轴承支承孔必须在对合面上，误差不超过 ±0.2mm。

4）轴承支承孔的尺寸公差为 H7，表面粗糙度 Ra 值小于 1.6μm，圆柱度误差不超过孔径公差的一半，孔距精度误差为 ±0.05～±0.08mm。

（二）分离式箱体的工艺特点

分离式箱体的工艺过程见表 4-3～表 4-5。

表 4-3　箱盖的工艺过程

| 序号 | 工序内容 | 定位基准 | 序号 | 工序内容 | 定位基准 |
|---|---|---|---|---|---|
| 1 | 铸造 | | 6 | 磨对合面 | 顶面 |
| 2 | 时效 | | 7 | 钻结合面连接孔 | 对合面、凸缘轮廓 |
| 3 | 涂底漆 | | 8 | 钻顶面螺纹底孔、攻螺纹 | 对合面两孔 |
| 4 | 粗刨对合面 | 凸缘 A 面 | 9 | 检验 | |
| 5 | 刨顶面 | 对合面 | | | |

表 4-4　底座的工艺过程

| 序号 | 工序内容 | 定位基准 | 序号 | 工序内容 | 定位基准 |
|---|---|---|---|---|---|
| 1 | 铸造 | | 6 | 钻底面四个孔、锪沉孔、铰两个工艺孔 | 对合面、端面、侧面 |
| 2 | 时效 | | 7 | 钻侧面测油孔、放油孔、螺纹底孔、锪沉孔、攻螺纹 | 底面、两孔 |
| 3 | 涂底漆 | | | | |
| 4 | 粗刨对合面 | 凸缘 B 面 | 8 | 磨对合面 | 底面 |
| 5 | 刨底面 | 对合面 | 9 | 检验 | |

表 4-5 箱体合装后的工艺过程

| 序号 | 工序内容 | 定位基准 |
|---|---|---|
| 1 | 将盖与底座对准，合拢夹紧、配钻、铰两个定位销孔，打入锥销，根据盖配钻底座结合面的连接孔，锪沉孔 | |
| 2 | 拆开盖与底座，修毛刺、重新装配箱体，打入锥销，拧紧螺栓 | |
| 3 | 铣两端面 | 底面及两孔 |
| 4 | 粗镗轴承支承孔，割孔内槽 | 底面及两孔 |
| 5 | 精镗轴承支承孔，割孔内槽 | 底面及两孔 |
| 6 | 去毛刺、清洗、打标记 | |
| 7 | 检验 | |

由表 4-3～表 4-5 可见，分离式箱体虽然遵循一般箱体的加工原则，但是由于结构上的可分离性，因而在工艺路线的拟定和定位基准的选择方面均有一些特点。

**1. 工艺路线**

分离式箱体工艺路线与整体式箱体工艺路线的主要区别在于整个加工过程分为两大阶段：第一阶段先对箱盖和底座分别进行加工，主要完成对合面及其他平面与紧固孔和定位孔的加工，为箱体的合装做准备；第二阶段在合装好的箱体上加工孔及端面。在两个阶段之间安排钳工工序，将箱盖和底座合装成箱体，并用两销定位，使其保持一定的位置关系，以保证轴承孔的加工精度和拆装后的重复精度。

**2. 定位基准**

(1) 粗基准的选择 分离式箱体最先加工的是箱盖和底座的对合面。分离式箱体一般不能以轴承孔的毛坯面作为粗基准，而是以凸缘不加工面为粗基准，即箱盖凸缘 $A$ 面，底座以凸缘 $B$ 面为粗基准。这样可以保证对合面凸缘厚薄均匀，减少箱体合装时对合面的变形。

(2) 精基准的选择 分离式箱体的对合面与底面（装配基准面）有一定的尺寸精度和相互位置精度要求；轴承孔轴线应在对合面上，与底面也有一定的尺寸精度和相互位置精度要求。为了保证以上几项要求，加工底座的对合面时，应以底面为精基准，使对合面加工时的定位基准与设计基准重合；箱体合装后加工轴承孔时，仍以底面为主要定位基准，并与底面上的两定位孔组成典型的"一面两孔"定位方式。这样，轴承孔的加工定位基准既符合"基准统一"原则，也符合"基准重合"原则，有利于保证轴承孔轴线与对合面的重合度及与装配基准面的尺寸精度和平行度。

**三、犁刀变速齿轮箱体零件工艺示例**

图 4-16 所示为犁刀变速齿轮箱体零件图，表 4-6 为犁刀变速齿轮箱体参考工艺。

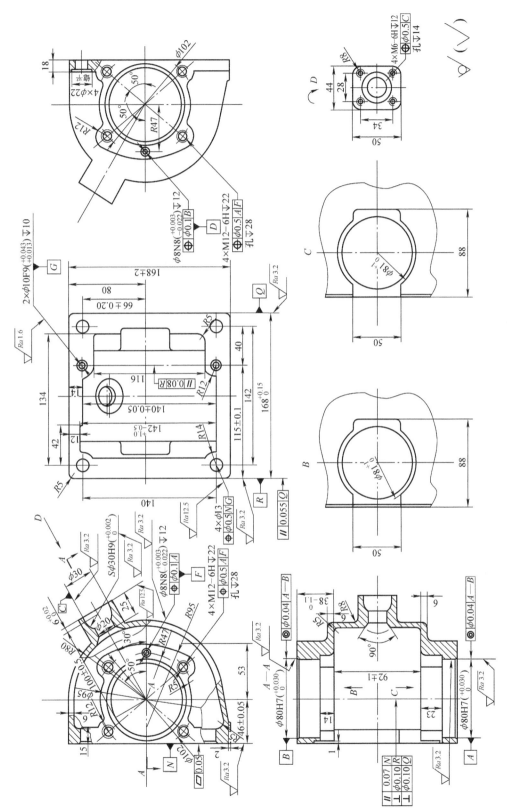

图 4-16　犁刀变速齿轮箱体

表 4-6 　犁刀变速齿轮箱体参考工艺

| 工序号 | 工序名称 | 工序内容 | 工序图 | 工艺设备 |
|---|---|---|---|---|
| 1 | 铸造 | | | |
| 2 | 人工时效 | | | |
| 3 | 涂底漆 | | | |
| 10 | 铣 | 粗铣 $N$ 面 | | 立式铣床 X52、专用铣夹具 |
| 20 | 钻 | 1）钻孔 $4 \times \phi 13$mm<br>2）钻孔 $2 \times \phi 7$mm<br>3）扩钻孔 $2 \times \phi 8.8$mm，孔口倒角 $C1$<br>4）铰孔 $2 \times \phi 9$mm | | 立式钻床 Z3025、专用钻夹具 |
| 30 | 铣 | 粗铣 $R$ 面及 $Q$ 面 | | 组合机床、专用铣夹具 |

（续）

| 工序号 | 工序名称 | 工序内容 | 工序图 | 工艺设备 |
|---|---|---|---|---|
| 40 | 铣 | 铣凸台面 | | 立式铣床 X5032、专用铣夹具 |
| 50 | 镗 | 粗镗孔 2×φ80mm 孔，并倒角 | | 组合机床、专用镗夹具 |
| 60 | 铣 | 精铣 N 面 | | 卧式铣床、X6132 专用铣夹具 |
| 70 | 铰 | 扩孔 2×φ10F7<br>精铰 2×φ10F7 | | 摇臂钻床 Z3025、专用钻夹具 |

（续）

| 工序号 | 工序名称 | 工序内容 | 工序图 | 工艺设备 |
|---|---|---|---|---|
| 80 | 铣 | 精铣 R 面及 Q 面 | | 组合机床、专用铣夹具 |
| 90 | 镗 | 精镗孔 2×φ80H7 | | 组合机床、专用镗夹具 |
| 100 | 钻 | 1）钻孔 φ20mm<br>2）扩 Sφ30H9 球形孔至 Sφ29.8H10<br>3）铰球形孔 Sφ30H9 至尺寸<br>4）钻 4×M6 螺纹底孔 4×φ5mm，孔口倒角 C1<br>5）攻螺纹 4×M6-6H | | 摇臂钻床 Z3025、专用钻夹具 |

（续）

| 工序号 | 工序名称 | 工序内容 | 工序图 | 工艺设备 |
|---|---|---|---|---|
| 110 | 锪 | 锪平面 4×φ22mm | | 摇臂钻床 Z3025、专用夹具 |
| 120 | 钻 | 1）钻 R 面 4×M12 螺纹底孔 4×φ10.2mm，孔口倒角 C1<br>2）钻 R 面 φ8N8 至 φ7H10<br>3）扩 R 面 φ8N8 至 φ7.9N9<br>4）精铰 R 面 φ8N8 至尺寸<br>5）钻 Q 面 4×φ12mm 螺纹底孔，孔口倒角 C1<br>6）钻 Q 面 φ8N8 至 φ7N10<br>7）扩 Q 面 φ8N8 至 φ7.9N9<br>8）精铰 Q 面 φ8N8 至尺寸 | | 摇臂钻床 Z3025、专用钻夹具 |

（续）

| 工序号 | 工序名称 | 工序内容 | 工序图 | 工艺设备 |
|---|---|---|---|---|
| 130 | 攻 | 1）攻 R 面螺纹 4 × M12－6H<br>2）攻 Q 面螺纹 4 × M12－6H | | 摇臂钻床 Z3025、攻螺纹夹具 |
| 140 | | 检验 | | |
| 150 | | 入库 | | |

## 思考与练习

1. 箱体类零件的结构特点及主要技术要求有哪些？

2. 适于制造箱体类零件的材料有哪些？为什么一般选择 HT200？

3. 在箱体孔系加工中，常采用哪些方法来保证孔距精度？

4. 单件小批同轴孔系加工时有哪些方法？有何特点？应用于哪些场合？

5. 不同批量生产的箱体零件基准选择有何不同？

6. 试编制图 4-17 所示的尾座体的机械加工工艺规程。生产类型为中批生产，材料为 HT200。

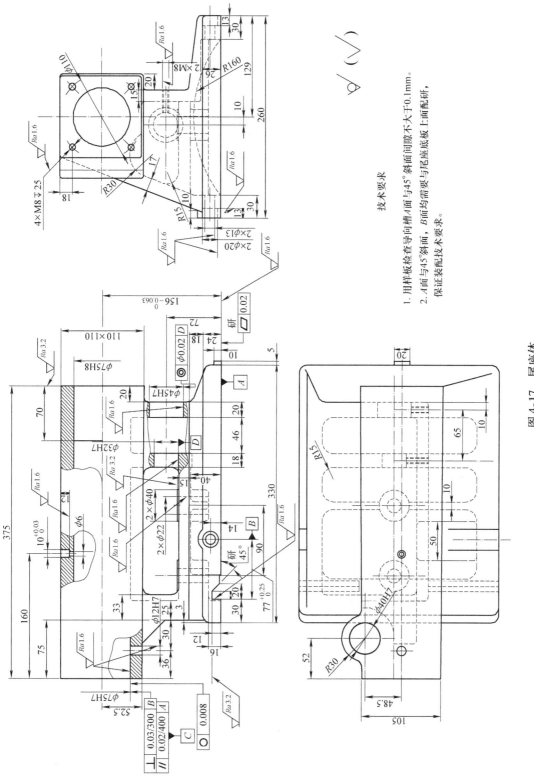

技术要求

1. 用样板检查导向槽A面与45°斜面间隙不大于0.1mm。
2. A面与45°斜面需要与尾座底板上面配研，保证装配技术要求。

图 4-17 尾座体

# 项目五　叉架类零件加工工艺编制

**教学内容和要求：**

主要讲授连杆的功用、结构特点、材料、毛坯、热处理方法，了解连杆毛坯两种锻造方法及其优缺点和适用范围。要求掌握连杆的一般加工工艺，通过气门摇臂轴支座掌握叉架类零件的一般加工工艺。

## 任务一　连杆加工工艺编制

### 一、概述

**1. 连杆的功用与结构分析**

（1）连杆的功用　连杆是活塞式发动机的重要零件，其大头孔和曲轴连接，小头孔通过活塞销和活塞连接，将作用于活塞的气体膨胀压力传给曲轴，又受曲轴驱动而带动活塞压缩气缸中的气体。图5-1所示为曲轴连杆机构。连杆承受的是高交变载荷，气体的压力在杆身内产生很大的压缩应力和纵向弯曲应力，由活塞和连杆重量引起的惯性力使连杆承受拉应力。所以连杆承受的是冲击性质的动载荷。因此要求连杆重量轻、强度高。

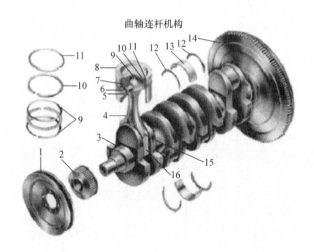

图5-1　曲轴连杆机构

1—曲轴V带轮　2—曲轴正时同步带轮　3—曲轴　4—连杆
5—卡环　6—活塞销　7—活塞环带　8—活塞　9—油环
10—第二道气环　11—第一道气环　12—止推环　13—主轴承轴瓦
14—飞轮　15—连杆螺栓　16—连杆盖

（2）结构　连杆是较细长的变截面非圆形杆件，其杆身截面从大头到小头逐步变小，以适应在工作中承受的急剧变化的动载荷。

连杆是由连杆大头、杆身和连杆小头三部分组成，连杆大头是分开的，一半与杆身为一体，一半为连杆盖，连杆盖用螺栓和螺母与曲轴主轴颈装配在一起。为了减少磨损和磨损后便于修理，在连杆小头孔中压入青铜材套，大头孔中装有薄壁金属轴瓦。

为方便加工连杆，可以在连杆的大头侧面或小头侧面设置工艺凸台或工艺侧面。

**2. 连杆的主要技术要求**

对连杆的零件图进行分析，整理连杆的主要技术要求，见表 5-1。

表 5-1　连杆的主要技术要求

| 技术要求项目 | 具体要求或数值 | 满足的主要性能 |
| --- | --- | --- |
| 大小头孔精度 | 尺寸公差等级 IT6，圆度、圆柱度 0.004 ~ 0.006mm | 保证与轴瓦的良好配合 |
| 两孔中心距 | ±0.03 ~ ±0.05mm | 气缸的压缩比 |
| 两孔轴线在同一个平面内 | 在连杆轴线平面内：(0.02 ~ 0.04)/100<br>在垂直连杆轴线平面内：(0.04 ~ 0.06)/100 | 减少气缸壁和曲轴颈磨损 |
| 大孔两端对轴线的垂直度 | 0.1/100 | 减少曲轴颈边缘磨损 |
| 两螺纹孔（定位孔）的位置精度 | 在两个垂直方向上的平行度：(0.02 ~ 0.04)/100<br>对结合面的垂直度：(0.1 ~ 0.3)/100 | 保证正常承载和轴颈与轴瓦的良好配合 |
| 同一组内的重量差 | ±2% | 保证运转平稳 |

**3. 连杆的材料与毛坯**

连杆材料一般采用 45 钢或 40Cr、45Mn2 等优质钢或合金钢，近年来也有采用球墨铸铁的。

钢制连杆都用模锻制造毛坯。连杆毛坯的锻造工艺有两种方案：

1）将连杆体和盖分开锻造。

2）连杆体和盖整体锻造。

整体锻造或分开锻造的选择决定于锻造设备的能力，显然整体锻造需要有大的锻造设备。

**二、连杆的加工工艺过程**

连杆的尺寸精度和几何精度的要求都很高，但刚度又较差，容易产生变形。连杆的主要加工表面为大小头孔、两端面、连杆盖与连杆体的接合面和螺栓孔等。次要表面为油孔、锁口槽、作为工艺基准的工艺凸台等。还有称重去重、检验、清洗和去毛刺等工序。

连杆的加工顺序大致如下：粗磨上、下端面→钻、拉小头孔→拉侧面→切开→拉半圆孔、接合面、螺栓孔→配对加工螺栓孔→装成合件→精加工合件→大小头孔光整加工→去重分组、检验。

### 三、连杆机械加工工艺过程分析

#### 1. 加工阶段的划分和加工顺序的安排

连杆本身的刚度比较低，在外力作用下容易变形；连杆是模锻件，孔的加工余量较大，切削加工时易产生残留应力。因此，在安排工艺过程时，应把各主要表面的粗、精加工工序分开。这样，粗加工产生的变形就可以在半精加工中得到修正；半精加工中产生的变形可以在精加工中得到修正，最后达到零件的技术要求，同时在工序安排上先加工定位基准。

连杆工艺过程可分为以下三个阶段。

（1）粗加工阶段　粗加工阶段也是连杆体和盖合并前的加工阶段，主要是基准面的加工，包括辅助基准面加工；准备连杆体及盖合并所进行的加工，如两者对口面的铣削、磨削等。

（2）半精加工阶段　半精加工阶段也是连杆体和盖合并后的加工，如精磨两平面，半精磨大头孔及孔口倒角等。总之，是为精加工大小头孔做准备的阶段。

（3）精加工阶段　精加工阶段主要是最终保证连杆主要表面——大小头孔全部达到图样要求的阶段，如珩磨大头孔、精镗小头轴承孔等。

#### 2. 定位基准的选择

连杆加工工艺过程的大部分工序都采用统一的定位基准：一个端面、小头孔及工艺凸台。这样有利于保证连杆的加工精度，而且端面的面积大，定位也比较稳定。

由于连杆的外形不规则，为了定位需要，在连杆体大头处做出工艺凸台，作为辅助基准面（图5-2）。

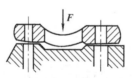

图5-2　工艺凸台

连杆大小头端面对称分布在杆身的两侧，由于大小头孔厚度不等，所以大头端面与同侧小头端面不在一个平面上。用这样的不等高面作为定位基准，必然会产生定位误差。制定工艺时，可先把大小头加工成一样厚度，这样不仅避免了上述缺点，而且由于定位面积加大，使得定位更加可靠，直到加工的最后阶段才铣出这个阶梯面。

#### 3. 确定合理的夹紧方法

连杆是一个刚性较差的工件，应十分注意夹紧力的大小、方向及着力点的位置选择，以免连杆因受夹紧力的作用而产生变形。

#### 4. 连杆的加工工艺过程

连杆的加工工艺过程见表5-2。

表 5-2　连杆加工工艺过程

机械加工工艺过程

材料：45钢

（续）

| 工序号 | 工序名称 | 工序内容 | 设备及夹具 |
|---|---|---|---|
| 0 | 锻造 | 按连杆的锻造工艺进行 | |
| 1 | 铣 | 铣连杆大小头两平面至尺寸（34±0.2）mm | 双面铣专用机床，铣夹具 |
| 2 | 粗磨 | 粗磨上下端面，磨完一面后翻转磨另一面，保证尺寸（33.5±0.05）mm | M7475型转盘磨床，磁力吸盘 |
| 3 | 退磁 | 退磁 | 退磁机 |
| 4 | 钻 | 钻小头孔至$\phi30$mm，扩至$\phi32^{+0.1}_{0}$mm | Z535型立式钻床，滑柱式钻模 |
| 5 | 镗 | 镗小头孔口倒角，一面镗好后镗另一面 | Z535型立式钻床 |
| 6 | 拉 | 拉小头孔至$\phi32.5^{+0.039}_{0}$mm | L55型立式拉床，拉刀 |
| 7 | 粗镗 | 粗镗大头孔$\phi45^{+0.18}_{0}$mm，大小头孔中心距保证（180±0.05）mm | 镗孔专用机床，镗夹具 |
| 8 | 车 | 车大头外圆直径为$\phi74.5^{0}_{-0.06}$mm | C618K型车床，车夹具 |
| 9 | 铣 | 粗铣螺栓孔的两端面，铣一个螺栓孔的两端面，再翻身铣另一个螺栓孔的两端面 | XA6032铣床，铣夹具，三面刃铣刀 |
| 10 | 铣 | 精铣螺栓孔平面 | |
| 11 | 钻 | 钻$\phi11.2$mm，扩$\phi11.8$mm，铰$\phi12^{+0.027}_{0}$mm<br>1）两螺栓孔距离（59±0.1）mm<br>2）螺栓孔轴心线与大头孔端面距离（16.75±0.10）mm<br>3）两孔的平行度在100mm长度上公差为0.15mm<br>4）端面G对螺栓孔的圆跳动在100mm长度上公差为0.2mm | Z535型立式钻床，钻模 |
| 12 | 中检 | 1）尺寸检查：检查1~11对应的尺寸<br>2）两K孔在两个互相垂直方向的平行度在100mm长度上公差为0.15mm<br>3）G面对K孔的圆跳动在100mm长度上的公差为0.2mm | 平板，通用量具 |
| 13 | 镗 | 半精镗大头孔$\phi52^{+0.06}_{0}$mm | 镗孔专用机床，镗夹具 |
| 14 | 磨 | 精磨第一面至33.25mm；精磨第二面至$33^{-0.025}_{-0.050}$mm | M7475型平面磨床，磁力吸盘 |
| 15 | 退磁 | 退磁 | 退磁机 |
| 16 | 镗 | 精镗大小头孔至尺寸要求 | T7163型金刚镗床，镗夹具 |
| 17 | 中检 | 中间检查 | 检验台，通用量具 |

（续）

| 工序号 | 工序名称 | 工序内容 | 设备及夹具 |
|---|---|---|---|
| 18 | 钻 | 钻小头油孔，钻 φ4mm，锪 φ8mm，深至 3mm | 台钻，钻模 |
| 19 | 去毛刺 | 去小头孔内毛刺 | |
| 20 | 压衬套 | 连杆油孔与衬套油孔轴心线的同轴度公差为 φ1mm | 油压机 |
| 21 | 精镗 | 精镗衬套孔 | T7163 型金刚镗床，镗夹具 |
| 22 | 中检 | 中间检查 | 检验台，通用量具 |
| 23 | 车 | 车小头两端面及孔口倒角<br>1）两端面间距离为 $29_{-0.28}^{\ 0}$ mm<br>2）小头端面与大头端面的落差为 （2±0.15） mm<br>3）小头衬套孔口倒角 C0.5 | 车床，活心轴 |
| 24 | 铣 | 先在工位 I 铣开连杆的一边，再翻转在工位 II 铣开连杆的另一边 | 采用 XA6132 型卧式铣床 |
| 25 | 锪 | 锪螺栓孔口的倒角 C0.5 | |
| 26 | 钻 | 钻四个 φ3mm 深 5mm 的连杆定位销<br>1）销孔之间的距离为 （63±0.1） mm，（20±0.1） mm<br>2）销孔对连杆盖剖分面的中线距离为 （31.5±0.1） mm，（10±0.1） mm | 台钻，钻夹具 |
| 27 | 钻 | 钻连杆体定位销孔，四个 φ3.5mm 深 6mm 的连杆盖定位销<br>1）销孔之间的距离为 （63±0.1） mm，（20±0.1） mm<br>2）销孔对连杆盖剖分面的中线距离为 （31.5±0.1） mm，（10±0.1） mm | 台钻，钻夹具 |
| 28 | 去毛刺 | 全部去毛刺 | |
| 29 | 清洗 | 清洗 | |
| 30 | 终检 | | |

# 任务二  气门摇臂轴支座加工工艺编制

## 一、概述

### 1. 气门摇臂轴支座零件的作用

图 5-3、图 5-4 中所示的零件是 1105 柴油机中摇臂座结合部的气门摇臂轴支座。$\phi18^{+0.027}_{0}$mm 孔装摇臂轴,轴上两端各装一进、排气门摇臂。$\phi16^{+0.11}_{0}$mm 孔内装一减压轴,用于降低气门内的压力,便于起动柴油机,两孔间距为(56±0.05)mm,可保证减压轴在摇臂上打开气门,实现减压。该零件通过 $\phi11$mm 孔用 M10 螺杆与气缸盖相连。

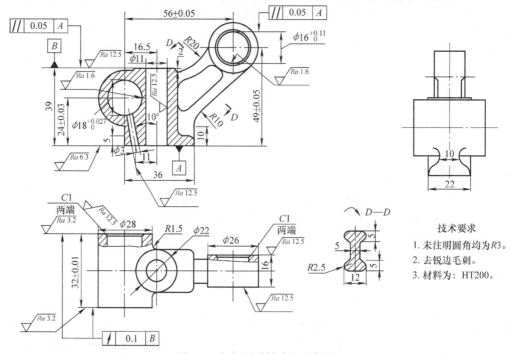

图 5-3  气门摇臂轴支座零件图

### 2. 零件工艺性分析

(1)零件材料  HT200 可加工性良好,只是材料脆性较大,易产生崩碎切屑,加工中有冲击。选择刀具参数时可适当减小前角,以强化切削刃即可;刀具材料选择范围较大,高速工具钢及 YG 硬质合金均可胜任。

(2)组成表面分析  组成表面有:$\phi11$mm 圆孔及其上下端面,$\phi16$mm 内孔及其两端面,$\phi18$mm 内孔及其两端面,$\phi3$mm 斜孔,倒角,各外圆表面,各外轮廓表面。

(3)主要表面分析   $\phi16$mm、$\phi18$mm

图 5-4  气门摇臂轴支座

孔用于支承零件，为工作面，孔表面粗糙度要求 $Ra1.6\mu m$，$\phi 11mm$ 孔底面为安装（支承）面，也是该零件的主要基准。

（4）主要技术要求　$\phi 16mm$ 内孔轴心与底面 $A$ 的平行度保持在 0.05mm 以内；$\phi 18mm$ 内孔轴心与底面 $A$ 的平行度保持在 0.05mm 以内；$\phi 18mm$ 内孔两端面与顶面 $B$ 的圆跳动保持在 0.1mm 以内。

## 二、零件制造工艺设计

（1）毛坯选择　根据零件材料、形状、尺寸、批量大小等因素，选择砂型铸件。

（2）基准分析　底面 $A$ 是零件的主要设计基准，也比较适合作为零件上众多表面加工的定位基准。

（3）零件安装方案　加工底面 $A$、顶面 $B$ 时，均可采用台虎钳安装（互为基准）；$\phi 11mm$、$\phi 16mm$、$\phi 18mm$ 内孔表面加工，均采用专用夹具安装，且主要定位基准均为底面 $A$；加工斜孔仍采用专用夹具安装，主要定位基准为 $\phi 18mm$ 孔两端面。

（4）零件表面加工　底面 $A$、顶面 $B$ 采用铣削加工；$\phi 11mm$ 孔、$\phi 3mm$ 斜孔采用钻削加工；$\phi 16mm$、$\phi 18mm$ 孔及其端面采用镗削加工。

## 三、工艺规程

### 1. 确定毛坯的制造形式

零件材料为 HT200，根据任务书的要求年产量为 10000 件，达到了大批生产的水平，而且零件的轮廓尺寸不大，故可采用砂型铸造成形，从而提高生产率。

### 2. 基面的选择

（1）粗基准的选择　按照有关基准面的选择原则（即当零件有不加工表面时，这些不加工面作为粗基准；若零件有若干个不加工表面时，则应以与加工表面要求相对位置精度较高的不加工表面作为粗基准），应选用 $\phi 28mm$ 和 $\phi 26mm$ 圆柱外轮廓作为粗基准，但根据本零件的实际情况，应遵守余量均匀原则，可选用 $\phi 22mm$ 圆柱上端面作为粗基准，用长圆柱销和削边销实现完全定位。

（2）精基准的选择　考虑到基准重合以消除基准不重合带来的误差，应选用 $\phi 22mm$ 圆柱下端面作为精基准，来加工 $\phi 18_{0}^{+0.027}mm$ 和孔以及 $16_{0}^{+0.11}mm$ 端面。

### 3. 制定工艺路线

制定工艺路线的出发点应当是零件的几何形状、尺寸精度以及位置精度等技术要求能得到合理保证。在生产纲领已确定为大批生产的条件下，可以考虑采用万能机床配以专用夹具，并尽量使工序集中来提高生产率。此外，还应考虑经济效果，以便使生产成本尽量下降。

（1）工艺路线方案一

工序 Ⅰ：粗铣圆柱 $\phi 22mm$ 上端面。

工序 Ⅱ：粗、精铣圆柱 $\phi 22mm$ 下端面。

工序 Ⅲ：粗铣圆柱 $\phi 28mm$ 两端面。

工序 Ⅳ：精铣圆柱 $\phi 28mm$ 两端面。

工序 Ⅴ：钻、扩镗 $\phi 18mm$ 孔。

工序 Ⅵ：精、细镗 $\phi 18mm$ 孔，倒角 $C1$。

工序 Ⅶ：粗铣 $\phi 26mm$ 两端面。

工序 Ⅷ：钻、扩 $\phi 16mm$ 孔。

工序Ⅸ：精、细镗 $\phi16$mm 孔，倒角 $C1$。

工序Ⅹ：钻 $\phi11$mm 孔。

工序Ⅺ：钻 $\phi3$mm 孔。

工序Ⅻ：检查。

（2）工艺路线方案二

工序Ⅰ：粗铣圆柱 $\phi22$mm 上端面。

工序Ⅱ：粗、精铣圆柱 $\phi22$mm 下端面。

工序Ⅲ：钻、扩 $\phi18$mm 孔。

工序Ⅳ：精、细镗 $\phi18$mm 孔。

工序Ⅴ：钻、扩 $\phi16$mm 孔。

工序Ⅵ：精、细镗 $\phi16$mm 孔。

工序Ⅶ：粗铣 $\phi28$mm 两端面。

工序Ⅷ：精铣 $\phi28$mm 两端面，倒角 $C1$。

工序Ⅸ：粗铣 $\phi26$mm 两端面，倒角 $C1$。

工序Ⅹ：钻 $\phi11$mm 孔。

工序Ⅺ：钻 $\phi3$mm 孔。

工序Ⅻ：检查。

（3）工艺方案的比较与分析　　上述两个方案的特点：方案一是先加工好基准然后以 $\phi28$mm 孔为中心进行加工，把整个左半部分加工好后再以 $\phi28$mm 为中心加工右半部分，最后加工其余部分；方案二也是先加工 $\phi28$mm 和两孔端面，最后加工其余部分。两方案的工序基本相同，考虑到加工机床的因素，最好是将方案二进行调整，把需要铣的表面相对集中，确定具体工艺过程如下：

工序Ⅰ　粗铣圆柱 $\phi22$mm 上端面。

工序Ⅱ　粗铣圆柱 $\phi22$mm 下端面。

工序Ⅲ　精铣圆柱 $\phi22$mm 下端面。

工序Ⅳ　粗铣圆柱 $\phi28$mm 两端面。

工序Ⅴ　精铣圆柱 $\phi28$mm 两端面。

工序Ⅵ　粗铣 $\phi26$mm 两端面。

工序Ⅶ　钻、扩 $\phi18$mm 孔，倒角 $C1$。

工序Ⅷ　精、细镗 $\phi18$mm 孔。

工序Ⅸ　钻、扩 $\phi16$mm 孔，倒角 $C1$。

工序Ⅹ　精、细镗 $\phi16$mm 孔。

工序Ⅺ　钻、扩 $\phi11$mm 孔。

工序Ⅻ　钻 $\phi3$mm 孔。

工序ⅩⅢ　检查。

**四、机械加工余量、工序尺寸及毛坯尺寸的确定**

气门摇臂轴支座零件材料为灰铸铁 HT200，生产类型为大批生产，采用铸造毛坯。

根据上述原始资料及加工工艺，分别确定各加工表面的机械加工余量、工序尺寸及毛坯尺寸。

1）$\phi28mm$ 和 $\phi26mm$ 两外圆柱表面，以及 $\phi22mm$ 外圆柱表面和 $\phi26mm$ 的连接部分以及加强肋为非加工表面，其尺寸由铸造直接保证。由于是手工砂型铸造，查《简明机械工程师手册》（李天无，云南科技出版社）可知为三级铸造。

2）$\phi28mm$ 外圆柱表面沿轴线长度方向的加工余量及公差（$\phi28mm$ 圆柱两端面），查《简明机械工程师手册》表 12.2-14，铸件最大尺寸小于 120mm，其铸铁件余量规定顶面为 5mm，底面为 4mm。

根据《机械加工工艺手册》可知，若铸造孔小于 30mm，则不宜直接铸造，如直接铸造，则成本将大大提高。为了降低生产成本，$\phi18mm$ 和 $\phi16mm$ 孔不直接铸出，铸造实心后再进行钻孔、扩孔、镗孔，以达到图样要求。

钻：$\phi16mm$。

扩钻：$\phi17.7mm$，$2Z = 1.7mm$。

精镗：$\phi17.9mm$，$2Z = 0.2mm$。

细镗：$\phi18mm$，$2Z = 0.1mm$。

铣削余量：铣削上端面的公称余量粗铣 $Z = 4.5mm$；精铣 $Z = 0.25 \sim 0.75mm$。铣削下端面的公称余量粗铣 $Z = 3.5mm$；精铣 $Z = 0.25 \sim 0.75mm$。

铣削公差：由零件图可知，本工序的加工精度为 IT10，查《简明机械工程师手册》表 12.2-20，公差为 0.084mm。

3）$\phi22mm$ 外圆柱表面沿轴线长度方向的加工余量及公差，查《简明机械工程师手册》表 12.2-14 可知，其侧面的余量为 4mm。

铣削余量：铣削上、下端面的公称余量为 $Z = 4mm$；毛坯为实心需要钻削，参照《金属切削手册》（张益芳，1 版，上海科学技术出版社）表 7-6 确定工序尺寸为及工余量为

钻：$\phi10mm$

扩钻：$\phi11mm$，$2Z = 1mm$。

4）$\phi26mm$ 圆柱表面沿轴线长度方向的加工余量及公差，查《简明机械工程师手册》表 12.2-14 可知，其上端面的余量为 5mm；下端面余量为 4mm。

铣削余量：铣削上端面的公称余量为 $Z = 5mm$；铣削下端面的公称余量为 $Z = 4mm$。

同理 $\phi16mm$ 孔不宜铸造成孔。

钻：$\phi14mm$

扩钻：$\phi15.7mm$，$2Z = 1.7mm$。

精镗：$\phi15.9mm$，$2Z = 0.2mm$。

细镗：$\phi16mm$，$2Z = 0.1mm$。

由于设计规定零件为大批生产，应该采用调整法加工，因此在计算最大、最小加工余量时应按照调整法加工方式给予确定。查《简明机械工程师手册》表 12.2-4 确定毛坯的铸造偏差为 ±1.5mm。

$\phi28mm$ 圆柱外端面尺寸加工余量和工序间余量及公差分布为

毛坯名义尺寸：$(37 + 5 + 4)$ mm = 46mm。

毛坯的最大尺寸：$(46 + 3)$ mm = 49mm。

毛坯的最小尺寸：$(46 - 3)$ mm = 43mm。

粗铣后最大尺寸：$(49 - 4.5 - 3.5)$ mm = 41mm。

粗铣后最小尺寸：$(46 - 4.5 - 3.5)$ mm $= 38$mm。

精铣后要保证尺：$(37 \pm 0.1)$ mm。

所以精铣量：$2Z_{max} = (41 - 36.9)$ mm $= 4.1$mm；$2Z_{min} = (38 - 37.1)$ mm $= 0.9$mm。

## 五、确定切削用量及基本工时

**1. 工序 I：粗铣圆柱 $\phi$22mm 上端面**

（1）加工条件

工件材料：铸铁 HT200。

加工要求：粗铣 $\phi$22mm 上端面，表面粗糙度值 $Ra$ 为 12.5$\mu$m，查《金属切削手册》表 2-23 可知公差等级为 IT13 ~ IT11。

（2）计算切削用量　根据《金属切削手册》p9 ~ 35 说明，确定粗铣削深度 $t = 3 \sim 5$mm。

查《金属切削手册》表 9-13 得 $f_z = 0.08$mm/齿，切削速度参考《金属切削手册》确定 $v = 0.15$m/s，即 9m/min。

采用硬质合金刀具直齿三面刃铣刀，$d_w = 80$mm，齿数 $z = 18$，则

$$n_s = \frac{1000v}{\pi d_w} = \frac{1000 \times 9}{80\pi}\text{r/min} = 35.8\text{r/min}$$

现采用 X63 卧式铣床，根据机床使用说明书（见李益民主编，机械工业出版社出版的《机械制造工艺设计简明手册》表 4.2-39），取 $n_w = 37.5$r/min。

故实际切削速度为

$$v = \frac{\pi d_w n_w}{1000} = \frac{\pi \times 80 \times 37.5}{1000}\text{m/min} = 9.42\text{m/min}$$

当 $n_w = 37.5$r/min 时，工作台的每分钟进给量为

$$f_m = f_z n_w = 0.08 \times 18 \times 37.5\text{mm/min} = 54\text{mm/min}$$

查机床说明书（见《金属切削手册》表 9-14），取 $f_m = 60$mm/min。

切削工时：由于是粗铣，故整个铣刀刀盘不必铣过整个工件，利用作图可得铣刀的行程为 $l + l_1 + l_2 = 33$mm。$l$ 为工件的长度，$l_1$、$l_2$ 分别是切入和切出的距离。

则切削工时为

$$t_m = \frac{l + l_1 + l_2}{f_m} = \frac{33}{60}\text{min} = 0.55\text{min}$$

**2. 工序 II：粗铣圆柱 $\phi$22mm 下端面**

（1）加工条件

工件材料：铸铁 HT200。

加工要求：粗铣 $\phi$22mm 下端面，表面粗糙度值 $Ra$ 为 12.5$\mu$m，查《金属切削手册》表 2-23 可知公差等级为 IT13 ~ IT11。

（2）计算切削用量　根据《金属切削手册》p9 ~ 35 说明，确定粗铣削深度 $t = 3 \sim 5$mm。

查《金属切削手册》表 9-13 得 $f_z = 0.08$mm/齿，切削速度参考《金属切削手册》确定 $v = 0.15$m/s，即 9m/min。

采用硬质合金刀具直齿三面刃铣刀，$d_w = 80$mm，齿数 $z = 18$，则

$$n_s = \frac{1000v}{\pi d_w} = \frac{1000 \times 9}{80\pi} \text{r/min} = 35.8\text{r/min}$$

现采用 X63 卧式铣床，根据机床使用说明书（见《机械制造工艺设计简明手册》表 4.2-39），取 $n_w = 37.5\text{r/min}$。

故实际切削速度为

$$v = \frac{\pi d_w n_w}{1000} = \frac{\pi \times 80 \times 37.5}{1000}\text{m/min} = 9.42\text{m/min}$$

当 $n_w = 37.5\text{r/min}$ 时，工作台的每分钟进给量为

$$f_m = f_z z n_w = 0.08 \times 18 \times 37.5\text{mm/min} = 54\text{mm/min}$$

查机床说明书（见《金属切削手册》表 9-14），取 $f_m = 60\text{mm/min}$。

切削工时：由于是粗铣，故整个铣刀刀盘不必铣过整个工件，利用作图可得铣刀的行程为 $l + l_1 + l_2 = (36 + 9)\text{mm} = 45\text{mm}$。

则切削工时为

$$t_m = \frac{l + l_1 + l_2}{f_m} = \frac{45}{60}\text{min} = 0.75\text{min}$$

**3. 工序Ⅲ：精铣圆柱 $\phi22\text{mm}$ 下端面**

（1）加工条件

工件材料：铸铁 HT200。

加工要求：精铣 $\phi22\text{mm}$ 下端面，表面粗糙度值 $Ra$ 为 $6.3\mu\text{m}$。

（2）计算切削用量 根据《金属切削手册》p9～35 说明，确定精铣削深度 $t = 2～3\text{mm}$。

查《金属切削手册》表 9-13 得 $f_z = 0.08\text{mm/齿}$，切削速度参考《金属切削手册》确定 $v = 0.15\text{m/s}$，即 $9\text{m/min}$。

采用硬质合金刀具直齿三面刃铣刀，$d_w = 80\text{mm}$，齿数 $z = 18$，则

$$n_s = \frac{1000v}{\pi d_w} = \frac{1000 \times 9}{80\pi}\text{r/min} = 35.8\text{r/min}$$

现采用 X63 卧式铣床，根据机床使用说明书（见《机械制造工艺设计简明手册》表 4.2-39），取 $n_w = 37.5\text{r/min}$。

故实际切削速度为

$$v = \frac{\pi d_w n_w}{1000} = \frac{\pi \times 80 \times 37.5}{1000}\text{m/min} = 9.42\text{m/min}$$

当 $n_w = 37.5\text{r/min}$ 时，工作台的每分钟进给量为

$$f_m = f_z z n_w = 0.08 \times 18 \times 37.5\text{mm/min} = 54\text{mm/min}$$

查机床说明书（见《金属切削手册》表 9-14），取 $f_m = 60\text{mm/min}$。

切削工时：由于是精铣，故整个铣刀刀盘铣过整个工件，利用作图法可得铣刀的行程为 $l + l_1 + l_2 = 125\text{mm}$。

则切削工时为

$$t_m = \frac{l + l_1 + l_2}{f_m} = \frac{125}{60}\text{min} = 2.1\text{min}$$

**4. 工序Ⅳ：粗铣圆柱 φ28mm 两端面**

（1）加工条件

工件材料：铸铁 HT200。

加工要求：粗铣 φ28mm 上、下端面。

（2）计算切削用量　根据《金属切削手册》p9～35 说明，确定粗铣削深度 $t = 3 \sim 5\text{mm}$。

查《金属切削手册》表 9-13 得 $f_z = 0.08\text{mm}/$齿，切削速度参考《金属切削手册》确定 $v = 0.15\text{m/s}$，即 $9\text{m/min}$。

采用硬质合金刀具直齿三面刃铣刀，$d_w = 80\text{mm}$，齿数 $z = 18$，则

$$n_s = \frac{1000v}{\pi d_w} = \frac{1000 \times 9}{80\pi}\text{r/min} = 35.8\text{r/min}$$

现采用 X63 卧式铣床，根据机床使用说明书（见《机械制造工艺设计简明手册》表 4.2-39），取 $n_w = 37.5\text{r/min}$。

故实际切削速度为

$$v = \frac{\pi d_w n_w}{1000} = \frac{\pi \times 80 \times 37.5}{1000}\text{m/min} = 9.42\text{m/min}$$

当 $n_w = 37.5\text{r/min}$ 时，工作台的每分钟进给量为

$$f_m = f_z z n_w = 0.08 \times 18 \times 37.5\text{mm/min} = 54\text{mm/min}$$

查机床说明书（见《金属切削手册》表 9-14），取 $f_m = 60\text{mm/min}$。

切削工时：由于是粗铣，故整个铣刀刀盘不必铣过整个工件，利用作图法可得铣刀的行程为 $l + l_1 + l_2 = 38\text{mm}$。

则切削工时为

工步 1：
$$t_m = \frac{l + l_1 + l_2}{f_m} = \frac{38}{60}\text{min} = 0.625\text{min}$$

工步 2：
$$t_m = \frac{l + l_1 + l_2}{f_m} = \frac{38}{60}\text{min} = 0.625\text{min}$$

**5. 工序Ⅴ：精铣圆柱 φ28mm 两端面**

（1）加工条件

工件材料：铸铁 HT200。

加工要求：精铣 φ28mm 上、下端面，表面粗糙度值 $Ra$ 为 $3.2\mu\text{m}$。

（2）计算切削用量　根据《金属切削手册》p9～35 说明，确定精铣削深度 $t = 2 \sim 3\text{mm}$。

查《金属切削手册》表 9-13 得 $f_z = 0.08\text{mm}/$齿，切削速度参考《金属切削手册》确定 $v = 0.15\text{m/s}$，即 $9\text{m/min}$。

采用硬质合金刀具直齿三面刃铣刀，$d_w = 80\text{mm}$，齿数 $z = 18$，则

$$n_s = \frac{1000v}{\pi d_w} = \frac{1000 \times 9}{80\pi}\text{r/min} = 35.8\text{r/min}$$

现采用 X63 卧式铣床，根据机床使用说明书（见《机械制造工艺设计简明手册》表 4.2-39），取 $n_w = 37.5\text{r/min}$。

故实际切削速度为

$$v = \frac{\pi d_w n_w}{1000} = \frac{\pi \times 80 \times 37.5}{1000} \text{m/min} = 9.42\text{m/min}$$

当 $n_w = 37.5\text{r/min}$ 时，工作台的每分钟进给量为

$$f_m = f_z z n_w = 0.08 \times 18 \times 37.5 \text{mm/min} = 54\text{mm/min}$$

查机床说明书（见《金属切削手册》表 9-14）取 $f_m = 60\text{mm/min}$。

切削工时：由于是精铣，故整个铣刀刀盘铣过整个工件，利用作图法可得铣刀的行程为 $l + l_1 + l_2 = （38 + 80）$ mm $= 118\text{mm}$。

则切削工时为

工步 1：
$$t_m = \frac{l + l_1 + l_2}{f_m} = \frac{118}{60}\text{min} = 2\text{min}$$

工步 2：
$$t_m = \frac{l + l_1 + l_2}{f_m} = \frac{118}{60}\text{min} = 2\text{min}$$

### 6. 工序 Ⅵ：粗铣圆柱 $\phi 26\text{mm}$ 两端面

（1）加工条件

工件材料：铸铁 HT200。

加工要求：粗铣 $\phi 26\text{mm}$ 上、下端面，保证两端面间的距离为 16mm。

（2）计算切削用量　根据《金属切削手册》p9～35 说明，确定粗铣削深度 $t = 3 \sim 5\text{mm}$。

查《金属切削手册》表 9-13 得 $f_z = 0.08\text{mm/齿}$，切削速度参考《金属切削手册》确定 $v = 0.15\text{m/s}$，即 9m/min。

采用硬质合金刀具直齿三面刃铣刀，$d_w = 80\text{mm}$，齿数 $z = 18$，则

$$n_s = \frac{1000v}{\pi d_w} = \frac{1000 \times 9}{80\pi}\text{r/min} = 35.8\text{r/min}$$

现采用 X63 卧式铣床，根据机床使用说明书（见《机械制造工艺设计简明手册》表 4.2-39），取 $n_w = 37.5\text{r/min}$。

故实际切削速度为

$$v = \frac{\pi d_w n_w}{1000} = \frac{\pi \times 80 \times 37.5}{1000}\text{m/min} = 9.42\text{m/min}$$

当 $n_w = 37.5\text{r/min}$ 时，工作台的每分钟进给量为

$$f_m = f_z z n_w = 0.08 \times 18 \times 37.5\text{mm/min} = 54\text{mm/min}$$

查机床说明书（见《金属切削手册》表 9-14）取 $f_m = 60\text{mm/min}$。

切削工时：由于是粗铣，故整个铣刀刀盘不必铣过整个工件，可得铣刀的行程为 $l + l_1 + l_2 = 36\text{mm}$

则切削工时为

工步 1：
$$t_m = \frac{l + l_1 + l_2}{f_m} = \frac{36}{60}\text{min} = 0.6\text{min}$$

工步 2：
$$t_m = \frac{l + l_1 + l_2}{f_m} = \frac{36}{60}\text{min} = 0.6\text{min}$$

**7. 工序Ⅶ：钻、扩 $\phi18mm$ 孔及倒角 $C1$**

（1）工步 1：钻孔 $\phi16mm$   确定进给量 $f$：根据《机械加工工艺手册》表 10.4-4，硬度 ≤200HBW，$d = \phi16mm$ 时，$f = 1.45mm/r$。由于零件在加工 $\phi16mm$ 孔时属于低刚度零件，故进给量应乘以系数 0.75，则 $f = 1.45 \times 0.75 mm/r = 1.09mm/r$。

根据《金属切削手册》表 2-13 及表 2-14，查得切削速度 $v = 18m/min$，所以

$$n_s = \frac{1000v}{\pi d_w} = \frac{1000 \times 18}{16\pi} r/min = 358r/min$$

根据 Z5125A 机床说明书（《机械加工工艺手册》表 10.1-2），取 $n_w = 276r/min$，故实际切削速度为

$$v = \frac{\pi d_w n_w}{1000} = \frac{\pi \times 16 \times 276}{1000} m/min = 13.9m/min$$

切削工时为      $t_{m1} = \frac{l_1 + l_2 + l}{n_w f} = \frac{3 + 3 + 37}{276 \times 1.09} min = 0.16min$

（2）工步 2：扩孔 $\phi17.7mm$   选用 Z5125A 机床。采用刀具为 $\phi17.7mm$ 专用扩孔钻头，进给量 $f = (0.9 \sim 1.2) \times 0.7mm/r = 0.63 \sim 0.84mm/r$（《金属切削手册》表 2-10）。

查机床说明书，取 $f = 0.72mm/r$。

机床主轴转速 $n = 68r/min$，则其切削速度为

$$v = \frac{\pi d_w n_w}{1000} = \frac{\pi \times 17.7 \times 68}{1000} m/min = 3.78m/min$$

切削工时：由于 $l = 37mm$，$l_1 = 3mm$，$l_2 = 3mm$，因此切削工时为

$$t_{m2} = \frac{l + l_1 + l_2}{n_w f} = \frac{43}{68 \times 0.72} min = 0.88min$$

（3）工步 3：倒角 $C1$ 双面   采用 90°锪钻。为了缩短辅助时间，取倒角的主轴转速与扩钻时相同，$n = 68r/min$，手动进给。

**8. 工序Ⅷ：精、细镗 $\phi18^{+0.027}_{0}mm$ 孔**

选用机床为 T7140 金刚镗床。

（1）工步 1   精镗孔到 $\phi17.9mm$。

单边余量 $Z = 0.1mm$。一次镗去全部余量，$a_p = 0.1mm$，进给量查《金属切削手册》表 7-84，取 $f = 0.1mm/r$。

根据有关手册，确定金刚镗床的切削速度为 $v = 100m/min$，则

$$n_w = \frac{1000v}{\pi D} = \frac{1000 \times 100}{18\pi} r/min = 1769r/min$$

由于 T7140 金刚镗床主轴转速为无级调速，故以上转速可作为加工时的转速。

切削工时：由于 $l = 37mm$，$l_2 = 3mm$，$l_3 = 4mm$，因此切削工时为

$$t_{m1} = \frac{l + l_1 + l_2}{n_w f} = \frac{44}{1769 \times 0.1} min = 0.25min$$

（2）工步 2：细镗孔到 $\phi18^{+0.027}_{0}mm$   由于细镗与精镗孔共用一个镗杆，利用金刚镗床同时对工件精、细镗孔，故切削用量及工时与精镗相同。单边余量 $Z = 0.05mm$。一次镗去全部余量，$a_p = 0.05mm$，进给量查《金属切削手册》表 7-84，取 $f = 0.1mm/r$。

根据有关手册，确定金刚镗床的切削速度为 $v = 100m/min$，则

$$n_w = \frac{1000v}{\pi D} = \frac{1000 \times 100}{18\pi} \text{r/min} = 1769 \text{r/min}$$

由于 T7140 金刚镗床主轴转速为无级调速，故以上转速可作为加工时的转速。

切削工时：由于 $l = 37\text{mm}$，$l_2 = 3\text{mm}$，$l_3 = 4\text{mm}$，因此切削工时为

$$t_{m2} = \frac{l + l_1 + l_2}{n_w f} = \frac{44}{1769 \times 0.1} \text{min} = 0.25 \text{min}$$

### 9. 工序Ⅸ：钻、扩 $\phi$16mm 孔，倒角 $C1$

（1）工步 1：钻孔 $\phi$14mm　确定进给量 $f$：根据《机械加工工艺手册》表 10.4-4，硬度 $\leqslant$ 200HBW，$d = \phi14\text{mm}$ 时，$f = 1.45\text{mm/r}$。由于零件在加工 $\phi$14mm 孔时属于低刚度零件，故进给量应乘以系数 0.75，则 $f = 1.45 \times 0.75\text{mm/r} = 1.09\text{mm/r}$。

根据《金属切削手册》表 2-13 及表 2-14，查得切削速度 $v = 18\text{m/min}$，所以

$$n_w = \frac{1000v}{\pi D} = \frac{1000 \times 18}{14\pi} \text{r/min} = 409 \text{r/min}$$

根据 Z5125A 机床说明书（《机械加工工艺手册》表 10.1-2），取 $n_w = 276\text{r/min}$，故实际切削速度为

$$v = \frac{\pi d_w n_w}{1000} = \frac{\pi \times 14 \times 276}{1000} \text{m/min} = 12.1 \text{m/min}$$

切削工时为
$$t_{m1} = \frac{l + l_1 + l_2}{n_w f} = \frac{43}{276 \times 1.09} \text{min} = 0.14 \text{min}$$

（2）工步 2　扩孔 $\phi$15.7mm　选用 Z535 机床。采用刀具为 $\phi$15.7mm 专用扩孔钻头，进给量为 $f = (0.9 \sim 1.2) \times 0.7\text{mm/r} = 0.63 \sim 0.84\text{mm/r}$（《金属切削手册》表 2-10）。

查机床说明书，取 $f = 0.72\text{mm/r}$。

机床主轴转速 $n = 68\text{r/min}$，则其切削速度为

$$v = \frac{\pi d_w n_w}{1000} = \frac{\pi \times 15.7 \times 68}{1000} \text{m/min} = 3.53 \text{m/min}$$

切削工时：由于 $l = 16\text{mm}$，$l_1 = 3\text{mm}$，$l_2 = 3\text{mm}$，因此切削工时为

$$t_{m2} = \frac{l + l_1 + l_2}{n_w f} = \frac{22}{68 \times 0.72} \text{min} = 0.45 \text{min}$$

（3）工步 3：倒角 $C1$ 双面　采用 90°锪钻。为了缩短辅助时间，取倒角的主轴转速与扩钻时相同，$n = 68\text{r/min}$，手动进给。

### 10. 工序Ⅹ：精、细镗 $\phi16^{+0.027}_{0}$ mm 孔

选用机床为 T7140 金刚镗床。

（1）工步 1　精镗孔到 $\phi$15.9mm。单边余量 $Z = 0.1\text{mm}$。一次镗去全部余量，$a_p = 0.1\text{mm}$。

进给量查《金属切削手册》表 7-84，取 $f = 0.1\text{mm/r}$，根据有关手册确定金刚镗床的切削速度为 $v = 100\text{m/min}$，则

$$n_w = \frac{1000v}{\pi D} = \frac{1000 \times 100}{16\pi} \text{r/min} = 1990 \text{r/min}$$

由于 T7140 金刚镗床主轴转速为无级调速，故以上转速可作为加工时的转速。

切削工时：由于 $l = 16\text{mm}$，$l_2 = 3\text{mm}$，$l_3 = 3\text{mm}$，因此切削工时为

$$t_{m1} = \frac{l + l_1 + l_2}{n_w f} = \frac{22}{1990 \times 0.1} \text{min} = 0.11 \text{min}$$

（2）工步 2：细镗孔到 $\phi 16 ^{+0.11}_{0}$ mm　由于细镗与精镗孔共用一个镗杆，利用金刚镗床同时对工件精、细镗孔，故切削用量及工时与精镗相同。单边余量 $Z = 0.05$ mm，一次镗去全部余量，$a_p = 0.05$ mm。

进给量查《金属切削手册》表 7-84，取 $f = 0.1$ mm/r。根据有关手册，确定金刚镗床的切削速度为 $v = 100$ m/min，则

$$n_w = \frac{1000v}{\pi D} = \frac{1000 \times 100}{16\pi} \text{r/min} = 1990 \text{r/min}$$

由于 T7140 金刚镗床主轴转速为无级调速，故以上转速可作为加工时的转速。

切削工时：由于 $l = 16$ mm，$l_2 = 3$ mm，$l_3 = 3$ mm，因此切削工时为

$$t_{m2} = \frac{l + l_1 + l_2}{n_w f} = \frac{22}{1990 \times 0.1} \text{min} = 0.11 \text{min}$$

**11. 工序 XI：钻、扩 $\phi 11$mm 孔**

（1）工步 1：钻孔 $\phi 10$mm　确定进给量 $f$：根据《机械加工工艺手册》表 10.4-4，硬度 $\leqslant 200$HBW，$d = 10$mm 时，$f = 1.45$mm/r。由于零件在加工 $\phi 10$mm 孔时属于低刚度零件，故进给量应乘以系数 0.75，则 $f = 1.45 \times 0.75$mm/r $= 1.09$mm/r。

根据《金属切削手册》表 2-13 及表 2-14，查得切削速度 $v = 18$m/min，所以

$$n_w = \frac{1000v}{\pi D} = \frac{1000 \times 18}{10\pi} \text{r/min} = 573 \text{r/min}$$

根据 Z5125A 机床说明书（《机械加工工艺手册》表 10.1-2），取 $n_w = 552$r/min，故实际切削速度为

$$v = \frac{\pi d_w n_w}{1000} = \frac{\pi \times 14 \times 552}{1000} \text{m/min} = 24.2 \text{m/min}$$

切削工时为

$$t_{m1} = \frac{l + l_1 + l_2}{n_w f} = \frac{43}{552 \times 1.09} \text{min} = 0.08 \text{min}$$

（2）工步 2：扩钻 $\phi 11$mm 孔　利用 $\phi 11$mm 钻头对 $\phi 10$mm 孔进行扩钻。根据有关手册的规定，扩钻的切削用量可根据钻孔的切削用量选取。

$$f = (0.9 \sim 1.2) f_{钻} = f_{钻} = 0.32 \text{mm/r}$$

根据机床说明书（艾兴、肖诗纲主编，机械工业出版社出版的《切削用量简明手册》表 2-7），选取 $f = 0.32$mm/r，则切削速度为

$$v = \frac{1}{2} v_{钻} = 0.5 \times 18 \text{m/min} = 9 \text{m/min}$$

则主轴转速为 $n = 170 \sim 255$r/min，并按机床说明书取 $n_w = 210$r/min。

故实际切削速度为

$$v = \frac{\pi d_w n_w}{1000} = \frac{\pi \times 11 \times 210}{1000} \text{m/min} = 7.3 \text{m/min}$$

由于 $l = 39$mm，$l_2 = 6$mm，$l_3 = 3$mm，故切削工时为

$$t = \frac{l + l_1 + l_2}{n_w f} = \frac{48}{210 \times 0.32} \text{min} = 0.72 \text{min}$$

### 12. 工序Ⅻ：钻 $\phi$3mm 孔

选用 Z4006C 机床，查《机械加工工艺手册》表 10.4-1，取 $f = 0.12$mm/r，$v = 31$m/min。

$$n_w = \frac{1000v}{\pi D} = \frac{1000 \times 31}{3\pi} \text{r/min} = 3330 \text{r/min}$$

按机床选取 $n_w = 4575$r/min（按《机械加工工艺手册》表 10.4-1），所以实际切削速度

$$v = \frac{\pi d_w n_w}{1000} = \frac{\pi \times 3 \times 4575}{1000} \text{m/min} = 43.1 \text{m/min}。$$

切削工时为

$$t = \frac{l + l_1 + l_2}{n_w f} = \frac{27}{4575 \times 0.12} \text{min} = 0.049 \text{min}$$

### 13. 工序ⅩⅢ：检查

## 思考与练习

1. 复习本书中的重点内容。
2. 学习课程设计手册中的相关内容。

# 项目六 机械加工质量分析与控制

**教学内容和要求:**

主要讲授机械加工精度和加工误差的概念、影响加工精度的因素和获得加工精度的方法；原始误差的概念。要求掌握提高精工精度的措施；了解表明质量的概念、分类、影响表明质量的因素以及表明质量对零件加工使用性能的影响；掌握控制机械加工表面质量的途径。

# 任务一 机械加工精度

精度是指实际几何参数与理想几何参数的符合程度。它包括机械零件的制造精度和机械产品的装配精度。机械制造精度是通过机械制造过程来实现的，包括机械零件制造精度的实现和机械产品的装配精度的实现。

机械制造过程包括机械零件制造过程和机械产品装配过程。机械零件制造过程是被加工零件的结构、形状、精度、表面质量及其他技术要求实现的过程；机械产品的装配过程是产品装配精度和其他技术性能实现的过程。即依据这些技术要求、生产纲领、工艺装备等条件来制定机械加工工艺过程和机械装配工艺过程。而技术要求中的精度要求是机械加工工艺规程设计和机械装配工艺过程设计的主要依据。

## 一、实现机械零件制造精度的方法

机械零件制造精度的获得贯穿于机械零件制造的全过程，包括毛坯制造、机械加工、热处理、表面处理、检验等多种环节。其中，毛坯制造、热处理等环节主要取决于被加工零件的材料及其对零件使用性能和被加工性能的要求，它主要表现为毛坯的制造精度和热处理后的变形程度、表面氧化程度。而机械加工过程主要取决于零件表面形状结构、表面质量要求和零件的精度要求，在根据零件的结构形状特征、表面质量要求和精度要求确定相应的最终加工方法后，机械加工工艺主要是根据零件的精度要求来制定的。因而，分析零件的精度要求和其他技术要求是确定合理的机械加工工艺的关键。本节主要研究零件的精度构成、获得方法及其与加工工艺过程的关系。其他影响加工精度的因素将在本项目任务二中讨论。

### (一) 机械零件的精度构成

机械零件是由各种形状的几何表面组合而成的，多数情况下，这些表面是简单表面，如平面、圆柱面等，此外常见的还有锥面、球面、螺旋面、齿形表面等。由国家标准 GB/T 1800.1—2009 可知，零件的精度包括尺寸精度、形状精度和相互位置精度三方面。

### 1. 尺寸精度

尺寸精度包括表面本身的尺寸及其精度，如圆柱面的直径、圆锥面的锥角等；表面之间的位置尺寸及其精度，如平面之间的距离、孔间距、孔到平面的距离等。

### 2. 形状精度

每一个零件都是由一系列的确定形状尺寸（也称为定形尺寸）来表示表面本身的形状

精度，如平面度、圆度、轮廓度等。

### 3. 相互位置精度

每一个零件都是由一系列的确定位置尺寸（也称为定位尺寸）来表示表面之间的相互位置精度，如平行度、垂直度、对称度等。

上述精度项目在零件图上的表示方式虽不相同，但都可以转换为尺寸方式来表达。在机械加工中，一方面要形成零件表面的定形尺寸，另一方面要形成零件表面的定位尺寸。在设计工艺过程时，不但要保证表面自身的形状精度与尺寸精度，还必须保证表面之间的相对位置精度要求。

（二）获得零件精度的方法和工件的装夹方式

在长期的生产实践中，为获得所需要的零件精度，人们创造出许多机械加工方法。使用这些方法可使工件获得一定的尺寸精度、形状精度、相互位置精度和表面质量。

### 1. 获得尺寸精度的方法

（1）试切法　试切法是通过多次进给来获得所需的加工精度的。在每次试切进给后测量实际尺寸，校正切削用量，直至达到规定的加工精度为止，即通过试切 – 测量 – 调整 – 再试切，反复进行到被加工尺寸达到要求为止的加工方法称为试切法。试切法的生产率低，但它不需要复杂的工装，加工精度取决于工人的技术水平和计量器具（工具、仪器、仪表）的精度，故常用于单件小批生产，金工实习时加工零件的方法就是典型的试切法。

试切法中有一种类型——配作，它是以已加工工件为基准，加工与其相配的另一工件，或将两个或两个以上的工件组合在一起进行加工的方法。在有些装配图中可以看到标注有配作的装配关系，如齿轮变速器装配图中的箱体和箱盖之间的连接方式是采用两只销钉定位、若干个螺栓紧固，其中在两只定位销钉的标注尺寸和配合公差之后往往有配作二字，如 $\phi 10H8/g7$ 配作，此时是指在箱体和箱盖装配成功后拧紧紧固螺栓，再钻扩铰孔，然后配上销钉，这是一种典型的、应用广泛的配作。在配作中被加工尺寸达到的最终要求是以与已加工件的配合要求为准的。

（2）调整法　先调整好刀具和工件在机床上的相对位置，并在一批零件的加工过程中保持这个位置不变，以保证工件被加工尺寸的方法称为调整法。影响调整法精度的因素有测量精度、调整精度、重复定位精度等。当生产批量较大时，调整法有较高的生产率。调整法对调整工的要求高，对机床操作工的要求不高，常用于成批生产和大量生产。根据调整过程的不同，调整法可分为三种。

1）试切调整法。采用试切法，使被加工尺寸达到要求，然后，记住刀具在最后一刀加工时机床的相关运动装置的刻度值，在下一个工件加工时保持该刻度值。

2）样件调整法。在加工过程中，由于换刀等原因，需重新调整刀具，此时，可将已经加工完成的成品安装到机床上，以该成品作为样件来对刀具调整并记住机床相关运动装置的刻度值。

3）定程装置调整法。利用行程控制装置（如行程开关、行程挡块/挡铁等）调整刀具相对于工件的位置，加工一批工件，获得所需的加工精度，如图6-1所示。这种方法多用于大批、自动化和半自动加工，所能得到的加工精度与设备的调整精度和加工过程的稳定性有关。

（3）定尺寸刀具法　用刀具的相应尺寸来保证工件被加工部位尺寸的方法称为定尺寸

刀具法。影响尺寸精度的因素有刀具的尺寸精度、刀具与工件的位置精度等。当尺寸精度要求较高时，常用浮动刀具（如浮动镗刀）进行加工，目的是阻断辅具（装夹刀具的辅助装置）的误差传递给刀具，从而消除刀具与工件的位置误差的影响。定尺寸刀具法操作方便，生产率较高，加工精度也较稳定。用钻头、铰刀、多刃镗刀块等加工孔均属于定尺寸刀具法，应用于各种生产类型。拉刀拉孔、拉槽也属于定尺寸刀具法，应用于大批生产和大量生产。

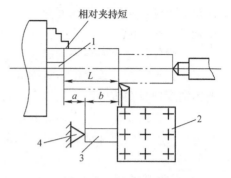

图 6-1　定程装置调整法
1—挡块　2—刀架　3—调整杆　4—挡铁

　　（4）主动测量与自动控制法　把测量、进给装置和控制系统组成一个自动加工系统，在加工过程中，边加工边测量加工尺寸，并将所测结果与设计要求的尺寸比较后，或使机床继续工作，或使机床停止工作，加工过程依靠系统设定自动完成，这种方法称为主动测量与自动控制法。先期的自动控制法是利用主动测量和机械或液压等控制系统完成的；后来采用的按加工要求预先编排的程序，由控制系统发出指令进行工作的程序控制机床（简称程控机床）目前已经逐渐淡出；而由控制系统发出数字信息指令进行工作的数字控制机床（简称数控机床或加工中心）的发展正如日中天，闭式数控机床能适应加工过程中加工条件的变化，自动调整加工用量，按预设条件对加工过程优化后进行自动控制加工。自动控制法加工的质量稳定、生产率高、加工柔性好，能适应多品种小批生产，是机械制造的发展方向和计算机辅助制造（CAM）的基础。

　　**2. 获得形状精度的方法**

　　（1）刀尖轨迹法　依靠刀尖的运动轨迹获得形状精度的方法称为刀尖轨迹法。刀尖的运动轨迹取决于刀具和工件的相对成形运动，因而所获得的形状精度取决于成形运动的精度。普通车削、铣削、刨削和磨削等均属于刀尖轨迹法，如图 6-2 所示。

　　（2）仿形法　刀具按照仿形装置进给对工件进行加工的方法称为仿形法。仿形法所得到的形状精度取决于仿形装置的精度及其他成形运动精度。仿形车削、仿形铣削等均属于仿形法加工。

　　（3）成形法　利用成形刀具对工件进行加工的方法称为成形法。一把成形刀具至少可替代一个成形运动。成形法所获得的形状精度取决于成形刀具的形状精度和其他成形运动精度。用成形刀具或成形砂轮的车削、铣削、刨削、磨削、拉削等都属于成形法，分别称为成形车、成形铣、成形刨、成形磨和成形拉削等，如图 6-3 所示。

　　（4）展成法　利用工件和刀具做展成切削运动进行加工的方法称为展成法。展成法所得被加工表面是切削刃和工件做展成运动过程中所形成的包络面，切削刃形状必须是被加工面的共轭曲线。它所获得的精度取决于切削刃的形状和展成运动的精度等。滚齿、插齿、磨齿、滚花键等均属于展成法。

　　**3. 获得位置精度的方法和工件的装夹方式**

　　工件的位置要求取决于工件的装夹（定位和夹紧）方式及其精度；工件的装夹方式有以下几种。

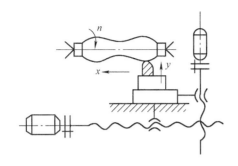

图 6-2　刀尖轨迹法

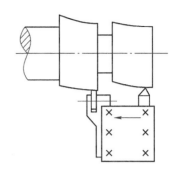

图 6-3　成形法

（1）用夹具装夹　根据机床夹具及其设计方法所述，夹具是用以装夹工件的装置。夹具上的定位元件和夹紧元件能使工件迅速获得正确位置，并使其固定在夹具和机床上。因此，工件定位方便，定位精度高而且稳定，装夹效率也高。当以精基准定位时，工件的定位精度一般可达 0.01mm。所以，用专用夹具装夹工件广泛用于中批、大批和大量生产。但是，由于制造专用夹具费用较高、周期较长，所以在单件小批生产时，很少采用专用夹具，而是采用通用夹具。当工件的加工精度要求较高时，可采用标准元件组装的组合夹具，使用后元件可拆，能够重复使用。

（2）找正装夹　找正是用工具（和仪表）根据工件上有关基准，找出工件在划线、加工（或装配）时的正确位置的过程。用找正方法装夹工件称为找正装夹。找正装夹又可分为划线找正装夹和直接找正装夹。

1）划线找正装夹。此法是用划针根据毛坯或半成品上所划的线为基准找正它在机床上正确位置的一种装夹方法。图 6-4 所示为车床床身毛坯，为保证床身各加工面和非加工面的位置尺寸及各加工面的余量，可先在钳工台上划好线，然后在龙门刨床工作台上用于斤顶支起床身毛坯，用划针按线找正并夹紧，再对床身底平面进行粗刨。由于划线既费时，又需技术水平高的划线工，划线找正的定位精度也不高，所以划线找正装夹只用在批量不大、形状复杂而笨重的工件，或毛坯的尺寸公差很大而无法采用夹具装夹的工件。

2）直接找正装夹。此法是用划针和百分表或通过目测直接在机床上找正工件位置的装夹方法。图 6-5 所示是用单动卡盘装夹套筒，先用百分表按工件外圆 A 进行找正后，再夹紧

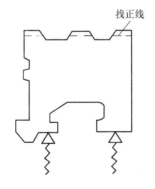

图 6-4　划线找正装夹

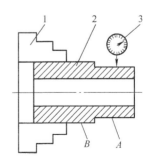

图 6-5　直接找正装夹

1—单动卡盘　2—工件　3—百分表

工件进行外圆 $B$ 的车削，以保证套筒的 $A$、$B$ 圆柱面的同轴度。此法的生产率较低，对工人的技术水平要求高，所以一般只用于单件小批生产中。若工人的技术水平很高，且能采用较精确的工具和量具，那么直接找正装夹也能获得较高的定位精度。

**4. 获得装配精度的方法**

（1）互换法　采用互换法装配时，合格的零部件在装配时不需要经过选择、修配和调整即可满足装配要求。互换法又分为完全互换法和不完全互换法。采用完全互换法时，装配尺寸链的求解是按极值法进行的；采用不完全互换法时，尺寸链按概率法求解。

（2）选配法　在大批大量生产中，当装配精度要求较高时，为降低组成环零部件的制造难度，可把组成环零件的公差放大，按经济精度制造，然后按实际尺寸分组，对应组组内互换装配。采用选配法时，装配尺寸链的计算多属于解算组成环的公差，这时应根据各组成环的公称尺寸大小和重要性，合理地分配公差，使各组成环的加工难度基本均衡。

（3）修配法　在成批或单件小批生产中，若装配精度要求较高，且组成环较多时，可采用修配法，选择一个组成环为补偿环，其他组成环按经济加工精度制造，装配时通过修配补偿环的尺寸保证装配精度。通过极值法解算装配尺寸链可以求出修配环的尺寸。

（4）调整法　调整法与修配法实质相同，各组成环均按经济加工精度制造，区别在于调整法是选择一个组成环作为调整环，在装配时通过改变调整环的尺寸或位置来满足装配精度的要求。

尺寸精度和几何精度间的关系：独立原则是处理几何公差和尺寸公差关系的基本原则，即尺寸精度和几何精度按照使用要求分别满足；在一般情况下，尺寸精度高，其几何精度也高；通常，零件的形状误差约占相应尺寸公差的 30% ~ 50%；位置误差约为尺寸公差的 65% ~ 85%。

**二、加工精度与加工误差**

**1. 加工精度**

加工精度是指零件加工后的实际几何参数（尺寸、形状及各表面相互位置等参数）与理想几何参数的符合程度。符合程度越高，加工精度就越高；反之，则越低。

理想几何参数是指：表面——绝对平面、圆柱面等；位置——绝对平行、垂直、同轴等；尺寸——位于公差带中心。

**2. 加工误差**

加工误差是指零件加工后的实际几何参数对理想几何参数的偏离程度，所以加工误差的大小反映了加工精度的高低。

实际加工时不可能也没有必要把零件做得与理想零件完全一致，而总会有一定的偏差，即加工误差。只要这些误差在规定的范围内，即能满足机器使用性能的要求。

**三、原始误差**

由机床、夹具、刀具和工件组成的机械加工工艺系统的误差是工件产生加工误差的根源，工艺系统的各种误差称为原始误差。

原始误差的种类包括：工艺系统的几何误差、工艺系统受力变形引起的误差、工艺系统热变形引起的误差、工件的残留应力引起的误差、伺服进给系统位移误差等。原始误差产生加工误差的根源如下。

**1. 工艺系统静误差**

（1）机床几何误差  机床几何误差包括主轴回转误差、导轨误差、传动链误差。回转误差指轴向窜动、径向圆跳动、角度摆动；导轨误差指水平面内直线度、垂直面内直线度、前后导轨的平行度；传动链误差指内联系的传动链始末两端传动元件间相对运动的误差。

（2）刀具几何误差  刀具几何误差包括一般刀具误差、定尺寸刀具误差、成形刀具误差、展成法刀具误差。

（3）夹具几何误差

（4）原理误差  原理误差包括调整误差、测量误差和定位误差。调整误差又包括试切法误差和调整法误差。

**2. 工艺系统动误差**

（1）工艺系统力变形  工艺系统力变形包括外力作用点变化、外力方向变化、外力大小变化。

（2）工艺系统热变形  工艺系统热变形包括机床热变形、工件热变形、刀具热变形。

（3）工艺系统内应力变形

**四、研究机械加工精度的方法**

（1）分析计算法  分析计算法是在掌握各种原始误差对加工精度影响规律的基础上，分析工件加工中所出现的误差可能是由哪一种或哪几种主要原始误差所引起的，并找出原始误差与加工误差之间的影响关系，通过估算来确定工件加工误差的大小，再通过试验测试来加以验证。

（2）统计分析法  统计分析法是对具体加工条件下得到的几何参数进行实际测量，然后运用数理统计学方法对这些测试数据进行分析处理，找出工件加工误差的规律和性质，进而控制加工质量。

# 任务二  工艺系统的几何误差

**一、原理误差**

原理误差是指由于采用了近似的加工方法、近似的成形运动或近似的刀具轮廓而产生的误差。

例如，滚齿用的齿轮滚刀，就有两种误差：一是为了制造方便，采用阿基米德蜗杆代替渐开线基本蜗杆而产生的切削刃齿廓近似造形误差；二是由于滚刀切削刃数有限，切削是不连续的，因而滚切出的齿轮齿形不是光滑的渐开线，而是折线。

成形车刀、成形铣刀也采用了近似的刀具轮廓。采用近似的成形运动和刀具刃形，不但可以简化机床或刀具的结构，而且能提高生产率和加工的经济效益。

**二、机床几何误差**

机床几何误差的来源是机床制造、磨损、安装。

**1. 机床导轨误差**

机床导轨是机床中确定某些主要部件相对位置的基准，也是某些主要部件的运动基准。现以卧式车床为例，说明导轨误差是怎样影响工件的加工精度的。

（1）导轨在水平面内直线度误差的影响  当导轨在水平面内的直线度误差为 $\Delta Y$ 时，引

起工件在半径方向的误差（图6-6）为

$$\Delta R = \Delta Y$$

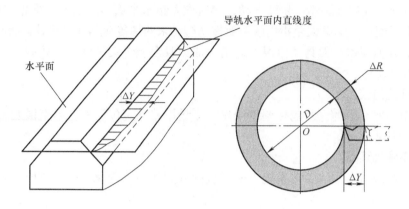

图6-6 导轨在水平面内直线度误差

由此可见：床身导轨在水平面内如果有直线度误差，就会使工件在纵向截面和横向截面内分别产生形状误差和尺寸误差。

当导轨向后凸出时，工件上产生鞍形加工误差；当导轨向前凸出时，工件上产生鼓形加工误差。

（2）导轨在垂直面内直线度误差的影响 床身导轨在垂直面内有直线度误差（图6-7），会引起刀尖产生切向位移 $\Delta Z$，造成工件在半径方向产生的误差为

$$R \approx \Delta Z^2 / d$$

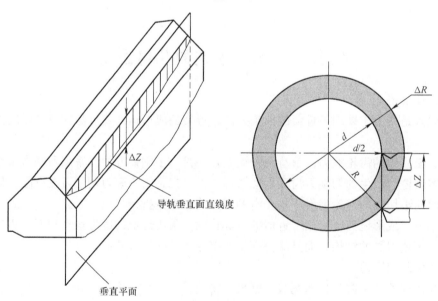

图6-7 导轨在垂直面内直线度误差

设：$\Delta Z = \Delta Y = 0.01\,\mathrm{mm}$，$R = 50\,\mathrm{mm}$

则由于法向原始误差而产生的加工误差

$$\Delta R = \Delta Y = 0.01\text{mm}$$

由于切向原始误差产生的加工误差

$$\Delta R \approx \Delta Z^2 / d = 0.000001\text{mm}$$

此值完全可以忽略不计。由于 $\Delta Z^2$ 数值很小，因此该误差对工件的尺寸精度和形状精度影响很小。

原始误差引起工件相对于刀具产生相对位移，若产生在加工表面法向方向（误差敏感方向），对加工精度有直接影响；产生在加工表面切向方向（误差非敏感方向），可忽略不计。

（3）前后导轨平行度误差的影响　床身前后导轨有平行度误差（扭曲）时，会使车床溜板在沿床身移动时发生偏斜，从而使刀尖相对工件产生偏移，使工件产生形状误差（鼓形、鞍形、锥度）。

从图6-8可知，车床前后导轨扭曲的最终结果反映在工件上，于是产生了加工误差 $\Delta y$。从几何关系中可得

$$\Delta y \approx H\Delta / B$$

一般车床 $H \approx 2B/3$，外圆磨床 $H \approx B$，因此该项原始误差 $\Delta$ 对加工精度的影响很大。

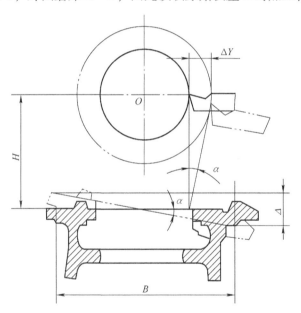

图6-8　车床导轨扭曲对工件形状精度影响

### 2. 机床主轴回转误差

（1）机床主轴回转误差的概念　机床主轴回转误差是指主轴的实际回转轴线对其理想回转轴线（一般用平均回转轴线来代替）产生的偏移量。主轴回转误差的基本形式有轴向窜动、纯径向圆跳动、纯角度摆动。

实际上主轴回转误差是上述三种形式误差的合成。由于主轴实际回转轴线在空间的位置是在不断变化的，由上述三种运动所产生的位移（即误差）是一个瞬时值。

（2）主轴回转误差对加工精度的影响　车间所有机床可分为：工件回转类，如车床，

误差敏感方向不变;刀具回转类,如镗床,加工时误差敏感方向和切削力方向随主轴回转而不断变化。下面以在镗床上镗孔、车床上车外圆为例来说明主轴回转误差对加工精度的影响。

1)主轴的纯径向圆跳动对镗削和车削加工精度的影响。

① 镗削加工:镗刀回转,工件不转。

假设由于主轴的纯径向圆跳动而使轴线在 $y$ 轴方向做简谐运动(图 6-9),其频率与主轴转速相同,简谐幅值为 $A$,则

$$Y = A\cos\phi \quad (\phi = \omega t)$$

且主轴中心偏移最大(等于 $A$)时,镗刀尖正好通过水平位置 1 处。

当镗刀转过一个 $\phi$ 角时(位置 1′),刀尖轨迹的水平分量和垂直分量分别计算得

$$Y = A\cos\phi + R\cos\phi = (A + R)\cos\phi$$

$$Z = R\sin\phi$$

将上两式平方相加得

$$Y^2/(A + R)^2 + Z^2/R^2 = 1$$

表明此时镗出的孔为椭圆形。

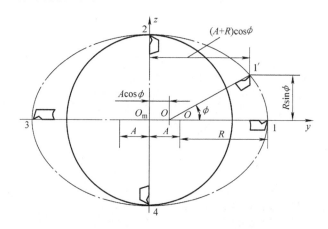

图 6-9 镗削时纯径向圆跳动对加工精度的影响

② 车床加工:工件回转,刀具移动。

假设主轴轴线沿 $y$ 轴做简谐运动(图 6-10),在工件的 1 处(主轴中心偏移最大之处)切出的半径比在工件的 2、4 处切出的半径小一个幅值 $A$;在工件的 3 处切出的半径比在工件的 2、4 处切出的半径大一个幅值 $A$。

这样,上述四点工件的直径都相等,其他各点直径误差也很小,所以车削出的工件表面接近于一个真圆。

$$Y^2 + Z^2 = R^2 + A^2\sin^2\phi$$

由此可见,主轴的纯径向圆跳动对车削加工工件的圆度影响很小。

2)轴向窜动对车、镗削加工精度的影响。主轴的轴向窜动对内、外圆的加工精度没有影响,但加工端面时,会使加工的端面与内外圆轴线产生垂直度误差。

主轴每转一周,要沿轴向窜动一次,使得切出的端面产生平面度误差(图 6-11)。当加

工螺纹时，会产生螺距误差。

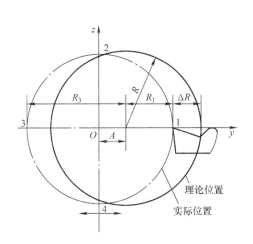

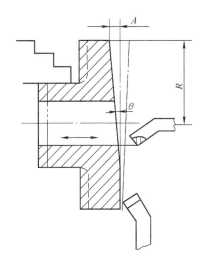

图 6-10　车削时纯径向圆跳动对加工精度的影响　　　图 6-11　主轴轴向窜动对端面加工精度的影响

　　3）角度摆动对车削、镗削加工精度的影响。主轴纯角度摆动对加工精度的影响，取决于不同的加工内容。

　　车削加工时工件每一横截面内的圆度误差很小，但轴平面有圆柱度误差（锥度）。车外圆：得到圆形工件，但产生圆柱度误差（锥体）。车端面：产生平面度误差，镗孔时，由于主轴的纯角度摆动使得主轴回转轴线与工作台导轨不平行，使镗出的孔呈椭圆形，如图 6-12 所示。

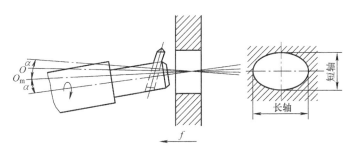

图 6-12　主轴纯角度摆动对镗孔精度的影响

　　（3）提高主轴回转精度的措施

　　1）提高主轴的轴承精度。

　　2）减少机床主轴回转误差对加工精度的影响。

　　3）对滚动轴承进行预紧，以消除间隙。

　　4）提高主轴箱体支承孔、主轴轴颈和与轴承相配合的零件有关表面的加工精度。

　　**3. 机床传动链误差**

　　在车螺纹、插齿、滚齿等加工时，刀具与工件之间有严格的传动比要求。要满足这一要求，机床内联系传动链的误差必须控制在允许的范围内。

（1）机床传动链误差　机床传动链误差是指传动链始末两端执行元件间相对运动的误差。

（2）机床传动链误差描述　机床传动链误差描述是指传动链末端元件产生的转角误差。它的大小对车削、磨削、铣螺纹，滚齿、插齿、磨齿（展成法磨齿）等加工会影响分度精度，造成加工表面的形状误差，如螺距精度、齿距精度等。

例如，车螺纹时，要求主轴与传动丝杠的转速比恒定（图 6-13），即

$$S = \frac{z_1 z_3 z_5 z_7}{z_2 z_4 z_6 z_8} T = i_1 i_2 i_3 i_4 T = iT$$

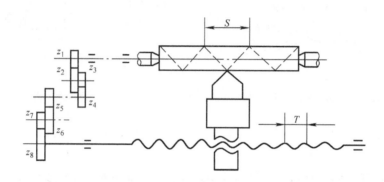

图 6-13　车螺纹的传动误差示意图

$S$—工件导程　$T$—丝杠导程　$z_1 \sim z_8$—各齿轮齿数

（3）驱动丝杠误差的产生　若齿轮 $Z_1$ 有转角误差 $\delta_1$，造成 $Z_2$ 的转角误差为

$$\delta_{12} = i_{12} \delta_1$$

其中，$i_{12} = \dfrac{z_1}{z_2}$。

传到丝杠上的转角误差为 $\delta_{1n}$，即

$z_1$　　　　$\delta_1$　　　　$\delta_{1n} = i_{1n} \delta_1$

$z_2$　　　　$\delta_2$　　　　$\delta_{2n} = i_{2n} \delta_2$

……

$z_n$　　　　$\delta_n$　　　　$\delta_{nn} = i_{nn} \delta_n$

在任一时刻，各齿轮的转角误差反映到丝杠的总误差为

$$\delta_\Sigma = \delta_{1n} + \delta_{2n} + \cdots + \delta_{nn} = \sum_{j=1}^{n} \delta_j i_{jn}$$

（4）减少传动链误差的措施

1）尽量缩短传动链。

2）提高传动件的制造和安装精度，尤其是末端零件的精度。

3）尽可能采用降速运动，且传动比最小的一级传动件应在最后。

4）消除传动链中齿轮副的间隙。

5）采用误差校正机构，如图6-14所示。

### 三、工艺系统其他几何误差

#### 1. 刀具误差

一般刀具，如普通车刀、单刃镗刀和面铣刀等的制造误差对加工精度没有直接影响，但磨损后对工件尺寸精度或形状精度有一定影响，如图6-15所示。

（1）定尺寸刀具　定尺寸刀具（如钻头、铰刀、圆孔拉刀等）的尺寸误差直接影被加工工件的尺寸精度。刀具的安装和使用不当，也会影响加工精度。

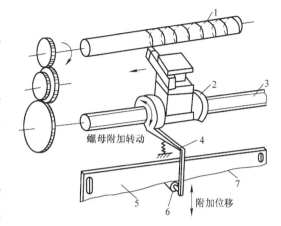

图6-14　丝杠加工误差校正装置
1—工件　2—螺母　3—母丝杠　4—杠杆
5—校正尺　6—触头　7—校正曲线

（2）成形刀具　成形刀具（如成形车刀、成形铣刀、盘形齿轮铣刀等）的误差主要影响被加工面的形状精度。

（3）展成法刀具　展成法刀具（如齿轮滚刀、插齿刀等）加工齿轮时，切削刃的几何形状及有关尺寸精度会直接影响齿轮加工精度。

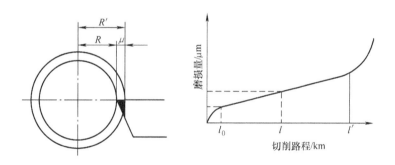

图6-15　车刀的尺寸磨损

#### 2. 夹具误差和工件安装误差

夹具的误差主要是指以下几点。

1）定位元件、刀具导向元件、分度机构、夹具体等零件的制造误差。

2）夹具装配后，以上各种元件工作面间的相对尺寸误差。

3）夹具在使用过程中工作表面的磨损，如图6-16所示。

工件的安装误差包括定位误差和夹紧误差。具体内容在"机械制造装备"课程中讲述。

#### 3. 测量误差

1）量具、量仪和测量方法本身的误差。

2）环境条件的影响（温度、振动等）。

3）测量人员主观因素的影响（视力、测量力大小等）。

4）正确选择和使用量具，以保证测量精度。

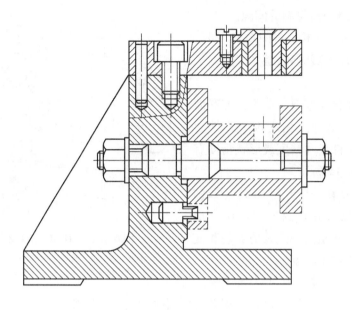

图 6-16　钻孔夹具误差对加工精度的影响

**4. 调整误差**

（1）试切法调整　测量误差、进给机构位移误差（爬行现象）、加工余量的影响（余量很小时，切削刃打滑）。

（2）定程机构调整　大批生产时常采用行程挡块、靠模、凸轮作为定程机构，其制造精度和调整精度产生调整误差。

（3）样板、样件调整　样件、样板的制造精度和安装精度、对刀精度产生调整误差。

（4）夹具安装调整　夹具的安装影响工件在机床上占有正确的加工位置。

**5. 工艺系统磨损引起的误差**

磨损破坏了成形运动，改变了工件与刀具的相对位置和速比，产生加工误差。刀具磨损严重影响工件的形状精度、尺寸精度。

**四、工艺系统受力变形引起的加工误差**

工艺系统是由机床、夹具、工件、刀具组成的统一系统。

外力（如切削力、传动力、惯性力、夹紧力、重力等）破坏了刀具和工件间相对位置，从而产生加工误差，如图 6-17 所示。

由此看来，为了保证和提高工件的加工精度，就必须深入研究并控制以至消除工艺系统及其有关组成部分的变形。

**五、减小工艺系统受力变形的措施**

（1）提高接触刚度　通过提高导轨等结合面的刮研质量、形状精度并降低表面粗糙度，都能增加接触面积，有效地提高接触刚度。预加载荷也可增大接触刚度。

（2）提高零部件刚度，减小受力变形　加工细长轴时，采用中心架或跟刀架来提高工件的刚度。采用导套、导杆等辅助支承来加强刀架的刚度。

（3）合理安装工件减小夹紧变形　对刚性较差的工件选择合适的夹紧方法，能减小夹

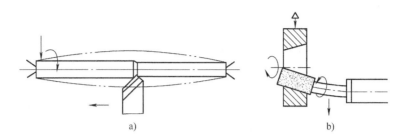

图 6-17 受力变形对工件精度的影响
a）车长轴 b）磨内孔

紧变形，提高加工精度。

（4）减少摩擦，防止微量进给时的"爬行" 采用塑料滑动导轨，其摩擦特性好，有效防止低速爬行，运行平稳，定位精度高，具有良好的耐磨性、减振性和工艺性。此外，还可采用滚动导轨和静压导轨。

（5）合理使用机床。

（6）合理安排工艺，粗、精分开。

（7）转移或补偿弹性变形。

### 六、工艺系统热变形引起的加工误差

（一）概述

工艺系统在各种热源作用下，会产生相应的热变形，从而破坏工件与刀具间正确的相对位置，造成加工误差。

据统计，由于热变形引起的加工误差约占总加工误差的40%～70%。工艺系统的热变形不仅严重地影响加工精度，而且还影响加工效率的提高。

实现数控加工后，加工误差不能再由人工进行补偿，全靠机床自动控制，因此热变形的影响就显得特别重要。

工艺系统热变形的问题已成为机械加工技术发展的一个重大研究课题。

**1. 工艺系统的热源**

工艺系统的热源包括内部热源和外部热源。内部热源包括切削热和摩擦热，外部热源包括环境温度和热辐射。

**2. 工艺系统的热平衡**

工艺系统受各种热源的影响，其温度会逐渐升高。同时，它们也通过各种传热方式向周围散发热量。

当单位时间内传入和散发的热量相等时，工艺系统达到了热平衡状态。而工艺系统的热变形也就达到某种程度的稳定。

在生产中，必须注意：机床在开始工作的一段时间内，其温度场处于不稳定状态，其精度也是很不稳定的，工作一定时间后，温度才逐渐趋于稳定，其精度也比较稳定。因此，精密加工应在热平衡状态下进行。

（二）机床热变形对加工精度的影响

机床热变形会使机床的静态几何精度发生变化而影响加工精度，其中主轴部件、床身、导轨、立柱、工作台等部件的热变形，对加工精度影响最大。

各类机床的结构、工作条件及热源形式均不相同，因此机床各部件的温升和热变形情况是不一样的。

**1. 车、铣、钻、镗类机床**

车、铣、钻、镗类机床的热源形式是主轴箱中的齿轮、轴承摩擦发热，润滑油发热。

**2. 龙门刨床、牛头刨床、立式车床类机床**

龙门刨床、牛头刨床、立式车床类机床的热源形式是导轨副的摩擦热，如图 6-18 和图 6-19 所示。

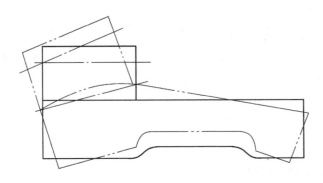

图 6-18　车床的热变形

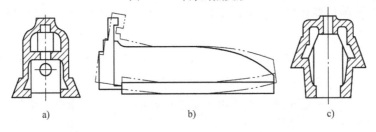

a)　　　　　　　　　　b)　　　　　　　　　c)

图 6-19　牛头刨床滑枕热变形及结构改进示意图

a）原滑枕截面图　b）原滑枕热变形示意图　c）　滑枕热对称结构

**3. 各种磨床**

各种磨床的热源形式是砂轮主轴轴承的发热和液压系统的发热，如图 6-20 所示。

（三）工件热变形对加工精度的影响

**1. 工件均匀受热**

对于一些形状简单、对称的零件，如轴、套筒等，加工时（如车削、磨削）切削热能较均匀地传入工件，工件热变形量可按下式估算

$$\Delta L = \alpha L \Delta t$$

式中　$\alpha$——工件材料的热膨胀系数，单位为 1/℃；

　　　$L$——工件在热变形方向的尺寸，单位为 mm；

　　　$\Delta t$——工件温升，单位为℃。

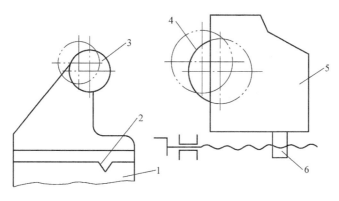

图 6-20　外圆磨床的热变形示意图
1—床身　2—导轨　3—工件　4—砂轮
5—砂轮架　6—螺母

　　在精密丝杆加工中，工件的热伸长会产生螺距的累积误差。在较长的轴类零件加工中，将出现锥度误差。例如，在磨削 400mm 长的丝杠螺纹时，每磨一次温度升高 1℃，则被磨丝杠将伸长 $\Delta L = (1.17 \times 10 - 5 \times 400 \times 1)$ mm $= 0.0047$mm。而 5 级丝杠的螺距累积误差在 400mm 长度上不允许超过 5μm。因此，热变形对工件加工精度影响很大。

**2. 工件不均匀受热**

　　在刨削、铣削、磨削加工平面时，工件单面受热，上下平面间产生温差，导致工件向上凸起，凸起部分被工具切去，加工完毕冷却后，加工表面就产生了中凹，造成了几何形状误差。

　　工件凸起量 $f$ 可按图 6-21 所示图形进行估算。由于中心角 $\phi$ 很小，其中性层的长度可近似认为等于原长 $L$，则 $f = L/2\tan(\phi/4) \approx L\phi/8$

　　且

$$(R + H)\phi - R\phi = \alpha \Delta t L$$

$$\phi = \alpha \Delta t L/H$$

　　所以

$$f \approx \alpha \Delta t L^2/(8H)$$

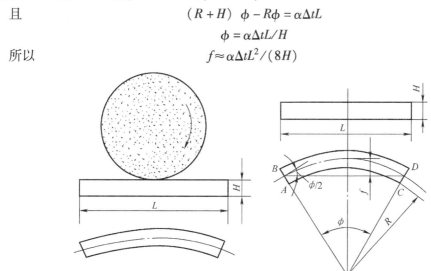

图 6-21　薄板磨削时的弯曲变形

（四）刀具热变形对加工精度的影响

刀具热变形主要是由切削热引起的。切削加工时虽然大部分切削热被切屑带走，传入刀具的热量并不多，但由于刀具体积小，热容量小，导致刀具切削部分的温度急剧升高。刀具热变形对加工精度的影响比较显著。

图 6-22 为车削时车刀的热变形与切削时间的关系曲线。

曲线 $A$ 为车刀连续工作时的热伸长曲线；曲线 $B$ 为切削停止后，车刀温度下降曲线；曲线 $C$ 为传动做间断切削的热变形切削。

车外圆时，车刀热变形会使工件产生圆柱度误差（喇叭口）。加工内孔时，也会出现相似情况。

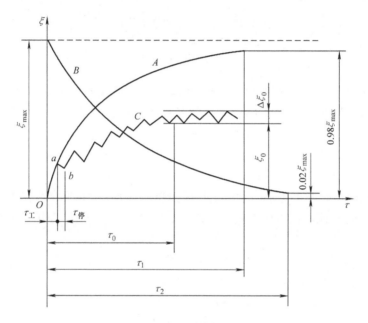

图 6-22　车刀热变形曲线

$\tau_1$—刀具加热至热平衡时间　$\tau_2$—刀具加热至热平衡时间　$\tau_0$—刀具间断切削至热平衡时间

（五）减少工艺系统热变形的主要途径

**1. 减少发热和隔离热源**

分离热源、采用隔热措施，改善摩擦条件，减少热量产生，如图 6-23 所示。有时可采用强制冷却法，吸收热源热量，控制机床温升和热变形。合理安排工艺、粗、精分开。

**2. 均衡温度场**

1）减小温差。

2）均衡关键件的温升，避免弯曲变形。

**3. 改进机床布局和结构设计**

1）采用热对称结构。

2）合理选择机床零部件的安装基准（图 6-24）。

**4. 保持工艺系统的热平衡**

加工前使机床高速空转，达到热平衡时再切削加工。

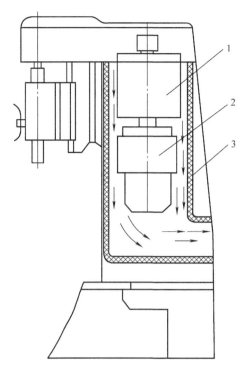

图 6-23 采用隔热罩减少热变形
1—变速箱 2—主电动机 3—隔热罩

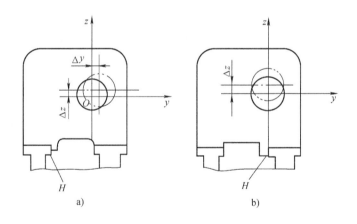

图 6-24 车床上主轴箱两种结构的热位移

**5. 控制环境温度**

恒温车间、使用门帘、取暖装置均匀布置；恒温精度一般控制在 ±1℃ 以内，精密级较高的机床为 ±0.5℃。恒温室平均温度一般为 20℃，在夏季取 23℃，在冬季可取 17℃。

**6. 热位移补偿**

寻求各部件热变形的规律，建立热变形位移数字模型，并存入计算机中进行实时补偿。

**七、工件残留应力引起的加工误差**

残留应力是指在没有外部载荷的情况下，存在于工件内部的应力，又称内应力。

**1. 内应力的产生及其对加工精度的影响**

（1）产生原因　残留应力是由金属内部的相邻宏观或微观组织发生了不均匀的体积变化而产生的，促使这种变化的因素主要来自热加工或冷加工。

（2）残留应力对零件的影响

1）存在残留应力的零件，始终处于一种不稳定状态，其内部组织有要恢复到一种新的稳定的没有内应力状态的倾向。

2）在内应力变化的过程中，零件产生相应的变形，原有的加工精度受到破坏。

3）用这些零件装配成机器，在机器使用中也会逐渐产生变形，从而影响整台机器的质量。

**2. 毛坯制造中产生的残留应力**

在铸造、锻造、焊接及热处理过程中，由于工件各部分冷却收缩不均匀以及金相组织转变时的体积变化，在毛坯内部就会产生残留应力。

毛坯的结构越复杂，各部分壁厚越不均匀以及散热条件相差越大，毛坯内部产生的残留应力就越大。

具有残留应力的毛坯，其内部应力暂时处于相对平衡状态，虽在短期内看不出有什么变化，但当加工时切去某些表面部分后，这种平衡就被打破，内应力重新分布，并建立一种新的平衡状态，工件明显地出现变形。

**3. 冷校直引起的残留应力**

冷校直工艺方法是在一些长棒料或细长零件弯曲的反方向施加外力 $F$ 以达到校直目的，如图 6-25a 所示。

在外力 $F$ 的作用下，工件内部的应力重新分布，如图 6-25b 所示，在轴心线以上的部分产生压应力（用负号表示），在轴心线以下的部分产生拉应力（用正号表示）。在轴心线和两条虚线之间，是弹性变形区域，在虚线以外是塑性变形区域。

当外力 $F$ 去除后，弹性变形本可完全恢复，但因塑性变形部分的阻止而恢复不了，使残留应力重新分布而达到平衡，如图 6-25c 所示。

所以对精度要求较高的细长轴（如精密丝杠），

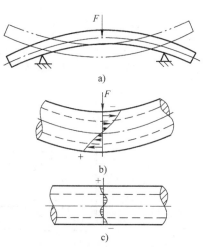

图 6-25　冷校直引起的内应力

不允许采用冷校直来减小弯曲变形，而采用加大毛坯余量，经过多次切削和时效处理来消除内应力，或采用热校直工艺方法。

**4. 切削加工中引起的残留应力**

工件在切削加工时，其表面层在切削力和切削热的作用下，会产生不同程度的塑性变形，引起体积改变，从而产生残留应力。这种残留应力的分布情况由加工时的工艺因素决定。

内部有残留应力的工件在切去表面的一层金属后，残留应力要重新分布，从而引起工件的变形。

在拟定工艺规程时，要将加工划分为粗、精等不同阶段进行，以使粗加工后内应力重新分布所产生的变形在精加工阶段去除。

对质量和体积均很大的笨重零件，即使在同一台重型机床进行粗、精加工也应该在粗加工后将被夹紧的工作松开，使之有充足时间重新分布内应力，在使其充分变形后，然后重新夹紧进行精加工。

产生内应力原因是毛坯制造热处理、冷校直、切削加工、磨削加工。

**5. 减少内应力引起变形的措施**

1）合理设计零件结构应尽量简化结构，减小零件各部分尺寸差异，以减少铸锻件毛坯在制造中产生的残留应力。

2）增加消除残留应力的专门工序，对铸、锻、焊接件进行退火或回火；工件淬火后进行回火；对精度要求高的零件在粗加工或半精加工后进行时效处理（自然时效、人工时效、振动时效处理）。

3）合理安排工艺过程。在安排零件加工工艺过程中，尽可能将粗、精加工分在不同工序中进行。

**八、提高加工精度的工艺措施**

（1）减少误差法 查明产生加工误差的主要因素后，设法对其直接进行消除或减弱，如细长轴加工用跟刀架会导致工件弯曲变形，现采用反拉法切削，工件受拉不受压，不会因偏心压缩而产生弯曲变形，如图 6-26 所示。

（2）误差补偿法 误差补偿法是人为地造出一种新的原始误差，抵消原来工艺系统中存在的原始误差，尽量使两者大小相等、方向相反而达到使误差抵消的目的，如图 6-27 所示。

（3）误差分组法 误差分组法是把毛坯或上工序加工的工件尺寸经测量按大小分为 $n$ 组，每组尺寸误差就缩减为原来的 $1/n$。然后按各组的误差范围分别调整刀具位置，使整批工件的尺寸分散范围大大缩小。

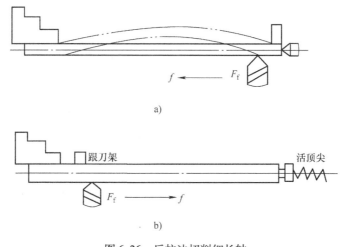

图 6-26 反拉法切削细长轴
a）正向进给 b）反向进给

（4）误差转移法 误差转移法就是把原始误差从误差敏感方向转移到误差的非敏感方向。如图 6-28 中转塔车床的转位刀架采用"立刀"安装法；利用镗模进行镗孔，主轴与镗

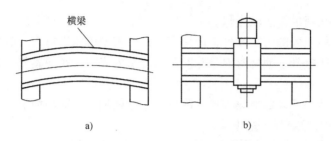

图 6-27　通过导轨凸起补偿横梁变形

杆浮动连接。

（5）就地加工法　全部零件按经济精度制造，然后装配成部件或产品，且各零部件之间具有工作时要求的相对位置，最后以一个表面为基准加工另一个有位置精度要求的表面，实现最终精加工，这就是"就地加工"法，也称自身加工修配法。

（6）误差均分法　误差均分法就是利用有密切联系的表面之间的相互比较和相互修正或者利用互为基准进行加工，以达到很高的加工精度。

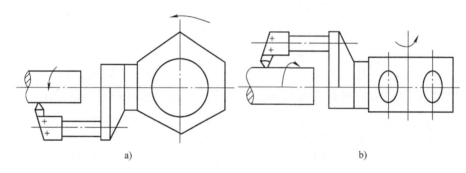

图 6-28　立轴转塔车床刀架转位误差的转移

# 任务三　机械加工表面质量

零件的机械加工质量不仅指加工精度，而且包括加工表面质量。零件表面质量是指零件表面机械加工后的表面状态，其主要内容有：表面的几何形状特征（包括表面粗糙度和表面波纹度）和表面层物理力学性能（包括表面层的加工硬化、表面层金相组织的变化和表面层残留应力），它是评定机械零件质量优劣的重要依据之一。机械零件的失效，主要是由于零件的磨损、腐蚀和疲劳等所致。而这些破坏都是从零件表面开始的。由此可见，零件表面质量将直接影响零件的工作性能，尤其是可靠性和寿命。因此探讨和研究机械加工表面质量，掌握改善表面质量的措施，对保证产品质量有重要意义。

## 一、表面质量对零件使用性能的影响

### 1. 表面质量对零件耐磨性的影响

零件的耐磨性是零件的一项重要性能指标，由于零件表面存在着表面粗糙度，当两个零件的表面开始接触时，接触部分集中在其波峰部分，因此实际接触面积远远小于名义接触面积，并且表面粗糙度越大，实际接触面积越小。在外力作用下，波峰接触部分将产生很大的压应力。当两个零件做相对运动时，开始阶段由于接触面积小、压应力大，在接触处的波峰会产生较大的弹性变形、塑性变形及剪切变形，波峰很快被磨平，即使有润滑油存在，也会因为接触点处压应力过大，油膜被破坏而形成干摩擦，导致零件接触表面的磨损加剧。当然，并非表面粗糙度值越小越好，如果表面粗糙度值过小，接触表面间储存润滑油的能力变差，接触表面容易发生分子胶合、咬焊，同样也会造成磨损加剧。表面层的冷作硬化可使表面层的硬度提高，增强表面层的接触刚度，从而降低接触处的弹性变形、塑性变形，使耐磨性有所提高。但如果硬化程度过大，表面层金属组织会变脆，出现微观裂纹，甚至会使金属表面组织剥落而加剧零件的磨损。

**2. 表面质量对零件疲劳强度的影响**

表面粗糙度对承受交变载荷的零件的疲劳强度影响很大。在交变载荷作用下，表面粗糙度波谷处容易引起应力集中，产生疲劳裂纹。并且表面粗糙度值越大，表面划痕越深，其耐疲劳破坏能力越差。

表面层残留压应力对零件的疲劳强度影响也很大。当表面层存在残留压应力时，能延缓疲劳裂纹的产生、扩展，提高零件的疲劳强度；当表面层存在残留拉应力时，零件则容易引起晶间破坏，产生表面裂纹而降低其疲劳强度。

表面层的加工硬化对零件的疲劳强度也有影响。适度的加工硬化能阻止已有裂纹的扩展和新裂纹的产生，提高零件的疲劳强度；但加工硬化过于严重会使零件表面组织变脆，容易出现裂纹，从而使疲劳强度降低。

**3. 表面质量对零件耐蚀性的影响**

表面粗糙度对零件耐蚀性的影响很大。零件表面粗糙度值越大，在波谷处越容易积聚腐蚀性介质而使零件发生化学腐蚀和电化学腐蚀。

表面层残留压应力对零件的耐蚀性也有影响。残留压应力使表面组织致密，腐蚀性介质不易侵入，有助于提高表面的耐蚀性；残留拉应力对零件耐蚀性的影响则相反。

**4. 表面质量对零件间配合性质的影响**

相配零件间的配合性质是由过盈量或间隙量来决定的。在间隙配合中，如果零件配合表面的表面粗糙度值大，则由于磨损迅速使得配合间隙增大，从而降低了配合质量，影响了配合的稳定性；在过盈配合中，如果表面粗糙度值大，则装配时表面波峰被挤平，使得实际有效过盈量减少，降低了配合件的连接强度，影响了配合的可靠性。因此，对有配合要求的表面应规定较小的表面粗糙度值。

在过盈配合中，如果表面硬化严重，将可能造成表面层金属与内部金属脱落的现象，从而破坏配合性质和配合精度。表面层残留应力会引起零件变形，使零件的形状、尺寸发生改变，因此它也将影响配合性质和配合精度。

**5. 表面质量对零件其他性能的影响**

表面质量对零件的使用性能还有一些其他影响。如对间隙密封的液压缸、滑阀来说，减小表面粗糙度 $Ra$ 值可以减少泄漏，提高密封性能；较小的表面粗糙度值可使零件具有较高的接触刚度；对于滑动零件，减小表面粗糙度 $Ra$ 值能使摩擦因数降低、运动灵活性升高，减少发热和功率损失；表面层的残留应力会使零件在使用过程中继续变形，失去原有的精度，使机器工作性能恶化等。

总之，提高加工表面质量，对于保证零件的性能、提高零件的使用寿命是十分重要的。

## 二、影响表面质量的工艺因素

（一）影响机械加工表面粗糙度的因素及降低表面粗糙度值的工艺措施

### 1. 影响切削加工表面粗糙度的因素

在切削加工中，影响已加工表面粗糙度的因素主要包括几何因素、物理因素和加工中工艺系统的振动。下面以车削为例来说明。

（1）几何因素　切削加工时表面粗糙度的值主要取决于切削面积的残留高度。式（6-1）和式（6-2）为车削时残留面积高度的计算公式。

当刀尖圆弧半径 $r_\varepsilon = 0$ 时，残留面积高度 $H$ 为

$$H = f/(\cot\kappa_r + \cot\kappa_r') \tag{6-1}$$

当刀尖圆弧 $r_\varepsilon > 0$ 时，残留面积高度 $H$ 为

$$H = f^2/(8r_\varepsilon) \tag{6-2}$$

从式（6-1）和式（6-2）可知，进给量 $f$、主偏角 $\kappa_r$、副偏角 $\kappa_r'$ 和刀尖圆弧半径 $r_\varepsilon$ 对切削加工表面粗糙度的影响较大。减小进给量 $f$、减小主偏角 $\kappa_r$ 和副偏角 $\kappa_r'$、增大刀尖圆弧半径 $r_\varepsilon$，都能减小残留面积的高度 $H$，也就减小了零件的表面粗糙度值。

（2）物理因素　在切削加工过程中，刀具对工件的挤压和摩擦使金属材料发生塑性变形，引起原有的残留面积扭曲或沟纹加深，增大表面粗糙度值。当采用中等或中等偏低的切削速度切削塑性材料时，在前刀面上容易形成硬度很高的积屑瘤，它可以代替刀具进行切削，但状态极不稳定，积屑瘤生成、长大和脱落将严重影响加工表面的表面粗糙度值。另外，在切削过程中，由于切屑和前刀面的强烈摩擦作用以及撕裂现象，还可能在加工表面上产生鳞刺，使加工表面的粗糙度值增加。

（3）动态因素——振动的影响　在加工过程中，工艺系统有时会发生振动，即在刀具与工件间出现的除切削运动之外的另一种周期性的相对运动。振动的出现会使加工表面出现波纹，增大加工表面的粗糙度，强烈的振动还会使切削无法继续下去。

除上述因素外，造成已加工表面粗糙不平的原因还有被切屑拉毛和划伤等。

### 2. 减小表面粗糙度值的工艺措施

1）在精加工时，应选择较小的进给量 $f$、较小的主偏角 $\kappa_r$ 和副偏角 $\kappa_r'$、较大的刀尖圆弧半径 $r_\varepsilon$，以得到较小的表面粗糙度值。

2）加工塑性材料时，采用较高的切削速度可防止积屑瘤的产生，减小表面粗糙度值。

3）根据工件材料、加工要求，合理选择刀具材料，有利于减小表面粗糙度值。

4）适当的增大刀具前角和刃倾角，提高刀具的刃磨质量，降低刀具前刀面、后刀面的表面粗糙度值均能降低工件加工表面的粗糙度值。

5）对工件材料进行适当的热处理，以细化晶粒，均匀晶粒组织，可减小表面粗糙度值。

6）选择合适的切削液，减小切削过程中的界面摩擦，降低切削区温度，减小切削变形，抑制鳞刺和积屑瘤的产生，可以大大减小表面粗糙度值。

（二）影响表面物理力学性能的工艺因素

### 1. 表面层残留应力

外载荷去除后，仍残存在工件表层与基体材料交界处的相互平衡的应力称为残留应力。

产生表面残留应力的原因主要有以下几点。

（1）冷态塑性变形引起的残留应力　切削加工时，加工表面在切削力的作用下产生强烈的塑性变形，表层金属的比体积增大，体积膨胀，但受到与它相连的里层金属的阻止，从而在表层产生了残留压应力，在里层产生了残留拉应力。当刀具在被加工表面上切除金属时，由于受后刀面的挤压和摩擦作用，表层金属纤维被严重拉长，仍会受到里层金属的阻止，而在表层产生残留压应力，在里层产生残留拉应力。

（2）热态塑性变形引起的残留应力　切削加工时，大量的切削热会使加工表面产生热膨胀，由于基体金属的温度较低，会对表层金属的膨胀产生阻碍作用，因此表层产生热态压应力。当加工结束后，表层温度下降要进行冷却收缩，但受到基体金属阻止，从而在表层产生残留拉应力，里层产生残留压应力。

（3）金相组织变化引起的残留应力　如果在加工中工件表层温度超过金相组织的转变温度，则工件表层将产生组织转变，表层金属的比体积将随之发生变化，而表层金属的这种比体积变化必然会受到与之相连的基体金属的阻碍，从而在表层、里层产生互相平衡的残留应力。例如，在磨削淬火钢时，由于磨削热导致表层可能产生回火，表层金属组织将由马氏体转变成接近珠光体的托氏体或索氏体，密度增大，比体积减小，表层金属要产生相变收缩但会受到基体金属的阻止，而在表层金属产生残留拉应力，里层金属产生残留压应力。如果磨削时表层金属的温度超过相变温度，且冷却以充分，表层金属将成为淬火马氏体，密度减小，比体积增大，则表层将产生残留压应力，里层产生残留拉应力。

**2. 表面层加工硬化**

（1）加工硬化的产生及衡量指标　机械加工过程中，工件表层金属在切削力的作用下产生强烈的塑性变形，金属的晶格扭曲，晶粒被拉长、纤维化甚至破碎而引起表层金属的强度和硬度增加，塑性降低，这种现象称为加工硬化（或冷作硬化）。另外，加工过程中产生的切削热会使得工件表层金属温度升高，当升高到一定程度时，会使得已强化的金属回复到正常状态，失去其在加工硬化中得到的物理力学性能，这种现象称为软化。因此，金属的加工硬化实际取决于硬化速度和软化速度的比率。

（2）影响加工硬化的因素

1）切削用量的影响。切削用量中进给量和切削速度对加工硬化的影响较大。增大进给量，切削力随之增大，表层金属的塑性变形程度增大，加工硬化程度增大；增大切削速度，刀具对工件的作用时间减少，塑性变形的扩展深度减小，故而硬化层深度减小。另外，增大切削速度会使切削区温度升高，有利于减少加工硬化。

2）刀具几何形状的影响。切削刃钝圆半径对加工硬化影响最大。实验证明，已加工表面的显微硬度随着切削刃钝圆半径的加大而增大，这是因为径向切削分力会随着切削刃钝圆半径的增大而增大，使得表层金属的塑性变形程度加剧，导致加工硬化增大。此外，刀具磨损会使后刀面与工件间的摩擦加剧，表层的塑性变形增加，导致表面冷作硬化加大。

3）加工材料性能的影响。工件的硬度越低、塑性越好，加工时塑性变形越大，冷作硬化越严重。

**三、控制表面质量的工艺途径**

随着科学技术的发展，人们对零件的表面质量的要求越来越高。为了获得合格零件，保证机器的使用性能，人们一直在研究控制和提高零件表面质量的途径。提高表面质量的工艺途径大致可以分为两类：一类是用低效率、高成本的加工方法，寻求各工艺参数的优化组合，以减小表面粗糙度值；另一类是着重改善工件表面的物理力学性能，以提高其表面质量。

## 1. 超精密切削和低粗糙度值磨削加工

（1）超精密切削加工　超精密切削是指表面粗糙度值为 $Ra0.04\mu m$ 以下的切削加工方法。超精密切削加工最关键的问题在于要在最后一道工序切削 $0.1\mu m$ 的微薄表面层，这既要求刀具极其锋利，切削刃钝圆半径为纳米级尺寸，又要求刀具有足够的寿命，以维持其锋利。目前只有金刚石刀具才能达到要求。超精密切削时，进给量要小，切削速度要非常高，才能保证工件表面上的残留面积小，从而获得极小的表面粗糙度值。

（2）小粗糙度值磨削加工　为了简化工艺过程，缩短工序周期，有时用小粗糙度值磨削替代光整加工。小粗糙度值磨削除要求设备精度高外，磨削用量的选择最为重要。在选择磨削用量时，参数之间往往会相互矛盾和排斥。例如，为了减小表面粗糙度值，砂轮应修整得细一些，但如此却可能引起磨削烧伤；为了避免烧伤，应将工件转速加快，但这样又会增大表面粗糙度值，而且容易引起振动；采用小磨削用量有利于提高工件表面质量，但会降低生产率而增加生产成本；而且工件材料不同其磨削性能也不一样，一般很难凭手册确定磨削用量，要通过试验不断调整参数，因而表面质量较难准确控制。近年来，国内外对磨削用量最优化做了不少研究，分析了磨削用量与磨削力、磨削热之间的关系，并用图表表示各参数的最佳组合，加上计算机的运用，通过指令进行过程控制，使得小表面粗糙度值磨削逐步达到了应有的效果。

## 2. 采用超精密加工、珩磨、研磨等方法作为最终工序加工

超精密加工、珩磨等都是利用磨条以一定压力压在加工表面上，并做相对运动以降低表面粗糙度值和提高精度的方法，一般用于表面粗糙度值为 $Ra0.4\mu m$ 以下的表面加工。该加工工艺由于切削速度低、压强小，所以发热少，不易引起热损伤，并能产生残留压应力，有利于提高零件的使用性能；而且加工工艺依靠自身定位，设备简单，精度要求不高，成本较低，容易实行多工位、多机床操作，生产率高，因而在大批生产中应用广泛。

（1）珩磨　珩磨是利用珩磨工具对工件表面施加一定的压力，同时珩磨工具还要相对工件完成旋转和直线往复运动，以去除工件表面的凸峰的一种加工方法。珩磨后工件圆度和圆柱度一般可控制在 $0.003\sim0.005mm$，尺寸精度可达 IT6～IT5，表面粗糙度值为 $Ra0.2\sim0.025\mu m$。

由于珩磨头和机床主轴是浮动连接，因此机床主轴回转运动误差对工件的加工精度没有影响。因为珩磨头的轴线往复运动是以孔壁作为导向的，即是按孔的轴线进行运动的，故在珩磨时不能修正孔的位置偏差，工件孔轴线的位置精度必须由前一道工序来保证。

珩磨时，虽然珩磨头的转速较低，但其往复速度较高，参与磨削的磨粒数量大，因此能很快地去除金属，为了及时排出切屑和冷却工件，必须进行充分冷却润滑。珩磨生产率高，可用于加工铸铁、淬硬或不淬硬钢，但不宜加工易堵塞磨石的韧性金属。

（2）超精密加工　超精密加工是用细粒度磨石，在较低的压力和良好的冷却润滑条件下，以快而短促的往复运动，对低速旋转的工件进行振动研磨的一种微量磨削加工方法。

超精密加工时有三种运动，即工件的低速回转运动、磨头的轴向进给运动和磨石的往复振动。三种运动的合成使磨粒在工件表面上形成不重复的轨迹。超精密加工的切削过程与磨

削、研磨不同，当工件粗糙表面被磨去之后，接触面积大大增加，压强极小，工件与磨石之间形成油膜，二者不再直接接触，磨石能自动停止切削。

## 思考与练习

1. 试述加工精度和加工误差的概念，以及它们之间的关系。
2. 获得尺寸精度和几何精度的方法分别有哪些？
3. 提高加工精度的措施有哪些？
4. 误差的种类有哪些？
5. 试述表面质量的概念及种类。
6. 影响表面质量的因素，控制表明质量的途径有哪些？

# 附　　录

## 附录 A　不同表面的加工方法

**附表 A-1　外圆表面加工方案**

| 序号 | 加工方法 | 经济公差等级 | 经济表面粗糙度值 $Ra/\mu m$ | 使用范围 |
|---|---|---|---|---|
| 1 | 粗车 | IT13 ~ IT11 | 50 ~ 12.5 | 适用于淬火钢以外的各种金属 |
| 2 | 粗车→半精车 | IT10 ~ IT9 | 6.3 ~ 3.2 | |
| 3 | 粗车→半精车→精车 | IT7 ~ IT6 | 1.6 ~ 0.8 | |
| 4 | 粗车→半精车→精车→抛光（滚压） | IT7 ~ IT6 | 0.02 ~ 0.025 | |
| 5 | 粗车→半精车→磨削 | IT7 ~ IT6 | 0.8 ~ 0.4 | 适用于淬火钢、未淬火钢、铸铁等，不宜加工强度低、韧性高的有色金属 |
| 6 | 粗车→半精车→粗磨→精磨 | IT6 ~ IT5 | 0.4 ~ 0.2 | |
| 7 | 粗车→半精车→粗磨→精磨→高精度磨削 | IT5 ~ IT3 | 0.1 ~ 0.008 | |
| 8 | 粗车→半精车→粗磨→精磨→研磨 | IT5 ~ IT3 | 0.01 ~ 0.008 | |
| 9 | 粗车→半精车→精车→精细车（研磨） | IT6 ~ IT5 | 0.4 ~ 0.025 | 适用于有色金属 |

**附表 A-2　孔的加工方案**

| 序号 | 加工方法 | 经济公差等级 | 经济表面粗糙度值 $Ra/\mu m$ | 使用范围 |
|---|---|---|---|---|
| 1 | 钻 | IT13 ~ IT11 | 12.5 | 用于淬火钢以外的各种金属实心工件 |
| 2 | 钻→铰 | IT9 | 3.2 ~ 1.6 | 用于淬火钢以外的各种金属实心工件，但孔径 $D<20mm$ |
| 3 | 钻→扩→铰 | IT9 ~ IT8 | 3.2 ~ 1.6 | 用于淬火钢以外的各种金属实心工件，但孔径 $D$ 为 10 ~ 80mm |
| 4 | 钻→扩→粗铰→精铰 | IT7 | 1.6 ~ 0.4 | |
| 5 | 钻→拉 | IT9 ~ IT7 | 1.6 ~ 0.4 | 用于大批生产 |
| 6 | （钻）→粗镗→半精镗 | IT10 ~ IT9 | 6.3 ~ 3.2 | 用于淬火钢以外的各种材料 |
| 7 | （钻）→粗镗→半精镗→精镗 | IT8 ~ IT7 | 1.6 ~ 0.8 | |
| 8 | （钻）→粗镗→半精镗→磨削 | IT8 ~ IT7 | 0.8 ~ 0.4 | 用于淬火钢、未淬火钢、铸铁等，不宜加工强度低、韧性高的有色金属 |
| 9 | （钻）→粗镗→半精镗→粗磨→精磨 | IT7 ~ IT6 | 0.4 ~ 0.2 | |
| 10 | 粗镗→半精镗→精镗→珩磨 | IT7 ~ IT6 | 0.4 ~ 0.025 | |
| 11 | 粗镗→半精镗→精镗→研磨<br>粗镗→半精镗→精镗→精细镗 | IT7 ~ IT6 | 0.4 ~ 0.025 | 用于钢件、铸铁件和有色金属件的加工 |

附表 A-3　平面加工方案

| 序号 | 加工方法 | 经济公差等级 | 经济表面粗糙度值 $Ra/\mu m$ | 使用范围 |
|---|---|---|---|---|
| 1 | 粗车 | IT13 ~ IT11 | 50 ~ 12.5 | 回转体的端面 |
| 2 | 粗车→半精车 | IT10 ~ IT9 | 6.3 ~ 3.2 | |
| 3 | 粗车→半精车→精车 | IT8 ~ IT7 | 1.6 ~ 0.8 | |
| 4 | 粗车→半精车→磨削 | IT8 ~ IT6 | 0.8 ~ 0.2 | |
| 5 | 粗刨（或粗铣） | IT13 ~ IT11 | 25 ~ 6.3 | 一般不淬硬平面 |
| 6 | 粗刨（或粗铣）→精刨（或精铣） | IT10 ~ IT8 | 6.3 ~ 1.6 | |
| 7 | 粗刨（或粗铣）→精刨（或精铣）→刮研 | IT7 ~ IT6 | 0.8 ~ 0.1 | 精度要求较高的不淬硬平面，批量较大时采用宽刃精刨方案 |
| 8 | 以宽刃精刨代替上述刮研 | IT7 | 0.8 ~ 0.2 | |
| 9 | 粗刨（或粗铣）→精刨（或精铣）→磨削 | IT7 | 0.8 ~ 0.2 | 精度要求高的淬硬平面或不淬硬平面 |
| 10 | 粗刨（或粗铣）→精刨（或精铣）→粗磨→精磨 | IT7 ~ IT6 | 0.4 ~ 0.025 | |
| 11 | 粗铣→拉削 | IT9 ~ IT7 | 0.8 ~ 0.2 | 大批生产，较小的平面 |
| 12 | 粗铣→精铣→磨削→研磨 | IT5 以上 | 0.1 ~ 0.006 | 高精度平面 |

# 附录 B　标 准 公 差

偏差是在标准 GB/T 1800.1—2009 中确定公差带相对零线位置的那个极限偏差，它可以是上极限偏差，也可以是下极限偏差，一般为靠近零线的那个偏差。它是决定公差带位置的，公差带位置标准化，并满足工程实践中各种使用情况的需要，国家标准分别规定了孔和轴基本偏差，图 B-1 的基本偏差便构成了基本偏差系列。附表 B-1 列出了标准公差数值。

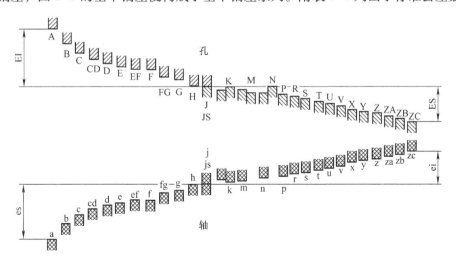

附图 B-1　基本偏差系列图

附表 B-1　标准公差数值（摘自 GB/T 1800.1—2009）

| 公称尺寸 | | 公 差 值 | | | | | | | | | | | | | | | | | |
|---|---|---|---|---|---|---|---|---|---|---|---|---|---|---|---|---|---|---|---|
| 公差等级 | | IT1 | IT2 | IT3 | IT4 | IT5 | IT6 | IT7 | IT8 | IT9 | IT10 | IT11 | IT12 | IT13 | IT14 | IT15 | IT16 | IT17 | IT18 |
| 大于 | 至 | μm | | | | | | | | | | mm | | | | | | | |
| — | 3 | 0.8 | 1.2 | 2 | 3 | 4 | 6 | 10 | 14 | 25 | 40 | 60 | 0.1 | 0.14 | 0.25 | 0.4 | 0.6 | 1 | 1.4 |
| 3 | 6 | 1 | 1.5 | 2.5 | 4 | 5 | 8 | 12 | 18 | 30 | 48 | 75 | 0.12 | 0.18 | 0.3 | 0.48 | 0.75 | 1.2 | 1.8 |
| 6 | 10 | 1 | 1.5 | 2.5 | 4 | 6 | 9 | 15 | 22 | 36 | 58 | 90 | 0.15 | 0.22 | 0.36 | 0.58 | 0.9 | 1.5 | 2.2 |
| 10 | 18 | 1.2 | 2 | 3 | 5 | 8 | 11 | 18 | 27 | 43 | 70 | 110 | 0.18 | 0.27 | 0.43 | 0.7 | 1.1 | 1.8 | 2.7 |
| 18 | 30 | 1.5 | 2.5 | 4 | 6 | 9 | 13 | 21 | 33 | 52 | 84 | 130 | 0.21 | 0.33 | 0.52 | 0.84 | 1.3 | 2.1 | 3.3 |
| 30 | 50 | 1.5 | 2.5 | 4 | 7 | 11 | 16 | 25 | 39 | 62 | 100 | 160 | 0.25 | 0.39 | 0.62 | 1 | 1.6 | 2.5 | 3.9 |
| 50 | 80 | 2 | 3 | 5 | 8 | 13 | 19 | 30 | 46 | 74 | 120 | 190 | 0.3 | 0.46 | 0.74 | 1.2 | 1.9 | 3 | 4.6 |
| 80 | 120 | 2.5 | 4 | 6 | 10 | 15 | 22 | 35 | 54 | 87 | 140 | 220 | 0.35 | 0.54 | 0.87 | 1.4 | 2.2 | 3.5 | 5.4 |
| 120 | 180 | 3.5 | 5 | 8 | 12 | 18 | 25 | 40 | 63 | 10 | 160 | 250 | 0.4 | 0.63 | 1 | 1.6 | 2.5 | 4 | 6.3 |
| 180 | 250 | 4.5 | 7 | 10 | 14 | 20 | 29 | 46 | 72 | 115 | 185 | 290 | 0.46 | 0.72 | 1.15 | 1.85 | 2.9 | 4.6 | 7.2 |
| 250 | 315 | 6 | 8 | 12 | 16 | 23 | 32 | 52 | 81 | 130 | 210 | 320 | 0.52 | 0.81 | 1.3 | 2.1 | 3.2 | 5.2 | 8.1 |
| 315 | 400 | 7 | 9 | 13 | 18 | 25 | 36 | 57 | 89 | 140 | 230 | 360 | 0.57 | 0.89 | 1.4 | 2.3 | 3.6 | 5.7 | 8.9 |
| 400 | 500 | 8 | 10 | 15 | 20 | 27 | 40 | 63 | 97 | 155 | 250 | 400 | 0.63 | 0.97 | 1.55 | 2.5 | 4 | 6.3 | 9.7 |

注：公称尺寸小于 1mm 时，公差等级为 IT14 至 IT18。

# 附录 C　本 书 总 结

零件工艺设计要正确地解决一个零件在加工中的定位、夹紧以及工艺路线安排、工艺尺寸确定等问题，保证零件的加工质量。

零件图样、生产纲领、每日班次和生产条件是工艺设计的主要原始资料，工艺设计依据上述资料，需要完成的主要内容如下：

1）绘制毛坯图。

2）编制机械加工工艺过程卡片和机械加工工序卡片。

3）绘制专用夹具装配图和夹具零件图。

4）必要时编写设计说明书。

## 项目一　工艺设计的步骤与内容

### 一、分析研究被加工零件

首先对被加工零件进行结构分析和工艺分析，主要内容包括：

1）弄清零件的结构形状，明白哪些表面需要加工，哪些是主要加工表面，分析各加工表面的形状、尺寸、精度、表面粗糙度以及设计基准等。

2）明确零件在整个机器上的作用及工作条件。

3）明确零件的材质、热处理及零件图上的技术要求。

4）分析零件结构的工艺性，对各个加工表面制造的难易程度做到心中有数。

零件图上如有遗漏、错误、工艺性差或不符合标准的地方，应提出修改意见。

### 二、确定生产类型和工艺特征

根据产品大小和零件的年产量，明确生产类型是单件小批生产、中批生产，还是大批生产。

根据生产类型和生产条件，确定工艺的基本特征，如工序是集中还是分散、是否采用专用机床或数控机床、是否需要用新工艺或特种工艺等。

### 三、选择毛坯种类及制造方法，确定毛坯的尺寸，绘制毛坯图

毛坯分为铸件、锻件、焊接件、型材等，毛坯的选择应该以生产批量的大小、零件的复杂程度、加工表面及非加工表面的技术要求等几方面综合考虑。正确地选择毛坯的制造方式，可以使整个工艺过程更加经济合理，故应谨慎对待，其工作步骤为：

1）根据生产类型、零件结构、形状、尺寸、材料等选择毛坯种类和制造方式。

2）确定各加工表面的总余量（毛坯余量）及毛坯尺寸公差。

3）绘制毛坯图。

### 四、选择加工方法，拟定工艺路线

对于比较复杂的零件，可以先考虑几个加工方案，分析比较后，从中选出比较合理的加工方案，需完成以下工作。

#### 1. 选择定位基准

根据零件结构特点、技术要求及毛坯的具体情况，按照粗、精基准的选择原则来确定各工序合理的定位基准，当某工序的定位基准与设计基准不相符时，需对它的工序尺寸进行换算。定位基准选择对保证加工精度、确定加工顺序都有重要影响。零件上的定位基准、夹紧部位和加工面三者要互相协调、全面考虑。

#### 2. 选择表面加工方法

切削加工方法有车、钻、镗、铣、刨、磨、拉等多种，根据各表面的加工要求，先选定最终的加工方法，再由此向前确定各前续工序的加工方法。决定表面加工方法时还应考虑每种加工方法所能达到的经济加工精度和表面粗糙度。

#### 3. 安排加工顺序、划分加工阶段、制定工艺路线

机械加工顺序的安排一般为：先粗后精，先面后孔，先主后次，基准面先行，热处理按段穿插，检验按需安排。还需考虑工序的集中与分散等问题。

### 五、进行工序设计和工艺计算

#### 1. 选择机床及工艺装备

机床是加工装备，工艺装备包括刀具、夹具、量具等，选择的总原则是根据生产类型与加工要求，使所选择的机床及工艺装备，既能保证加工质量又经济合理。中批生产条件下，通常采用通用机床加专用工具、夹具；大批大量生产条件下，多采用高效专用机床、组合机床流水线、自动线与随行夹具。

应认真查阅工艺手册或实地调查，应将选定的机床或工装的有关参数记录下来，如机床型号、规格、工作台宽、T形槽尺寸；刀具形式、规格、与机床连接关系；夹具、专用刀具设计要求，与机床连接方式等，为后面填写工艺卡片和夹具设计做好必要准备。

#### 2. 确定加工余量和工序尺寸

根据工艺路线的安排，要求逐道工序逐个表面地确定加工余量。其工序间的尺寸公差，按经济精度确定。一个表面的总加工余量，则为该表面各工序间加工余量之和。

### 3. 选择各工序切削用量

在单件小批生产中，常不具体规定切削用量，而是由操作工人根据具体情况自己确定，以简化工艺文件。在成批大量生产中，则应科学地、严格地选择切削用量，以充分发挥高效率设备的潜力和作用。

在机床、刀具、加工余量等已确定的基础上，可由切削用量书册中查得各工序的切削用量，也可用公式计算工序的切削用量。

### 4. 确定时间定额

可查阅工艺手册确定各工序的单件时间定额，也可采用计算法确定。

### 六、画工序简图，填写工艺文件

工艺文件的格式、内容、要求及工序简图的画法等问题详见正文。

### 七、设计专用夹具

夹具设计是工艺装备设计的一项重要工作，是工艺系统中最活跃的因素。

首先应做好设计准备工作，收集原始资料，分析研究工序图，明确设计任务。专用夹具设计应根据零件工艺设计中相应工序所规定的内容和要求来进行，如工序名称、加工技术要求、机床型号、前后工序关系、定位基准、夹紧部位、同时加工零件数等。

夹具设计可分为拟订方案、绘制装配图、绘制专用零件图三个阶段。绘制装配图的具体步骤如下。

### 1. 布置图面

选择适当比例（尽可能1:1），在图样上用双点画线绘出被加工件各个视图的轮廓线及其主要表面（如定位基面、夹紧表面、本工序的加工表面等），各视图之间要留有足够空间，以便绘制夹具元件、标注尺寸、引出件号。

### 2. 设计定位元件

根据选好的定位基准确定出定位元件的类型、尺寸、空间位置及其详细结构，并将其绘制在相应的视图上（按接触或配合的状态）。

### 3. 设计导向、对刀元件

在分析加工方法及工件被加工表面的基础上，确定出用于保证刀具和夹具相应位置的对刀元件类型（钻床夹具用导套、铣床夹具用对刀块）、结构、空间位置，并将其绘制在相应的位置上。

### 4. 设计夹紧元件

夹紧装置的结构与空间位置的选择取决于工件形状、工件在加工中的受力情况以及对夹具的生产率和经济性等要求，其复杂程度应与生产类型相适应。注意使用快卸结构。

### 5. 设计其他元件和装置

如定位夹紧元件的配套装置、辅助支承、分度转位装置等。

### 6. 设计夹具体

通过夹具体将定位元件、对刀元件、夹紧元件、其他元件等所有装置连接成一个整体。夹具体还用于保证夹具相对于机床的正确位置，铣夹具要有定位键、车夹具注意与主轴连接的结构设计、钻夹具注意钻模板的结构设计。

### 7. 画工序图

在装配图适当的位置上画上缩小比例的工序图，以便于审核、制造、检验者在阅读时对照。

**8. 标注**

在装配图上标注尺寸、引出件号，确定技术条件及编制零件明细栏。装配图标题栏及零件明细栏格式应规范，符合机械制图标准。

夹具装配图绘制完成后，绘制相应的专用零件图。

**八、编写设计说明书**

必要时编写设计说明书。这是对工艺设计工作的总结，有助于吸取经验教训，也能发现设计工作中存在的问题。

说明书应概括地介绍设计全貌，对设计中的各部分内容应做重点说明、分析论证及必要的计算。要求系统性好，条理清楚，图文并茂，充分表达自己的见解。文内公式、图表、数据等出处，应注明参考文献的序号。

说明书可包括的内容如下：

1）目录。

2）设计任务书。

3）序言。

4）对零件的工艺分析，包括零件的作用、结构特点、结构工艺性、主要表面的技术要求分析等。

5）工艺设计与计算。

① 毛坯选择与毛坯图说明。

② 工艺路线的确定。

粗、精基准的选择，各表面加工方法的确定，工序集中与分散的考虑，工序顺序安排的原则，加工设备与工艺装备的选择，不同方案的分析比较等。

③ 加工余量、切削用量、工时定额的确定。说明数据来源与依据。

④ 工序尺寸与公差的确定。

6）夹具设计。

① 设计思想与不同方案对比。

② 定位分析与定位误差计算。

③ 对刀及导引装置设计。

④ 夹紧机构设计与夹紧力计算。

⑤ 夹具操作说明。

⑥ 参考文献。

## 项目二　常用工艺设计手册目录

工艺设计离不开工艺手册，需经常查阅，以下为常用工艺设计手册目录。

[1] 李益民. 机械制造工艺设计简明手册［M］. 北京：机械工业出版社，1994.

[2] 肖诗纲. 切削用量手册［M］. 北京：机械工业出版社，1993.

[3] 陈家芳. 实用金属切削加工工艺手册［M］. 上海：上海科学技术出版社，2005.

[4] 艾兴，肖诗纲. 切削用量简明手册［M］. 3 版. 北京：机械工业出版社，2004.

[5] 王凡. 实用机械制造工艺设计手册［M］. 北京：机械工业出版社，2008.

# 附录 D 工艺设计示例

## 项目一 零件的工艺分析及生产类型的确定

### 一、零件的作用

零件是 CA6140 车床主轴箱中运动输入 I 轴上的一个离合齿轮（附图 D-1），它两个滚动轴承的外圈相配合，$\phi71$mm 沟槽为弹簧挡圈卡槽，$\phi94$mm 孔容纳其他零件，通过四个 16mm 槽口控制齿轮转动，6mm × 1.5mm 沟槽和 4 × $\phi5$mm 孔用于通入冷却润滑油。

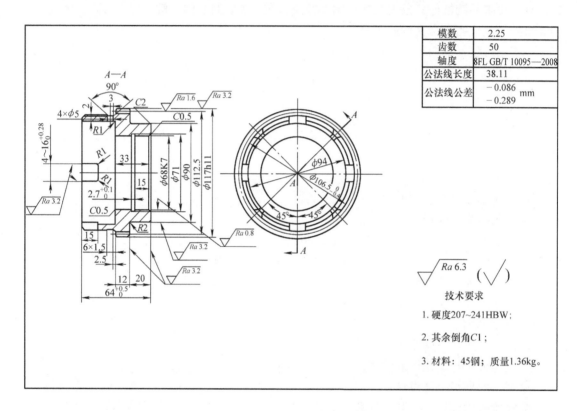

| 模数 | 2.25 |
|---|---|
| 齿数 | 50 |
| 轴度 | 8FL GB/T 10095—2008 |
| 公法线长度 | 38.11 |
| 公法线公差 | $\begin{array}{c} -0.086 \\ -0.289 \end{array}$ mm |

$\sqrt{Ra\,6.3}$ $(\sqrt{\phantom{x}})$

技术要求

1. 硬度207~241HBW；

2. 其余倒角C1；

3. 材料：45钢；质量1.36kg。

附图 D-1 离合齿轮

零件的视图正确、完整，尺寸、公差及技术要求齐全。但基准孔 $\phi68K7$ 要求 $Ra0.8\mu m$ 有些偏高。一般 8 级精度的齿轮，其基准孔要求 $Ra1.6\mu m$ 即可。

该零件属盘套类回转体零件，它的所有表面均需切削加工，各表面的加工精度和表面粗糙度都不难获得。四个 16mm 槽口相对 $\phi68K7$ 孔的轴线互成 90°垂直分布，其径向设计基准是 $\phi68K7$ 孔的轴线，轴向设计基准是 $\phi90$mm 外圆柱的右端平面。$4 \times \phi5$mm 孔在 6mm × 1.5mm 沟槽内，孔中心线距沟槽一侧面的距离为 3mm，由于加工时不能选用沟槽的侧面为定位基准，故要精确地保证上述要求则比较困难，但这些小孔为油孔，位置要求不高，只要钻到沟槽之内接通油路即可，加工不成问题。应该说，这个零件的工艺性较好。

## 二、零件的生产类型

零件年产量 $Q$ 为 2000 台/年，$n$ 为 1 件/台；结合生产实际，备用率 $a$ 和废品率 $b$ 分别取为 10% 和 1%。代入公式得该零件的生产纲领为

$$N = Qn(1 + 10\%)(1 + 1\%) = 2000 \times 1 \times (1 + 10\%) \times (1 + 1\%) \text{件/年} = 2222 \text{件/年}$$

零件是机床上的齿轮，质量为 1.36kg，属轻型零件，查王先逵主编《机械制造工艺学》第 12 页可知，生产类型为中批生产。

# 项目二　选择毛坯、确定毛坯尺寸、设计毛坯图

## 一、选择毛坯

该零件材料为 45 钢。考虑到车床在车削螺纹工作中经常要正、反向旋转，该零件在工作过程中则经常承受交变载荷及冲击性载荷，因此应该选用锻件，以使金属纤维尽量不被切断，保证零件工作可靠。由于零件年产量为 2222 件，属中批生产，而且零件的轮廓尺寸不大，故可采用模锻成形。这从提高生产率、保证加工精度上考虑，也是应该的。

## 二、确定机械加工余量、毛坯尺寸和尺寸公差

钢质模锻件的公差及机械加工余量按 GB/T 12362—2003 确定。要确定毛坯的尺寸公差及机械加工余量，应先确定如下各项因素。

（1）锻件公差等级　由该零件的功用和技术要求，确定其锻件公差为普通级。

（2）锻件质量 $m_f$　根据零件成品质量 1.36kg，估算为 $m_f = 2.2$kg。

（3）锻件形状复杂系数 $S$　该锻件为圆形，假设其最大直径为 $\phi 121$mm，长 68mm，则可计算出锻件外轮廓包容体质量 $m_N$ 为

$$m_N = \frac{\pi}{4} \times 121^2 \times 68 \times 7.85 \times 10^{-6} \text{kg} = 6.138 \text{kg}$$

由
$$S = \frac{m_f}{m_N}$$

得
$$S = \frac{2.2}{6.138} = 0.358$$

查阅工艺手册中锻件形状复杂系数 $S$ 分级表，由于 0.358 介于 0.32 和 0.63 之间，得到该零件的形状复杂系数 $S$ 属 $S_2$ 级。

（4）锻件材质系数 $M$　由于该零件材料为 45 钢，是碳的质量分数小于 0.65% 的碳素钢，查工艺手册可知该锻件的材质系数属 $M_1$ 级。

（5）零件表面粗糙度　由零件图知，除 $\phi 68$K7 孔为 $Ra0.8\mu$m 以外，其余各加工表面为 $Ra \geqslant 1.6\mu$m。

### 1. 确定机械加工余量

根据锻件质量、零件表面粗糙度、形状复杂系数查阅工艺手册相关内容，可查得单边余量在厚度方向为 1.7～2.2mm，水平方向也为 1.7～2.2mm，即锻件各外径的单面余量为 1.7～2.2mm，各轴向尺寸的单面余量也为 1.7～2.2mm。锻件中心两孔的单面余量按表查得 2.5mm。

### 2. 确定毛坯尺寸

上面查得的加工余量适用于机械加工表面粗糙度 $Ra \geqslant 1.6\mu$m。$Ra < 1.6\mu$m 的表面，余

量要适当增大。

分析本零件，除 $\phi68K7$ 孔为 $Ra0.8\mu m$ 以外，其余各加工表面为 $Ra\geqslant1.6\mu m$，因此这些表面的毛坯尺寸只需将零件的尺寸加上所查得的余量值即可（由于有的表面只需粗加工，这时可取所查数据中的小值。当表面需经粗加工和半精加工时，可取其较大值）。$\phi68K7$ 孔需精加工达到 $Ra0.8\mu m$，参考磨孔余量（见工艺手册相关内容）确定精镗孔单面余量为 $0.5mm$。

综上所述，确定毛坯尺寸见附表 D-1。

附表 D-1　离合齿轮毛坯（锻件）尺寸　　　　　（单位：mm）

| 零件尺寸 | 单面加工余量 | 锻件尺寸 | 零件尺寸 | 单面加工余量 | 锻件尺寸 |
|---|---|---|---|---|---|
| $\phi117h11$ | 2 | $\phi121$ | $\phi64^{+0.5}_{0}$ | 2 及 1.7 | 67.7 |
| $\phi106.5^{0}_{-0.4}$ | 1.75 | $\phi110$ | 20 | 2 及 2 | 20 |
| $\phi90$ | 2 | $\phi94$ | 12 | 2 及 1.7 | 15.7 |
| $\phi94$ | 2.5 | $\phi89$ | $\phi94$ 孔深 31 | 1.7 及 1.7 | 31 |
| $\phi68K7$ | 3 | $\phi62$ | | | |

### 3. 确定毛坯尺寸公差

锻件毛坯尺寸公差根据锻件质量、材质系数、形状复杂系数从工艺手册相关内容中查得。本零件毛坯尺寸允许偏差见附表 D-2。

附表 D-2　离合齿轮毛坯（锻件）尺寸允许偏差　　　　（单位：mm）

| 锻件尺寸 | 偏差 | 锻件尺寸 | 偏差 |
|---|---|---|---|
| $\phi121$ | +1.7<br>-0.8 | $\phi62$（$\phi54$） | +0.6<br>-1.4 |
| $\phi110$ | +1.5<br>-0.7 | 20 | ±0.9 |
| | | 31 | ±1.0 |
| $\phi94$ | +1.5<br>-0.7 | 15.7 | +1.2<br>-0.4 |
| $\phi89$ | +0.7<br>-1.5 | 67.7 | +1.7<br>-0.5 |

### 三、设计毛坯图

（1）确定圆角半径　锻件的内外圆角半径查阅工艺手册相关内容可确定。本锻件各部分的 $t/H$ 为大于 $0.5\sim1$，故均按表中第一行数值。为简化起见，本锻件的内、外圆角半径分别取相同数值，以台阶高度 $H=16\sim25mm$ 进行确定，结果为

外圆角半径　$r=6mm$

内圆角半径　$R=3mm$

以上所取的圆角半径数值能保证各表面的加工余量。

（2）确定模锻斜度　本锻件由于上、下模腔深度不相等，模锻斜度应以模腔较深的一侧计算

$$\frac{L}{B}=\frac{110}{110}=1,\quad \frac{H}{B}=\frac{32}{110}=0.291$$

查阅工艺手册相关内容可确定外模锻斜度 $\alpha=5°$，内模锻斜度加大，取 $\beta=7°$。

（3）确定分模位置　由于毛坯是 $H<D$ 的圆盘类锻件，应采取轴向分模，这样可冲内孔，使材料利用率得到提高。为了便于起模及便于发现上、下模在模锻过程中错移，选择最大直径即齿轮处的对称平面为分模面，分模线为直线，属平直分模线。

（4）确定毛坯的热处理方式　钢质齿轮毛坯经锻造后应安排正火，以消除残留锻造应力，并使不均匀的金相组织通过重新结晶而得到细化、均匀的组织，从而改善加工性。

附图 D-2 所示为本零件的毛坯图。

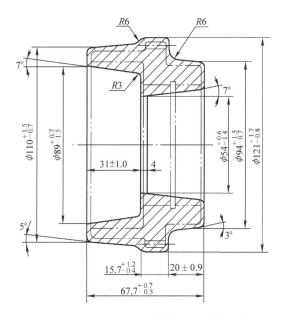

技术要求

1. 正火,硬度207~241HBW;

2. 未注圆角R2.5;

3. 外模锻斜度5°。

材料:45钢
质量:2.2kg

附图 D-2　离合齿轮毛坯图

## 项目三　选择加工方法，制定工艺路线

### 一、定位基准的选择

本零件是带孔的盘状齿轮，孔是其设计基准（也是装配基准和测量基准），为避免由于基准不重合而产生的误差，应选孔为定位基准，即遵循"基准重合"的原则。具体而言，即选 $\phi68K7$ 孔及一端面作为精基准。

由于本齿轮全部表面都需加工，而孔作为精基准应先进行加工，因此应选外圆及一端面为粗基准。最大外圆上有分模面，表面不平整，有飞边等缺陷，定位不可靠，故不能选为粗基准。

## 二、零件表面加工方法的选择

本零件的加工面有外圆、内孔、端面、齿面、槽及小孔等，材料为 45 钢。以公差等级和表面粗糙度要求，查阅工艺手册中加工经济精度与表面粗糙度相关内容，其加工方法选择如下。

（1）$\phi 90$mm 外圆面　为未注公差尺寸，根据 GB/T 1800—2009 规定其公差等级按 IT14，表面粗糙度值为 $Ra3.2\mu$m，需进行粗车和半精车。

（2）齿圈外圆面　公差等级为 IT11，表面粗糙度值为 $Ra3.2\mu$m，需粗车、半精车。

（3）$\phi 106.5_{-0.4}^{\ 0}$mm 外圆面　公差等级为 IT12，表面粗糙度值为 $Ra6.3\mu$m，粗车即可。

（4）$\phi 68$K7 内孔　公差等级为 IT7，表面粗糙度值为 $Ra0.8\mu$m，毛坯孔已锻出，为未淬火钢，加工方法可采取粗镗、半精镗之后用精镗、拉孔或磨孔等都能满足加工要求。由于拉孔适用于大批大量生产，磨孔适用于单件小批生产，故本零件宜采用粗镗、半精镗、精镗。

（5）$\phi 94$mm 内孔　为未注公差尺寸，公差等级按 IT14，表面粗糙度值为 $Ra6.3\mu$m，毛坯孔已锻出，只需粗镗即可。

（6）端面　本零件的端面为回转体端面，尺寸精度都要求不高，表面粗糙度值为 $Ra3.2\mu$m 及 $Ra6.3\mu$m 两种要求。要求 $Ra3.2\mu$m 的端面可粗车和半精车，要求 $Ra6.3\mu$m 的端面，经粗车即可。

（7）齿面　齿轮模数为 2.25mm，齿数为 50，精度 8FL，表面粗糙度值为 $Ra1.6\mu$m，采用 A 级单头滚刀滚齿即能达到要求。

（8）槽　槽宽和槽深的公差等级分别为 IT13 和 IT14，表面粗糙度值分别为 $Ra3.2\mu$m 和 $Ra6.3\mu$m，需采用三面刃铣刀，粗铣、半精铣。

（9）$\phi 5$mm 小孔　采用复合钻头一次钻出即可。

## 三、制定工艺路线

齿轮的加工工艺路线一般是先进行齿坯的加工，再进行齿面加工。齿坯加工包括各圆柱表面及端面的加工。按照先加工基准面及先粗后精的原则，该零件加工可按下述工艺路线进行。

工序 Ⅰ：以 $\phi 106.5$mm 处外圆及端面定位，粗车另一端面，粗车外圆 $\phi 90$mm 及台阶面，粗车外圆 $\phi 117$mm，粗镗孔 $\phi 68$mm。

工序 Ⅱ：以粗车后的 $\phi 90$mm 外圆及端面定位，粗车另一端面，粗车外圆 $\phi 106_{-0.4}^{\ 0}$mm 及台阶面，车 6mm×1.5mm 沟槽，粗镗 $\phi 94$mm 孔，倒角。

工序 Ⅲ：以粗车后的 $\phi 106_{-0.4}^{\ 0}$mm 外圆及端面定位，半精车另一端面，半精车外圆 $\phi 90$mm 及台阶面，半精车外圆 $\phi 117$mm，半精镗 $\phi 68$mm 孔，倒角。

加工齿面是以孔 $\phi 68$K7 为定位基准，为了更好地保证它们之间的位置精度，齿面加工之前，先精镗孔。

工序 Ⅳ：以 $\phi 90$mm 外圆及端面定位，精镗 $\phi 68$K7 孔，镗孔内的沟槽，倒角。

工序 Ⅴ：以 $\phi 68$K7 孔及端面定位，滚齿。

四个沟槽与四个小孔为次要表面，其加工应安排在最后。考虑定位方便，应该先铣槽后钻孔。

工序 Ⅵ：以 $\phi 68$K7 孔及端面定位，粗铣四个槽。

工序 Ⅶ：以 $\phi 68$K7 孔、端面及粗铣后的一个槽定位，半精铣四个槽。

工序Ⅷ：以 $\phi$68K7 孔、端面及一个槽定位，钻四个小孔。

工序Ⅸ：钳工去毛刺。

工序Ⅹ：终检。

## 项目四　工序设计

### 一、选择加工设备与工艺装备

（1）选择机床　根据不同的工序选择机床，相关内容参考工艺手册中常用金属切削机床的技术参数部分。

1）工序Ⅰ、Ⅱ、Ⅲ是粗车和半精车。各工序的工步数不多，成批生产不要求很高的生产率，故选用卧式车床就能满足要求。本零件外廓尺寸不大，精度要求不是很高，选用最常用的 CD6140A 型卧式车床即可。

2）工序Ⅳ为精镗孔。由于加工的零件外廓尺寸不大，又是回转体，故宜在车床上镗孔。由于要求的精度较高，表面粗糙度值较小，需选用较精密的车床才能满足要求，因此选用 $J_1$M320 型卧式车床。

3）工序Ⅴ滚齿。从加工要求及尺寸大小考虑，选 Y3150 型滚齿机较合适。

4）工序Ⅵ、Ⅶ是用三面刃铣刀粗铣及半精铣槽，应选卧式铣床。考虑本零件属成批生产，所选机床使用范围较广为宜，故选常用的 XA6032 型铣床能满足加工要求。

5）工序Ⅷ钻四个 $\phi$5mm 的小孔，可采用专用的分度夹具在立式钻床上加工，故选 Z525 型立式钻床。

（2）选择夹具　本零件除粗铣及半精铣槽、钻小孔等工序需要专用夹具外，其他各工序使用通用夹具即可。前四道车床工序用自定心卡盘，滚齿工序用心轴。

（3）选择刀具　根据不同的工序选择刀具，相关内容查阅工艺手册中金属切削刀具部分。

1）在车床上加工的工序，一般都选用硬质合金车刀和镗刀。加工钢质零件采用 YT 类硬质合金，粗加工用 YT5，半精车用 YT15，精加工用 YT30。为提高生产率及经济性，应选用可转位车刀（GB/T 5343.1—2007，GB/T 5343.2—2007）。切槽刀宜选用高速工具钢。

2）关于滚齿，查阅工艺手册中齿轮加工的经济精度部分，采用 A 级单头滚刀能达到 8 级精度。滚刀选择可查阅工艺手册中齿轮滚刀部分，这里选模数为 2.25mm 的Ⅱ型 A 级精度滚刀（GB 6083—2001）。

3）铣刀选镶齿三面刃铣刀（JB/T 7953—2010）。零件要求铣切深度为 15mm，查阅工艺手册中铣刀直径选择部分，可知铣刀的直径应为 100～160mm。因此所选铣刀：半精铣工序铣刀直径 $d=125$mm，宽 $L=16$mm，孔径 $D=32$mm，齿数 $z=20$；粗铣由于留有双面余量 3mm（参见李益民、机械制造工艺设计简明手册），槽宽加工到 13mm，该标准铣刀无此宽度需特殊订制，铣刀规格为 $d=125$mm，$L=13$mm，$D=32$mm，$z=20$。

4）钻 $\phi$5mm 小孔，由于带有 90°的倒角，可采用复合钻一次钻出。

（4）选择量具　本零件属成批生产，一般情况下尽量采用通用量具。根据零件表面的精度要求、尺寸和形状特点，查阅工艺手册中常用量具部分，选择如下。

1）选择各外圆加工面的量具。本零件各外圆加工面的量具见附表 D-3。

附表 D-3　外圆加工面所用量具　　　　　　　　　　（单位：mm）

| 工序 | 加工面尺寸 | 尺寸公差 | 量　具 |
|---|---|---|---|
| I | $\phi$118.5 | 0.54 | 分度值 0.02、测量范围 0~150 游标卡尺 |
| I | $\phi$91.5 | 0.87 | |
| II | $\phi$106.5 | 0.4 | |
| III | $\phi$90 | 0.87 | 分度值 0.05、测量范围 0~150 游标卡尺 |
| III | $\phi$117 | 0.22 | 分度值 0.01、测量范围 100~125 外径千分尺 |

加工 $\phi$91.5mm 外圆面可用分度值 0.05mm 的游标卡尺进行测量，但由于与加工 $\phi$118.5mm 外圆面是在同一工序中进行，故用表中所列的一种量具即可。

2）选择加工孔用量具。$\phi$68K7 孔经粗镗、半精镗、精镗三次加工。粗镗至 $\phi 65_{\ 0}^{+0.19}$ mm，半精镗 $\phi 67_{\ 0}^{+0.09}$ mm。

① 粗镗孔 $\phi 65_{\ 0}^{+0.19}$ mm，公差等级为 IT11，根据工艺手册中量具部分资料，选分度值 0.01mm、测量范围 50~125mm 的内径千分尺即可。

② 半精镗孔 $\phi 67_{\ 0}^{+0.09}$ mm，公差等级约为 IT9，根据工艺手册中量具部分资料，可选分度值 0.01mm、测量范围 50~100mm 的内径百分表。

③ 精镗 $\phi$68K7 孔，由于精度要求高，加工时每个工件都需进行测量，故宜选用极限量规。根据工艺手册中量具部分资料，可确定孔径可选三牙锁紧式圆柱塞规（GB/T 10920—2008）。

3）选择加工轴向尺寸所用量具。加工轴向尺寸所用量具见附表 D-4。

附表 D-4　加工轴向尺寸所用量具　　　　　　　　　（单位：mm）

| 工序 | 尺寸及公差 | 量　具 |
|---|---|---|
| I | $66.4_{-0.34}^{\ \ 0}$ | 分度值 0.02、测量范围 0~150 游标卡尺 |
| I | $20_{\ 0}^{+0.21}$ | |
| II | $64.7_{-0.34}^{\ \ 0}$ | |
| II | $32_{\ 0}^{+0.25}$ | |
| II | $31_{\ 0}^{+0.52}$ | |
| III | $20_{\ 0}^{+0.08}$ | 分度值 0.01、测量范围 0~25 游标卡尺 |
| III | $64_{-0.1}^{\ \ 0}$ | 分度值 0.01、测量范围 50~75 外径千分尺 |

4）选择加工槽所用量具。槽经粗铣、半精铣两次加工。槽宽及槽深的尺寸公差的等级为：粗铣时均为 IT14；半精铣时，槽宽为 IT13，槽深为 IT14，均可选用分度值为 0.02mm、测量范围 0~150mm 的游标卡尺进行测量。

5）选择滚齿工序所用量具。滚齿工序在加工时测量公法线长度即可。根据工艺手册中量具部分资料可选分度值为 0.01mm、测量范围 25~50mm 的公法线千分尺（GB/T 1217—

2004）。

**二、确定工序尺寸**

（1）确定圆柱面的工序尺寸　圆柱表面多次加工的工序尺寸只与加工余量有关。前面已确定各圆柱面的总加工余量（毛坯余量），应将毛坯余量分为各工序加工余量，然后由后往前计算工序尺寸。中间工序尺寸的公差按加工方法的经济精度确定。

本零件各圆柱表面的工序加工余量、工序尺寸及公差、表面粗糙度值见附表 D-5。

附表 D-5　圆柱表面的工序加工余量、工序尺寸及公差、表面粗糙度值（单位：mm）

| 加工表面 | 工序双边余量 | | | 工序尺寸公差 | | | 表面粗糙度值 $Ra/\mu m$ | | |
|---|---|---|---|---|---|---|---|---|---|
| | 粗 | 半精 | 精 | 粗 | 半精 | 精 | 粗 | 半精 | 精 |
| $\phi117h11$ 外圆 | 2.5 | 1.5 | — | $\phi118.5_{-0.54}^{\ 0}$ | $\phi117_{-0.22}^{\ 0}$ | — | 6.3 | 3.2 | |
| $\phi106.5_{-0.4}^{\ 0}$ 外圆 | 3.5 | — | — | $\phi106.5_{-0.4}^{\ 0}$ | — | — | 6.3 | | |
| $\phi90$ 外圆 | 2.5 | 1.5 | | $\phi91.5$ | $\phi90$ | | 6.3 | 3.2 | |
| $\phi94$ 孔 | 5 | | | $\phi94$ | | | 6.3 | | |
| $\phi68K7$ 孔 | 3 | 2 | 1 | $\phi65_{0}^{+0.19}$ | $\phi67_{0}^{+0.074}$ | $\phi68_{-0.021}^{+0.009}$ | 6.3 | 1.6 | 0.8 |

（2）确定轴向工序尺寸　本零件各工序的轴向尺寸如附图 D-3 所示。

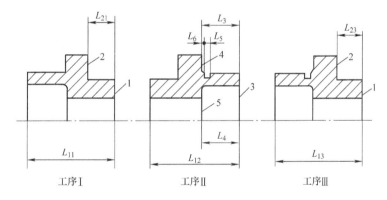

附图 D-3　工序轴向尺寸

1）确定各加工表面的工序加工余量。本零件各端面的工序加工余量见附表 D-6。

附表 D-6　各端面的工序加工余量　　　　　　　　　（单位：mm）

| 工序 | 加工表面 | 总加工余量 | 工序加工余量 |
|---|---|---|---|
| I | 1 | 2 | $Z_{11}=1.3$ |
| | 2 | 2 | $Z_{21}=1.3$ |
| II | 3 | 1.7 | $Z_{32}=1.7$ |
| | 4 | 1.7 | $Z_{42}=1.7$ |
| | 5 | 1.7 | $Z_{52}=1.7$ |
| III | 1 | 2 | $Z_{13}=0.7$ |
| | 2 | 2 | $Z_{23}=0.7$ |

2）确定工序尺寸 $L_{13}$、$L_{23}$、$L_5$ 及 $L_6$。该尺寸在工序中应达到零件图样的要求，则

$$L_{13} = 64^{+0.5}_{0} \text{mm}（尺寸公差暂定）$$

$$L_{23} = 20\text{mm}, \quad L_5 = 6\text{mm}, \quad L_6 = 2.5\text{mm}$$

3）确定工序尺寸 $L_{12}$、$L_{11}$ 及 $L_{21}$。该尺寸只与加工余量有关，则

$$L_{12} = L_{13} + Z_{13} = （64 + 0.7）\text{mm} = 64.7\text{mm}$$

$$L_{11} = L_{12} + Z_{32} = （64.7 + 1.7）\text{mm} = 66.4\text{mm}$$

$$L_{21} = L_{23} + Z_{13} - Z_{23} = （20 + 0.7 - 0.7）\text{mm} = 20\text{mm}$$

4）确定工序尺寸 $L_3$。尺寸 $L_3$ 需解工艺尺寸链才能确定。工艺尺寸链如附图 D-4 所示。

附图 D-4 中 $L_7$ 为零件图样上要求保证的尺寸 12mm。$L_7$ 为未注公差尺寸，其公差等级按 IT14，查公差表得公差值为 0.43mm，则 $L_7 = 12^{0}_{-0.43}\text{mm}$。

根据尺寸链计算公式：

$$L_7 = L_{13} - L_{23} - L_3$$

$$L_3 = L_{13} - L_{23} - L_7 = （64 - 20 - 12）\text{mm} = 32\text{mm}$$

$$L_7 = T_{13} + T_{23} + T_3$$

按前面所定的公差 $T_{13} = 0.5\text{mm}$，而 $T_7 = 0.43\text{mm}$，不能满足尺寸公差的关系式，必须缩小 $T_{13}$ 的数值。现按加工方法的经济精度确定

$$T_{13} = 0.1\text{mm}, \quad T_{23} = 0.08\text{mm}, \quad T_3 = 0.25\text{mm}$$

则
$$T_{13} + T_{23} + T_3 = （0.1 + 0.08 + 0.25）\text{mm} = 0.43\text{mm} = T_7$$

决定组成环的极限偏差时，留 $L_3$ 作为调整尺寸，$L_{13}$ 按外表面、$L_{23}$ 按内表面决定其极限偏差，则

$$L_{13} = 64^{0}_{-0.1}\text{mm} \quad L_{23} = 20^{+0.08}_{0}\text{mm}$$

$L_7$、$L_{13}$ 及 $L_{23}$ 的中间偏差为

$$\Delta_7 = -0.215\text{mm}, \quad \Delta_{13} = -0.05\text{mm}, \quad \Delta_{23} = +0.04\text{mm}$$

$L_3$ 的中间偏差

$$\Delta_3 = \Delta_{13} - \Delta_{23} - \Delta_7 = [-0.05 - （-0.04）-（-0.215）]\text{mm} = +0.205\text{mm}$$

$$ES_{L_3} = \Delta_3 + \frac{T_3}{2} = \left(0.205 + \frac{0.25}{2}\right)\text{mm} = +0.330\text{mm}$$

$$EI_{L_3} = \Delta_3 - \frac{T_3}{2} = \left(0.205 - \frac{0.25}{2}\right)\text{mm} = 0.080\text{mm}$$

$$L_3 = 32^{+0.330}_{0.080}\text{mm}$$

5）确定工序尺寸 $L_4$。工序尺寸 $L_4$ 也需解工艺尺寸链才能确定。工序尺寸链如附图 D-5 所示。

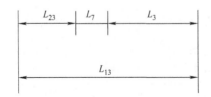

附图 D-4 含尺寸 $L_3$ 的工艺尺寸链

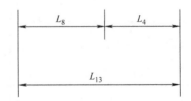

附图 D-5 含尺寸 $L_4$ 的工艺尺寸链

附图 D-5 中 $L_8$ 为零件图样上要求保证的尺寸 33mm。其公差等级按 IT14，查表为 0.62mm，则 $L_8 = 33\,^{0}_{-0.62}$ mm。解工艺尺寸链得 $L_4 = 31\,^{+0.52}_{0}$ mm。

6）确定工序尺寸 $L_{11}$、$L_{12}$ 及 $L_{21}$。按加工方法的经济精度及偏差入体原则，得 $L_{11} = 66.4\,^{0}_{-0.34}$ mm，$L_{12} = 64.7\,^{0}_{-0.34}$ mm，$L_{21} = 20\,^{+0.21}_{0}$ mm。

（3）确定铣槽的工序尺寸　半精铣可达到零件图样的要求，则该工序尺寸：槽宽为 $16\,^{+0.28}_{0}$ mm，槽深 15mm。粗铣时，为半精铣留有加工余量：槽宽双边余量为 3mm，槽深余量为 2mm。则粗铣工序的尺寸：槽宽为 13mm，槽深 13mm。

## 项目五　确定切削用量及基本时间

切削用量包括背吃刀量 $a_p$、进给量 $f$ 和切削速度 $v$。确定顺序是先确定 $a_p$、$f$，再确定 $v$。

### 一、工序 I 切削用量及基本时间的确定

（1）切削用量　本工序为粗车（车端面、外圆及镗孔）。已知加工材料为 45 钢，$R_m = 670$ MPa，锻件，有外皮；机床为 CD6140A 型卧式车床，工件装夹在自定心卡盘中。

1）确定粗车外圆 $\phi 118.5\,^{0}_{-0.54}$ mm 的切削用量。所选刀具为 YT5 硬质合金可转位车刀。由于 CD6140A 型车床的中心高为 400mm（参见机床使用说明书），故选刀杆尺寸 $B \times H = 16\text{mm} \times 25\text{mm}$，刀片厚度为 4.5mm（根据工艺设计手册中刀具部分资料）。选择车刀几何形状为卷屑槽倒棱型前刀面，前角 $\gamma_o = 12°$，后角 $\alpha_o = 6°$，主偏角 $\kappa_r = 90°$，副偏角 $\kappa_r' = 10°$，刃倾角 $\lambda_s = 0°$，刀尖圆弧半径 $r_\varepsilon = 0.8$ mm。

① 确定背吃刀量 $a_p$。确定双边余量为 2.5mm，显然 $a_p$ 为单边余量，$a_p = 1.25$ mm。

② 确定进给量 $f$。查阅工艺设计手册中硬质合金及高速钢车刀粗车外圆和端面的进给量内容，在粗车钢料、刀杆尺寸为 16mm × 25mm、$a_p \leqslant 3$ mm、工件直径为 100 ~ 400mm 时，$f = 0.6 ~ 1.2$ mm/r，按 CD6140A 型车床的进给量，选择 $f = 0.65$ mm/r。

确定的进给量尚需满足车床进给机构强度的要求，故需进行校验。

根据工艺设计手册中卧式车床的主要技术参数，CD6140A 车床进给机构允许的进给力 $F_{max} = 3530$ N。

根据工艺设计手册中硬质合金车削钢料时的进给力相关内容，当钢料 $R_m = 570 ~ 670$ MPa、$a_p \leqslant 2$ mm、$f \leqslant 0.75$ mm/r、$\kappa_r = 45°$、$v = 65$ m/min（预计）时，进给力 $F_f = 760$ N。

$F_f$ 的修正系数为 $k_{\gamma_0 F_f} = 1.0$，$k_{\lambda_s F_f} = 1.0$，$k_{\kappa_T F_f} = 1.17$（查阅工艺设计手册中加工钢及铸铁时，刀具几何参数改变时，切削力的修正系数相关内容），故实际进给力为

$$F_f = 760 \times 1.17 \text{N} = 889.2 \text{N}$$

$F_f < F_{max}$，所选的进给量 $f = 0.65$ mm/r 可用。

③ 选择车床磨钝标准及寿命。根据工艺设计手册中刀具的磨钝标准及寿命，车刀后刀面最大磨损量取为 1mm，可转位车刀寿命 $T = 30$ min。

④ 确定切削速度 $v$。根据工艺设计手册中 YT15 硬质合金车刀车削碳钢、铬钢、镍铬钢及铸钢时的切削速度相关内容，当用 YT15 硬质合金车刀加工 $R_m = 600 ~ 700$ MPa 钢料、$a_p \leqslant 3$ mm、$f \leqslant 0.75$ mm/r 时，切削速度 $v = 109$ m/min。

切削速度的修正系数为 $k_{Sv} = 0.8$，$k_{tv} = 0.65$，$k_{\kappa_{T_v}} = 0.81$，$k_{T_v} = 1.15$，$k_{Mv} = k_{\kappa v} = 1.0$

（查阅工艺设计手册中车削过程使用条件改变时的修正系数相关内容），故

$$v = 109 \times 0.8 \times 0.65 \times 0.81 \times 1.15 \text{m/min} = 52.8 \text{m/min}$$

$$n = 138.9 \text{r/min}$$

按 CD6140A 型车床的转速（查阅工艺设计手册中卧式车床主轴转速相关内容），选择 $n = 120 \text{r/min} = 2 \text{r/s}$，则实际切削速度 $v = 45.6 \text{m/min}$。

⑤ 校验机床功率查阅工艺设计手册中车削过程使用条件改变时的修正系数相关内容，当 $R_{\text{m}} = 580 \sim 970 \text{MPa}$、布氏硬度为 $166 \sim 277 \text{HBW}$、$a_{\text{p}} \leqslant 2 \text{mm}$、$f \leqslant 0.75 \text{mm/r}$、$v = 46 \text{m/min}$ 时，$P_{\text{c}} = 1.7 \text{kW}$。

切削功率的修正系数为 $k_{\kappa P_{\text{c}}} = 1.17$，$k_{\gamma_0 P_{\text{c}}} = k_{MP_{\text{c}}} = k_{\gamma P_{\text{c}}} = 1.0$，$k_{T_r P_{\text{c}}} = 1.13$，$k_{SP_{\text{c}}} = 0.8$，$k_{tP_{\text{c}}} = 0.65$，故实际切削时的功率为 $P_{\text{c}} = 0.72 \text{kW}$。

根据工艺设计手册中 CD6140A 型卧式车床主轴各级转速的力学性能参数相关内容，当 $n = 120 \text{r/min}$ 时，机床主轴允许功率 $P_{\text{E}} = 5.9 \text{kW}$。$P_{\text{c}} < P_{\text{E}}$，故所选切削用量可在 CD6140A 型车床上进行。

最后确定的切削用量为

$$a_{\text{p}} = 1.25 \text{mm}, \quad f = 0.65 \text{mm/r}, \quad n = 120 \text{r/min}, \quad v = 45.6 \text{m/min}$$

2）确定粗车外圆 $\phi 91.5 \text{mm}$、端面及台阶面的切削用量。采用车外圆 $\phi 118.5 \text{mm}$ 的刀具加工这些表面。加工余量皆可一次进给切除，车外圆 $\phi 91.5 \text{mm}$ 的 $a_{\text{p}} = 1.25 \text{mm}$，端面及台阶面的 $a_{\text{p}} = 1.3 \text{mm}$。车外圆 $\phi 91.5 \text{mm}$ 的 $f = 0.65 \text{mm/r}$，车端面及台阶面的 $f = 0.52 \text{mm/r}$。主轴转速与车外圆 $\phi 118.5 \text{mm}$ 相同。

3）确定粗镗 $\phi 65^{+0.19}_{0} \text{mm}$ 孔的切削用量。所选刀具为 YT5 硬质合金、直径为 20mm 的圆形镗刀。

① 确定背吃刀量 $a_{\text{p}}$。双边余量为 3mm，显然 $a_{\text{p}}$ 为单边余量，$a_{\text{p}} = 1.5 \text{mm}$。

② 确定进给量 $f$。查阅工艺设计手册中硬质合金及高速钢镗刀镗孔的进给量内容，当粗镗钢料、镗刀直径为 20mm、$a_{\text{p}} \leqslant 2 \text{mm}$、镗刀伸出长度为 100mm 时，$f = 0.15 \sim 0.30 \text{mm/r}$，按 CD6140A 型车床的进给量（查阅工艺设计手册中卧式车床刀架进给量内容），选择 $f = 0.20 \text{mm/r}$。

③ 确定切削速度 $v$。查阅工艺设计手册中车削时切削速度的计算内容，按计算公式确定 $v$。

$$v = \frac{C_{\text{v}}}{T^m a_{\text{p}}^{x_{\text{v}}} f^{y_{\text{v}}}} k_{\text{v}}$$

式中，$C_{\text{v}} = 291$，$m = 2$，$x_{\text{v}} = 0.15$，$y_{\text{v}} = 0.2$，$T = 60 \text{min}$，$k_{\text{v}} = 0.9 \times 0.8 \times 0.65 = 0.468$，则

$$v = \frac{291}{60^2 \times 1.5^{0.15} \times 0.2^{0.2}} \times 0.468 \text{m/min} = 78 \text{m/min}$$

$$n = \frac{1000v}{\pi d} = \frac{1000 \times 78}{\pi \times 65} \text{r/min} = 382 \text{r/min}$$

按 CD6140A 型车床的转速，选择 $n = 370 \text{r/min}$。

（2）基本时间

1）确定粗车外圆 $\phi 91.5$mm 的基本时间。根据工艺设计手册中磨削时 $F_n/F_t$ 的比值相关内容，车外圆基本时间为

$$T_{j1} = \frac{L}{fn}i = \frac{l + l_1 + l_2 + l_3}{fn}i$$

式中，$l = 20$mm，$l_1 = \frac{a_p}{\tan\kappa_r} + (2 \sim 3)$，$\kappa_r = 90°$，$l_1 = 2$mm，$l_2 = 0$，$l_3 = 0$，$f = 0.65$mm/r，$n = 2.0$r/min，$i = 1$，则

$$T_{j1} = \frac{20 + 2}{0.65 \times 2}s = 17s$$

2）确定粗车外圆 $\phi 118.5_{-0.54}^{\ 0}$mm 的基本时间为

$$T_{j2} = \frac{l + l_1 + l_2 + l_3}{fn}i$$

式中，$l = 14.4$mm，$l_1 = 0$，$l_2 = 4$mm，$l_3 = 0$，$f = 0.65$mm/r，$n = 2.0$r/min，$i = 1$，则

$$T_{j2} = \frac{14.4 + 4}{0.65 \times 2}s = 15s$$

3）确定粗车端面的基本时间为

$$T_{j3} = \frac{L}{fn}i, \quad L = \frac{d - d_1}{2} + l_1 + l_2 + l_3$$

式中，$d = 94$mm，$d_1 = 62$mm，$l_1 = 2$mm，$l_2 = 4$mm，$l_3 = 0$，$f = 0.52$mm/r，$n = 2.0$r/s，$i = 1$，则

$$T_{j3} = 22s$$

4）确定粗车台阶面的基本时间为

$$T_{j4} = \frac{L}{fn}i, \quad L = \frac{d - d_1}{2} + l_1 + l_2 + l_3$$

式中，$d = 121$mm，$d_1 = 91.5$mm，$l_1 = 0$，$l_2 = 4$mm，$l_3 = 0$，$f = 0.52$mm/r，$n = 2.0$r/s，$i = 1$，则

$$T_{j4} = \frac{14.75 + 4}{0.52 \times 2}s = 18s$$

5）确定粗镗 $\phi 65_{\ 0}^{+0.19}$mm 孔的基本时间，选镗刀的主偏角 $\kappa_r = 45°$，则

$$T_{j5} = \frac{l + l_1 + l_2 + l_3}{fn}i$$

式中，$l = 35.4$mm，$l_1 = 3.5$mm，$l_2 = 4$mm，$l_3 = 0$，$f = 0.2$mm/r，$n = 6.17$r/s，$i = 1$，则

$$T_{j5} = \frac{35.4 + 3.5 + 4}{0.2 \times 0.67}s = 35s$$

6）确定工序的基本时间为

$$T_j = \sum_{i=1}^{5} T_{ji} = (17 + 15 + 22 + 18 + 35)s = 107s$$

**二、工序 II 切削用量及基本时间的确定**

本工序仍为粗车（车端面、外圆、台阶面，镗孔，车沟槽及倒角）。已知条件与工序 I

相同。车端面、外圆及台阶面可采用工序Ⅰ相同的可转位车刀。镗刀选 YT5 硬质合金、主偏角 $\kappa_r = 90°$、直径为 20mm 的圆形镗刀。车沟槽采用高速钢成形切槽刀。

采用工序Ⅰ确定切削用量的方法，得本工序的切削用量及基本时间，见附表 D-7。

**附表 D-7　工序Ⅱ切削用量及基本时间**

| 工步 | $a_p/mm$ | $f/mm \cdot r^{-1}$ | $v/m \cdot s^{-1}$ | $n/r \cdot s^{-1}$ | $T_i/s$ |
|---|---|---|---|---|---|
| 粗车端面 | 1.7 | 0.52 | 0.69 | 2 | 16 |
| 粗车外圆 $\phi106.5mm$ | 1.75 | 0.65 | 0.69 | 2 | 25 |
| 粗车台阶面 | 1.7 | 0.52 | 0.74 | 2 | 8 |
| 镗孔及台阶面 | 2.5 及 1.7 | 0.2 | 1.13 | 3.83 | 69 |
| 车沟槽 | | 手动 | 0.17 | 0.5 | |
| 倒角 | | 手动 | 0.69 | 2 | |

### 三、工序Ⅲ切削用量及基本时间的确定

（1）切削用量　本工序为半精加工（车端面、外圆、镗孔及倒角）。已知条件与粗加工工序相同。

1）确定半精车外圆 $\phi117^{\ 0}_{-0.22}$ mm 的切削用量。所选刀具为 YT15 硬质合金可转位车刀。车刀形状、刀杆尺寸及刀片厚度均与粗车相同。根据工艺设计手册中车刀切削部分的几何形状相关内容，确定车刀几何形状为 $\gamma_o = 12°$，$\alpha_o = 8°$，$\kappa_r = 90°$，$\kappa_r' = 5°$，$\lambda_s = 0°$，$\gamma_\varepsilon = 0.5mm$。

① 确定背吃刀量。$a_p = 0.75mm$。

② 确定进给量 $f$。根据工艺设计手册中硬质合金外圆车刀半精车的进给量相关内容，按 CD6140A 型车床的进给量（查阅工艺设计手册中卧式车床刀架进给量内容），选择 $f = 0.3mm/r$。

由于是半精车加工，切削力较小，故不需校核机床进给机构强度。

③ 选择车刀磨钝标准及寿命。根据工艺设计手册中刀具的磨钝标准及寿命，取车刀后刀面最大磨损量取为 0.4mm，寿命 $T = 30min$。

④ 确定切削速度 $v$。根据工艺设计手册中 YT15 硬质合金车刀车削碳钢、铬钢、镍铬钢及铸钢时的切削速度相关内容，当用 YT15 硬质合金车刀加工 $R_m = 600 \sim 700MPa$ 钢料、$a_p \leqslant 1.4mm$、$f \leqslant 0.38mm/r$ 时，切削速度 $v = 156m/min$。

切削速度的修正系数为 $k_{\kappa_{rv}} = 0.81$，$k_{Tv} = 1.15$，其余的修正系数均为 1（见工艺设计手册中车削过程使用条件改变时的修正系数相关内容），故

$$v = 156 \times 0.81 \times 1.15 m/min = 145.3 m/min$$

$$n = \frac{1000v}{\pi d} = \frac{1000 \times 145.3}{\pi \times 118.5} r/min = 390 r/min$$

按 CD6140A 型车床的转速（查阅工艺设计手册中卧式车床主轴转速相关内容），选择 $n = 380r/min = 6.33r/s$，则实际切削速度 $v = 2.33m/min$。

半精加工机床功率也可不校验。

最后决定的切削用量为

$a_p = 0.75mm$，$f = 0.3mm/r$，$n = 380r/min = 6.33r/s$，$v = 2.33m/s = 141.6m/min$

2）确定半精车外圆 $\phi90mm$、端面及台阶面的切削用量。采用半精车外圆 $\phi117mm$ 的刀具加工这些表面。车外圆 $\phi90mm$ 的 $a_p = 0.75mm$，端面及台阶面的 $a_p = 0.7mm$。车外圆 $\phi90mm$、端面及台阶面的 $f = 0.3mm/r$，$n = 380r/min = 6.33r/s$。

3）确定半精镗孔 $\phi67\,^{+0.074}_{0}mm$ 的切削用量。所选刀具为 YT15 硬质合金、主偏角 $\kappa_r = 45°$、直径为 20mm 的圆形镗刀，其寿命 $T = 60min$。

① $a_p = 1mm$。

② $f = 0.1mm/r$。

③ $v = \dfrac{291}{60^2 \times 1^{0.15} \times 0.1^{0.2}} \times 0.9m/min = 183m/min$，$n = \dfrac{1000 \times 183}{\pi \times 67}r/min = 869.4r/min$。

选择 CD6140A 车床的转速 $n = 760r/min = 12.7r/s$，则实际切削速度 $v = 2.67m/s$。

（2）基本时间

1）确定半精车外圆 $\phi117mm$ 的基本时间为
$$T_{j1} = 9s$$

2）确定半精车外圆 $\phi90mm$ 的基本时间为
$$T_{j2} = 12s$$

3）确定半精车端面的基本时间为
$$T_{j3} = 11s$$

4）确定半精车台阶面的基本时间为
$$T_{j4} = \frac{2014025 + 4}{0.3 \times 6.33}s = 10s$$

5）确定半精镗 $\phi67mm$ 孔的基本时间为
$$T_{j5} = \frac{33 + 3.5 + 4}{0.1 \times 12.7}s = 32.5s$$

### 四、工序 Ⅳ 切削用量及基本时间的确定

（1）切削用量　本工序为精镗 $\phi68\,^{+0.009}_{-0.021}mm$ 孔、镗沟槽及倒角。

1）确定精镗 $\phi68mm$ 孔的切削用量。所选刀具为 YT30 硬质合金、主偏角 $\kappa_r = 45°$、直径为 20mm 的圆形镗刀，其寿命 $T = 60min$。

① $a_p = 0.5mm$。

② $f = 0.04mm/r$。

③ $v = \dfrac{291}{60^2 \times 0.5^{0.15} \times 0.04^{0.2}} \times 0.9 \times 1.4m/min = 5.52m/min$

$$n = \frac{1000 \times 5.52}{\pi \times 68}r/min = 1598.6r/min$$

根据 C6136 车床的转速表（查阅工艺设计手册中卧式车床主轴转速相关内容），选择 $n = 1400r/min = 23.3r/s$，则实际切削速度 $v = 4.98m/s$。

2）确定镗沟槽的切削用量。选用高速钢切槽刀，采用手动进给，主轴转速 $n = 40r/min = 0.67r/s$，切削速度 $v = 0.14m/s$。

（2）基本时间　精镗 $\phi68mm$ 孔的基本时间为
$$T_j = \frac{33 + 3.5 + 4}{0.04 \times 23.3}s = 44s$$

### 五、工序 V 切削用量及基本时间的确定

（1）切削用量　本工序为滚齿，选用标准的高速钢单头滚刀，模数 $m = 2.25\text{mm}$，直径 $\phi 63\text{mm}$，可以采用一次进给切至全深。工件齿面要求表面粗糙度值为 $Ra1.6\mu\text{m}$，根据工艺设计手册中切断及车槽的切削速度相关内容，选择工件每转滚刀轴向进给量 $f_a = 0.8 \sim 1.0\text{mm/r}$。按 Y3150 型滚齿机进给量（查阅工艺设计手册中滚齿机滚刀进给量相关内容）选 $f_a = 0.83\text{mm/r}$。

查阅工艺设计手册中齿轮刀具切削速度计算公式相关内容，确定齿轮滚刀的切削速度为

$$v = \frac{C_v}{T^m a_p^{y_v} f^{x_v}} k_v$$

式中，$C_v = 364$，$T = 240\text{min}$，$a_p = 0.83\text{mm}$，$f = 2.25\text{mm/r}$，$m = 0.5\text{mm}$，$y_v = 0.85$，$x_v = -0.5$，$k_v = 0.8 \times 0.8 = 0.64$，则

$$v = \frac{364}{240^{0.5} \times 0.83^{0.85} \times 2.25^{-0.5}} \times 0.64\text{m/min} = 26.4\text{m/min}$$

$$n = \frac{1000v}{\pi d} = \frac{1000 \times 26.4}{\pi \times 63}\text{r/min} = 133\text{r/min}$$

根据 Y3150 型滚齿机主轴转速（查阅工艺设计手册中滚齿机主轴转速相关内容），选 $n = 135\text{r/min} = 2.25\text{r/s}$。实际切削速度为 $v = 0.45\text{m/s}$。

加工时的切削功率按下式计算（参见工艺设计手册中齿轮加工时切削功率的计算相关内容）

$$P_c = \frac{C_{P_c} f^{y_{P_c}} m^{x_{P_c}} d^{u_{P_c}} z^{q_{P_c}} v}{10^3} k_{P_c}$$

式中，$C_{P_c} = 124$，$y_{P_c} = 0.9$，$x_{P_c} = 1.7$，$u_{P_c} = -1.0$，$q_{P_c} = 0$，$k_{P_c} = 1.2$，$f = 0.83\text{mm/r}$，$m = 2.25\text{mm}$，$d = 63\text{mm}$，$z = 50$，$v = 26.7\text{m/min}$。

$$P_c = \frac{124 \times 0.83^{0.9} \times 2.25^{1.7} \times 63^{-1.0} \times 50^0 \times 26.7}{10^3} \times 1.2\text{kW} = 0.21\text{kW}$$

Y3150 型滚齿机的主电动机功率 $P_E = 3\text{kW}$（参见工艺设计手册中滚齿机型号与主要技术参数相关内容）。因 $P_c < P_E$，故所选择的切削用量可在该机床上使用。

（2）基本时间　根据工艺设计手册中机动时间计算的相关内容，用滚刀滚圆柱齿轮的基本时间为

$$T_j = \frac{\dfrac{B}{\cos \beta} + l_1 + l_2}{q n f_a}$$

式中，$B = 12\text{mm}$，$\beta = 0°$，$q = 1$，$n = 1.72\text{r/s}$，$f_a = 0.83\text{mm/r}$，

$l_1 = \sqrt{h(d - h)} + 2 \sim 3\text{mm} = (\sqrt{5.06 \times (63 - 5.06)} + 2)\text{mm} = 19\text{mm}$，$l_2 = 3\text{mm}$，则

$$T_j = 1191\text{s}$$

### 六、工序 VI 切削用量及基本时间的确定

（1）切削用量　本工序为粗铣槽，所选刀具为高速钢三面刃铣刀。铣刀直径 $d = 125\text{mm}$，宽度 $L = 13\text{mm}$，齿数 $z = 20$。根据工艺设计手册的相关内容选择铣刀的基本形状。由于加工钢料的 $R_m$ 为 $600 \sim 700\text{MPa}$，故选前角 $\gamma_o = 15°$，后角 $\alpha_o = 12°$（周齿），$\alpha_o = 6°$

（端齿）。已知铣削宽度 $a_e = 13\text{mm}$，铣削深度 $a_p = 13\text{mm}$。机床选用 XA6032 型卧式铣床。共铣四个槽。

1）确定每齿进给量 $f_z$。查阅工艺设计手册中高速钢面铣刀、圆柱铣刀和盘铣刀加工时进给量相关内容，XA6032 型卧式铣床的功率为 7.5kW（参见工艺设计手册中卧式万能铣床型号与主要参数相关内容），工艺系统刚性为中等，细齿盘铣刀加工钢料，查得每齿进给量 $f_z = 0.06 \sim 0.1\text{mm/z}$。现取 $f_z = 0.07\text{mm/z}$。

2）选择铣刀磨钝标准及寿命。查阅工艺设计手册中铣刀磨钝标准相关内容，用高速工具钢盘铣刀粗加工钢料，铣刀刀齿后刀面最大磨损量为 0.6mm；铣刀直径 $d = 125\text{mm}$，寿命 $T = 120\text{min}$（参见工艺设计手册中铣刀平均耐用度相关内容）。

3）确定切削速度和工作台每分钟进给量 $f_{Mz}$。根据公式（参见工艺设计手册中铣削时切削速度的计算相关内容）计算，则

$$v = \frac{C_v d^{q_v}}{T^m a_p^{x_v} f_z^{y_v} a_e^{u_v} z^{p_v}} k_v$$

式中，$C_v = 48$，$q_v = 0.25$，$x_v = 0.1$，$y_v = 0.2$，$u_v = 0.3$，$p_v = 0.1$，$m = 0.2$，$T = 120\text{min}$，$a_p = 13\text{mm}$，$f_z = 0.07\text{mm/z}$，$a_e = 13\text{mm}$，$z = 20$，$d = 125\text{mm}$，$k_v = 1.0$，则

$$v = \frac{48 \times 125^{0.25}}{120^{0.2} \times 13^{0.1} \times 0.07^{0.2} \times 13^{0.3} \times 20^{0.1}}\text{m/min} = 27.86\text{m/min}$$

$$n = \frac{1000 \times 27.86}{\pi \times 125}\text{r/min} = 70.9\text{r/min}$$

根据 XA6032 型卧式铣床主轴转速表（参见工艺设计手册中卧式铣床主轴转速相关内容），选择 $n = 60\text{r/min} = 1\text{r/s}$，则实际切削速度 $v = 0.39\text{m/s}$，工作台每分钟进给量为

$$f_{Mz} = 0.07 \times 20 \times 60\text{mm/min} = 84\text{mm/min}$$

根据 XA6032 型卧式铣床工作台进给量表（参见工艺设计手册中卧式铣床工作台进给量相关内容），选择 $f_{Mz} = 75\text{mm/min}$，则实际的每齿进给量为 $f_z = \dfrac{75}{20 \times 60}\text{mm/z} = 0.063\text{mm/z}$。

4）校验机床功率。根据计算公式（参见工艺设计手册中铣削时切削力、转矩和功率的计算相关内容），铣削时的功率（单位 kW）为

$$P_c = \frac{F_c v}{1000}$$

$$F_c = \frac{C_F a_p^{x_F} f_z^{y_F} a_e^{u_F} z}{d^{q_F} n^{w_F}} k_{F_c}$$

式中，$C_F = 650$，$x_F = 0.10$，$y_F = 0.72$，$u_F = 0.86$，$w_F = 0$，$q_F = 0.86$，$a_p = 13\text{mm}$，$f_z = 0.063\text{mm/z}$，$a_e = 13\text{mm}$，$z = 20$，$d = 125\text{mm}$，$n = 60\text{r/min}$，$k_{F_c} = 0.63$，则

$$F_c = \frac{650 \times 13^{1.0} \times 0.063^{0.72} \times 13^{0.86} \times 20}{125^{0.86} \times 60^0} \times 0.63\text{N} = 2076.8\text{N}$$

$$v = 0.39\text{m/s}$$

$$P_c = \frac{2076.8 \times 0.39}{1000}\text{kW} = 0.81\text{kW}$$

XA6032 型卧式铣床主电动机的功率为 7.5kW，故所选切削用量可以采用。所确定的切削用量为 $f_z = 0.063\text{mm/z}$，$f_{Mz} = 75\text{mm/min}$，$n = 60\text{r/min}$，$v = 0.39\text{m/s}$。

（2）基本时间　根据工艺设计手册中试切附加长度相关内容，三面刃铣刀铣槽的基本时间为

$$T_j = \frac{l + l_1 + l_2}{f_{Mz}}$$

式中，$l = 7.5\,\text{mm}$，$l_1 = \sqrt{a_e\,(d - a_e)} + 1 \sim 3\,\text{mm}$，$a_e = 13\,\text{mm}$，$d = 125\,\text{mm}$，$l_1 = 45\,\text{mm}$，$l_2 = 4\,\text{mm}$，$f_{Mz} = 75\,\text{mm/min}$，$i = 4$，则

$$T_j = \frac{7.5 + 40 + 4}{75} \times 4\,\text{min} = 2.75\,\text{min} = 165\,\text{s}$$

### 七、工序Ⅶ切削用量及基本时间的确定

（1）切削用量　本工序为半精铣槽，所选刀具为高速钢错齿三面刃铣刀。$d = 125\,\text{mm}$，$L = 16\,\text{mm}$，$z = 20$。机床亦选用 XA6032 型卧式铣床。

1）确定每齿进给量$f_z$。本工序要求保证的表面粗糙度值为 $Ra3.2\,\mu\text{m}$（侧槽面），每转进给量$f_r = 0.5 \sim 1.2\,\text{mm/r}$，现取$f_r = 0.6\,\text{mm/r}$，则

$$f_z = \frac{0.6}{20}\,\text{mm/z} = 0.03\,\text{mm/z}$$

2）选择铣刀磨钝标准及寿命。根据工艺设计手册中铣刀磨钝标准相关内容，铣刀刀齿后刀面最大磨损量为 0.25mm，寿命 $T = 120\,\text{min}$（参见工艺设计手册中铣刀平均耐用度相关内容）。

3）确定切削速度和工作台每分钟进给量$f_{Mz}$。查阅工艺设计手册中铣削时切削速度的计算相关内容，按公式计算，得

$$v = 0.97\,\text{m/s}，\quad n = 2.47\,\text{r/s} = 148\,\text{r/min}$$

根据 XA6032 型卧式铣床主轴转速表（查阅工艺设计手册中卧式铣床主轴转速相关内容），选择 $n = 150\,\text{r/min} = 2.5\,\text{r/s}$，实际切削速度 $v = 0.98\,\text{m/s}$，工作台每分钟进给量为$f_{Mz} = 90\,\text{mm/min}$。

根据 XA6032 型卧式铣床工作台进给量表（参见工艺设计手册中卧式铣床工作台进给量相关内容），选择$f_{Mz} = 95\,\text{mm/min}$，则实际的每齿进给量为$f_z = 0.032\,\text{mm/z}$。

（2）基本时间　$T_j = \dfrac{7.5 + 43 + 4}{95} \times 4\,\text{min} = 2.3\,\text{min} = 138\,\text{s}$

### 八、工序Ⅷ切削用量及基本时间的确定

（1）切削用量　本工序为钻孔，刀具选用高速工具钢复合钻头，直径 $d = 5\,\text{mm}$；钻四个通孔；使用切削液。

1）确定进给量$f$。由于孔径和深度均很小，宜采用手动进给。

2）选择钻头磨钝标准及寿命。查阅工艺设计手册中钻头、扩孔钻和铰刀的磨钝标准及寿命相关内容，取钻头后刀面最大磨损量为 0.8mm；寿命 $T = 15\,\text{min}$。

3）确定切削速度$v$。查阅工艺手册中孔加工时钢的加工性分类表，$R_m = 670\,\text{MPa}$ 的 45 钢加工性属 5 类。根据工艺设计手册中高速钢钻头钻孔时的进给量相关内容，暂定进给量$f = 0.16\,\text{mm/r}$。查得 $v = 17\,\text{m/min}$，$n = 1082\,\text{r/min}$。根据 Z525 立式钻床说明书选择主轴实际转速。

（2）基本时间　钻四个 $\phi5\text{mm}$ 深 12mm 的通孔，基本时间约为 20s。

将前面进行的工作所得的结果，填入工艺文件。

## 项目六　夹具设计

附图 D-6（1）所示夹具是工序Ⅵ用三面刃铣刀纵向进给粗铣 4×16mm 槽口的专用夹具，在 XA6132 型卧式铣床上加工离合齿轮一个端面上的两条互成 90°的十字槽，该夹具零件明细见附图 D-6（2）。有关说明如下：

（1）定位方案　工件以另一端面及 φ68K7 孔为定位基准，采用平面与定位销组合定位方案，在定位盘 10 的短圆柱面及台阶面上定位，其中台阶平面限制三个自由度、短圆柱面限制两个自由度，共限制了五个自由度。槽口在圆周上无位置要求，该自由度不需限制。

（2）夹紧机构　根据生产率要求，运用手动夹紧可以满足。采用二位螺旋压板联动夹紧机构，通过拧紧右侧螺母 15 使一对压板同时压紧工件，实现夹紧，有效提高了工作效率。压板夹紧力主要作用是防止工件在铣削力作用下产生的倾覆和振动，手动螺旋夹紧是可靠的，可免除夹紧力计算。

（3）对刀装置　采用直角对刀块及平面塞尺对刀，选用 JB/T 8031.3—1999 直角对刀块 17 通过对刀块座 21 固定在夹具体上，保证对刀块工作面始终处在平行于进给路线的方向上，这样便不受工件转位的影响。确定对刀块的对刀面与定位元件定位表面之间的尺寸，水平方向尺寸为 13/2mm（槽宽一半尺寸）+5mm（塞尺厚度）=11.5mm，其公差取工件相应尺寸公差的 1/3。由于槽宽尺寸为自由公差，查标准公差表 IT14 级公差值为 0.43mm，则水平尺寸公差取 0.43mm×1/3=0.14mm，对称标注为（11.5±0.07）mm，同理确定垂直方向的尺寸为（44±0.1）mm（塞尺厚度也为 5mm）。

（4）夹具与机床连接元件　采用两个标准定位键 A18h8 JB/T 8016—1999，固定在夹具体底面的同一直线位置的键槽中，用于确定铣床夹具相对于机床进给方向的正确位置，并保证定位键的宽度与机床工作台 T 形槽相匹配的要求。

（5）夹具体　工件的定位元件和夹紧元件由连接座 6 连接起来，连接座 6 定位固定在分度盘 23 上，而分度装置和对刀装置均定位固定在夹具体 1 上，这样该夹具便有机连接起来，实现定位、夹紧、对刀、分度等功能。夹具体零件图见附图 D-7。

（6）使用说明　安装工件时，松开右边铰链螺栓上的螺母 15，将两块压板 16 后撤，把工件装在定位盘 10 上，再将两块压板 16 前移，然后旋紧螺母 15，通过杠杆 8 联动使两块压板 16 同时夹紧工件。为了使压板和进给路线在四个工位不发生干涉，压板与进给路线成 45°角布置。

当一条槽加工完毕后，扳手 30 顺时针转动，使分度盘 23 与夹具体 1 之间松开。分度盘 23 下端沿圆周方向分布有四条长度为 1/4 周长的斜槽。然后逆时针转动分度盘 23，在斜槽面的推压下，使对定销 24 逐渐退入夹具体的衬套孔中，当分度盘 23 转过 90°位置时，对定销 24 依靠弹簧力量弹出，落入第二条斜槽中，再反靠分度盘 23 使对定销 24 与槽壁贴紧，逆时针转动扳手 30 把分度盘 23 紧定在夹具体 1 上，即可加工另一条槽。由于分度盘 23 上四条槽为单向升降，因此分度盘 23 也只能单向旋转分度。

机械加工工艺过程卡片和机械加工工序卡片见附表 D-8～附表 D-16。

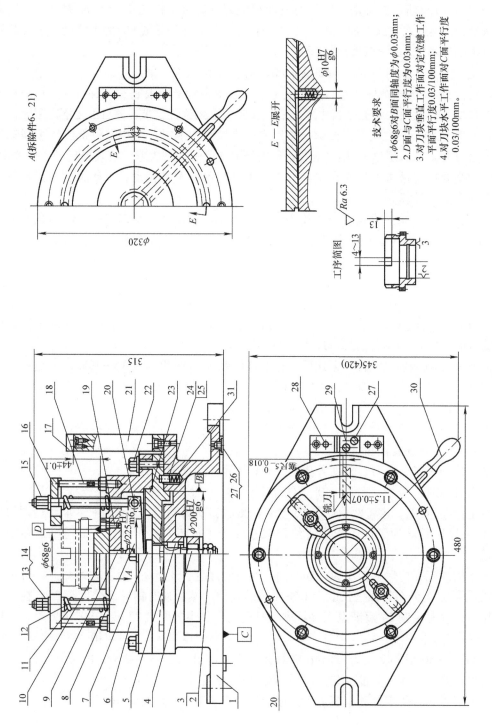

A（拆除件6、21）

E—E展开

$\phi 10 \frac{H7}{g6}$

**技术要求**

1. $\phi 68 g6$对$B$面同轴度为$\phi 0.03mm$；
2. $D$面与$C$面平行度为$0.03mm$；
3. 对刀块垂直工作面对定位键工作平面平行度$0.03/100mm$；
4. 对刀块水平工作面对$C$面平行度$0.03/100mm$。

工序简图

$\sqrt{Ra\,6.3}$

$\phi 320$

315

$44 \pm 0.1$

$\phi 225 m6$

$\phi 68 g6$

$\frac{H7}{g6}$

$\phi 200 \frac{H7}{g6}$

$345(420)$

深15$_{-0.018}^{0}$

$11.5 \pm 0.07$

铣刀

480

10 9 8 7 6 5 4 3 2 1
11 12 13 14 15 16 17 18 19 20 21 22 23 24 25 31 27 26
28 29 27 30 20

附图 D-6　（1）铣槽夹具

| 31 | 衬套 | 1 | 45 钢 | 40~45HRC |
|---|---|---|---|---|
| 30 | 扳手 | 1 | ZG310-570 | |
| 29 | 圆柱销 | 2 | | 5×16 GB/T 119—2000 |
| 28 | 圆柱销 | 2 | | 8×35 GB/T 119—2000 |
| 27 | 螺钉 | 4 | | M6×16 GB/T 65—2000 |
| 26 | 定位键 | 2 | | A 18h8 JB/T 8016—1999 |
| 25 | 压缩弹簧 | 1 | 65Mn | |
| 24 | 对定销 | 1 | T7 钢 | 50~55HRC |
| 23 | 分度盘 | 1 | 45 钢 | 40~45HRC |
| 22 | 六角头螺栓 | 6 | | M12×35 GB 5780—2000 |
| 21 | 对刀块座 | 1 | HT200 | |
| 20 | 圆柱销 | 4 | | 10×35 GB/T 119—2000 |
| 19 | 内六角圆柱头螺钉 | 6 | | M8×20 GB/T 70.1—2008 |
| 18 | 支撑螺杆 | 2 | 45 钢 | 35~40HRC |
| 17 | 直角对刀块 | 1 | | JB/T 8031.3—1999 |
| 16 | 压板 | 2 | 45 钢 | 35~40HRC |
| 15 | 带肩六角螺母 | 1 | 45 钢 | M12 JB/T 8004.1—1999 |
| 14 | 平垫圈 | 9 | | 12GB 95—85 |
| 13 | 六角螺母 | 4 | | M12 GB 6170—86 |
| 12 | 铰链螺栓 | 2 | 45 钢 | 35~40HRC |
| 11 | 压缩弹簧 | 2 | 65Mn | |
| 10 | 定位盘 | 1 | 45 钢 | 45~50HRC |
| 9 | 球头轴 | 1 | 45 钢 | 35~40HRC |
| 8 | 杠杆 | 1 | 45 钢 | 35~40HRC |
| 7 | 中心轴 | 1 | 45 钢 | 调制28~32HRC |
| 6 | 连接座 | 1 | HT200 | |
| 5 | 平键 | 1 | | 8×18 GB 1096—79 |
| 4 | 六角螺母 | 1 | | M20 GB 6170—86 |
| 3 | 大垫圈 | 2 | | 20 GB 96—85 |
| 2 | 螺母 | 2 | | M20 GB 6172—86 |
| 1 | 夹具体 | 1 | HT200 | |
| 序号 | 名称 | 件数 | 材料 | 备注 |
| 离合齿轮铣槽夹具 | | 比例 | 1:1 | （图号） |
| | | 件数 | | |
| 设计 | | （日期） | 重量 | 共一张 | 第一张 |
| 审核 | | | | （单位名称） |
| 批准 | | | | |

附图 D-6 （2）铣槽夹具零件明细

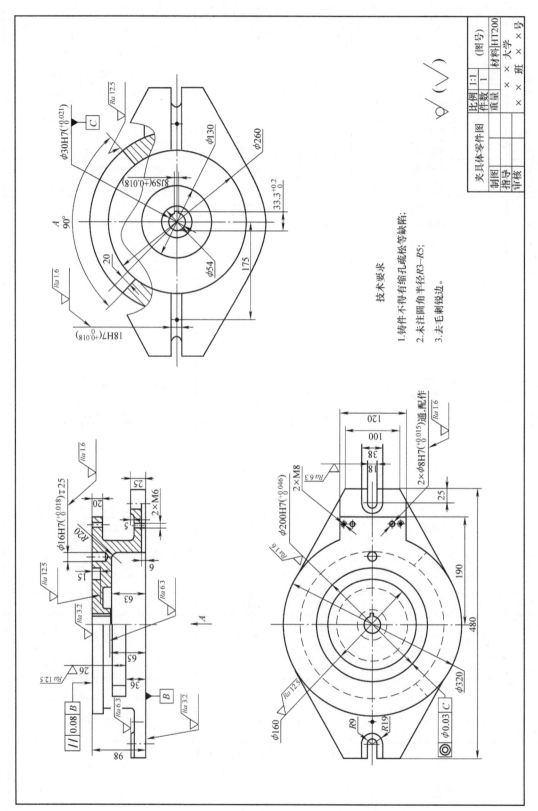

技术要求

1. 铸件不得有缩孔疏松等缺陷；
2. 未注圆角半径R3~R5；
3. 去毛刺锐边。

附图 D-7　夹具体零件图

附表 D-8　机械加工工艺过程卡片

| | | 机械加工工艺过程卡片 | | 零(部件)图号 | | | 共1页 第1页 | |
|---|---|---|---|---|---|---|---|---|
| 材料牌号 | 45钢 | 毛坯种类 模锻件 | 毛坯外形尺寸 φ121mm×68mm | 零(部件)名称 | 离合齿轮 | | 备注 | |
| | | | | 每毛坯可制件数 1 | 每台件数 1 | | 工时/s | |
| | | | | | | | 准终 | 单件 |
| 工序号 | 工序名称 | 工序内容 | 车间 工段 | 设备 | 工艺设备 | | | |
| I | 粗车 | 粗车小端面，外圆φ90mm，φ117mm及台阶面，粗镗孔 φ68mm | | CD6140A 卧式车床 | 自定心卡盘 | | | 107 |
| II | 粗车 | 粗车大端面，外圆φ106.5mm及台阶面，沟槽，粗镗φ94mm孔，倒角 | | CD6140A 卧式车床 | 自定心卡盘 | | | 118 |
| III | 半精车 | 半精车小端面、外圆φ91mm、φ117mm及台阶面，半精镗孔 φ68mm，倒角 | | CD6140A 卧式车床 | 自定心卡盘 | | | 74.5 |
| IV | 精镗 | 精镗孔φ68mm，镗沟槽φ71mm，倒角C0.5 | | C6136 卧式车床 | 自定心卡盘 | | | 44 |
| V | 滚齿 | 滚齿达图样要求 | | Y3150 滚齿机 | 心轴 | | | 1191 |
| VI | 粗铣 | 粗铣四个槽口 | | XA6032 卧式铣床 | 专用夹具 | | | 165 |
| VII | 半精铣 | 半精铣四个槽口 | | XA6032 卧式铣床 | 专用夹具 | | | 138 |
| VIII | 钻孔 | 钻4×φ5mm孔 | | Z518 立式钻床 | 专用夹具 | | | 20.5 |
| IX | 去毛刺 | 去除全部毛刺 | | 钳工台 | | | | |
| X | 终检 | 按零件图样要求全面检查 | | | | | | |
| | | | | 设计(日期) | 审核(日期) | 标准化(日期) | 会签(日期) | |
| 标记 | 处数 | 更改文件号 | 签字 | 日期 | 标记 | 处数 | 更改文件号 | 签字 日期 |

附表 D-9　机械加工工序 I 卡片

| 机械加工工序卡片 | 零(部件)图号 | | 共10页 | 第2页 |
|---|---|---|---|---|
| | 零(部件)名称 | | 材料牌号 | 45钢 |
| | 车间 | 工序号 I | 工序名 粗车 离合齿轮 | 每台件数 1 |
| | 毛坯种类 模锻件 | 毛坯外形尺寸 φ121mm×68mm | 每毛坯可制件数 1 | 同时加工 1 |
| | 设备名称 卧式车床 | 设备型号 CD6140A | 设备编号 | 切削液 |
| | 夹具编号 | 夹具名称 自定心卡盘 | | |
| | 工位器具编号 | 工位器具名称 | | 工序工时/s 准终 单件 |

$\sqrt{Ra\,6.3}$

| 工步号 | 工步内容 | 工艺设备 | 主轴转速 /r·s⁻¹ | 切削速度 /m·s⁻¹ | 进给量 /mm·r⁻¹ | 进给长度 /mm | 进给次数 | 工步工时/s 机动 | 辅助 |
|---|---|---|---|---|---|---|---|---|---|
| 1 | 车小端面，保持尺寸 $66.4_{-0.34}^{0}$ mm | YT5 90°偏刀、YT5镗刀、游标卡尺、内径百分尺 | 2.0 | 0.59 | 0.52 | 1.3 | 1 | | |
| 2 | 车外圆 φ91.5mm | | 2.0 | 0.59 | 0.65 | 1.25 | 1 | | |
| 3 | 车台阶面，保持尺寸 $20_{0}^{+0.21}$ mm | | 2.0 | 0.76 | 0.52 | 1.3 | 1 | | |
| 4 | 车外圆 $\phi118.5_{-0.54}^{0}$ mm | | 2.0 | 0.76 | 0.65 | 1.25 | 1 | | |
| 5 | 镗孔 $\phi65_{0}^{+0.19}$ | | 6.17 | 1.26 | 0.2 | 1.5 | 1 | | |
| | | | 设计(日期) | 审核(日期) | | 标准化(日期) | | 会签(日期) | |

| 标记 | 处数 | 更改文件号 | 签字 | 日期 | 标记 | 处数 | 更改文件号 | 签字 | 日期 |
|---|---|---|---|---|---|---|---|---|---|

## 附表 D-10　机械加工工序 II 卡片

机械加工工序卡片

| 零（部件）图号 | | | | 离合齿轮 | | | 共 10 页 | 第 1 页 |
|---|---|---|---|---|---|---|---|---|
| 零（部件）名称 | | | 工序号 | | 工序名 | | 材料牌号 | 45 钢 |
| | | | II | | 粗车 | | | |
| 车间 | | 毛坯种类 | 模锻件 | 毛坯外形尺寸 | φ121mm×68mm | 每毛坯可制件数 | 1 | 每台件数 | 1 |
| | | 设备名称 | 卧式车床 | 设备型号 | CD6140A | 设备编号 | | 同时加工 | 1 |
| | | 夹具编号 | | 夹具名称 | 自定心卡盘 | | | 切削液 | |
| | | 工位器具编号 | | 工位器具名称 | | | | | |

| 工步号 | 工步内容 | 工艺设备 | 主轴转速/r·s⁻¹ | 切削速度/m·s⁻¹ | 进给量/mm·r⁻¹ | 进给长度/mm | 进给次数 | 工步工时/s 机动 | 工步工时/s 辅助 |
|---|---|---|---|---|---|---|---|---|---|
| 1 | 车大端面，保持尺寸 64.7 $_{-0.34}^{0}$ mm | YT5 90°偏刀、45° 外圆车刀，YT5 镗刀，高速工具钢切槽刀，游标卡尺 | 2.0 | 0.69 | 0.52 | 1.7 | 1 | | |
| 2 | 车外圆 φ106.5 $_{-0.4}^{0}$ mm | | 2.0 | 0.69 | 0.65 | 1.75 | 1 | | |
| 3 | 车台阶面，保持尺寸 32 $_{0}^{+0.25}$ mm | | 2.0 | 0.74 | 0.52 | 1.7 | 1 | | |
| 4 | 镗孔 φ94mm 及台阶面，保持尺寸 31 $_{0}^{+0.52}$ mm | | 3.83 | 1.13 | 0.2 | 2.5 及 1.5 | 1 | | |
| 5 | 车沟槽，保持尺寸 2.5mm 及 6×1.5mm | | 0.5 | 0.17 | 手动 | | 1 | | |
| 6 | 倒角 C1 | | 2.0 | 0.69 | 手动 | | 1 | | |

| | | | 设计（日期） | 审核（日期） | 标准化（日期） | 会签（日期） |
|---|---|---|---|---|---|---|

| 标记 | 处数 | 更改文件号 | 签字 | 日期 | 标记 | 处数 | 更改文件号 | 签字 | 日期 |
|---|---|---|---|---|---|---|---|---|---|

附表 D-11　机械加工工序 III 卡片

机械加工工序卡片

| | | 零（部件）图号 | | | | 离合齿轮 | 共 10 页 | 第 1 页 |
| 零（部件）名称 | | | | 离合齿轮 | 材料牌号 | 45 钢 |

| 车间 | 工序号 | 工序名 | | | |
| | III | 半精车 | | | |

| 毛坯种类 | 毛坯外形尺寸 | 每毛坯可制件数 | 每台件数 | 1 |
| 模锻件 | φ121mm × 68mm | 1 | | |

| 设备名称 | 设备型号 | 设备编号 | 同时加工 | 1 |
| 卧式车床 | CD6140A | | | |

| 夹具编号 | | 夹具名称 | 切削液 |
| | | 自定心卡盘 | |

| 工位器具编号 | | 工位器具名称 | 工序工时/s | |
| | | | 准终 | 单件 |

√ Ra 3.2

φ117−0.22

φ90

φ67+0.074

20+0.08−0

64 0−0.1

C1　C1　R1　√Ra1.6

| 工步号 | 工步内容 | 工艺设备 | 主轴转速 /r·s⁻¹ | 切削速度 /m·s⁻¹ | 进给量 /mm·r⁻¹ | 进给长度 /mm | 进给次数 | 工步工时/s | |
| | | | | | | | | 机动 | 辅助 |
| 1 | 车端面，保持尺寸 64 0−0.1 mm | YT5 90°偏刀、倒角刀、YT15 镗刀、游标卡尺、内径百分表、外径百分尺、深度百分尺 | 6.33 | 1.79 | 0.3 | 0.7 | 1 | | |
| 2 | 车外圆 φ90mm | | 6.33 | 1.79 | 0.3 | 0.75 | 1 | | |
| 3 | 车台阶面，保持尺寸 20+0.08−0 mm | | 6.33 | 2.33 | 0.3 | 0.7 | 1 | | |
| 4 | 车外圆 φ117 0−0.22 mm | | 6.33 | 2.33 | 0.3 | 0.75 | 1 | | |
| 5 | 镗孔 φ67+0.074−0 mm | | 12.7 | 2.67 | 0.1 | 1 | 1 | | |
| 6 | 倒角 C1 | | 6.33 | 手动 | | | | | |

| | | | 设计（日期） | 审核（日期） | 标准化（日期） | 会签（日期） | |
| 标记 | 处数 | 更改文件号 | 签字 | 日期 | 标记 | 处数 | 更改文件号 | 签字 | 日期 |

附表 D-12　机械加工工序 IV 卡片

机械加工工序卡片

| | 零（部件）图号 | | 离合齿轮 | | 共 10 页 | 第 1 页 |
|---|---|---|---|---|---|---|
| | 零（部件）名称 | | | | 材料牌号 | 45 钢 |
| 车间 | 工序号 | 工序名 | | 每台件数 | | 1 |
| | IV | 精镗 | | 同时加工 | | 1 |
| 毛坯种类 | 毛坯外形尺寸 | 每毛坯可制件数 | | | | |
| 模锻件 | φ121mm×68mm | 1 | | | | |
| 设备名称 | 设备型号 | 设备编号 | | 切削液 | | |
| 卧式车床 | C6136 | | | | | |
| 夹具编号 | | 夹具名称 | | 工序工时/s | | |
| | | 自定心卡盘 | | 准终 | | |
| | | 工位器具名称 | | 终 | | |
| | 工位器具编号 | | | | | |

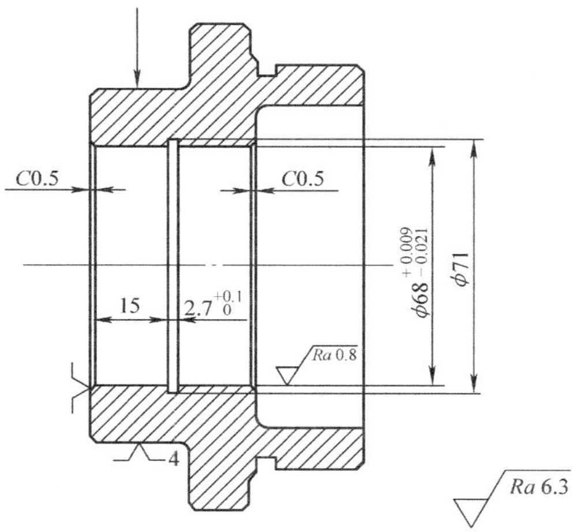

| 工步号 | 工步内容 | 工艺设备 | 主轴转速 /r·s⁻¹ | 切削速度 /m·s⁻¹ | 进给量 /mm·r⁻¹ | 进给长度 /mm | 进给次数 | 工步工时/s 机动 | 辅助 |
|---|---|---|---|---|---|---|---|---|---|
| 1 | 精镗孔 φ68 +0.069 −0.021 mm | YT30 高速工具钢切槽刀、精镗刀、倒角刀、圆柱塞规 | 23.3 | 4.98 | 0.04 | 0.5 | 1 | | |
| 2 | 镗沟槽 φ71mm，保持宽 2.7 +0.1 0 mm | | 0.67 | 0.14 | 手动 | | 1 | | |
| 3 | 倒角 C0.5 | | 0.67 | 0.14 | 手动 | | | | |

| | | 设计（日期） | 审核（日期） | 标准化（日期） | 会签（日期） |
|---|---|---|---|---|---|
| 标记 | 处数 | 更改文件号 | 签字 | 日期 | 标记 | 处数 | 更改文件号 | 签字 | 日期 |

附表 D-13　机械加工工序 V 卡片

| 机械加工工序卡片 | | 零（部件）图号 | | 离合齿轮 | | 共 10 页 | 第 1 页 |
|---|---|---|---|---|---|---|---|
| | | 零（部件）名称 | | | | 材料牌号 | 45 钢 |
| | | 车间 | 工序号 | 工序名 | | 每台件数 | 1 |
| | | | V | 滚齿 | | | |
| | | 毛坯种类 | 毛坯外形尺寸 | 每毛坯可制件数 | | 同时加工 | 1 |
| | | 模锻件 | φ121mm × 68mm | 1 | | | |
| | | 设备名称 | 设备型号 | 设备编号 | | 切削液 | |
| | | 滚齿机 | Y3150 | | | | |
| | | 夹具编号 | | 夹具名称 | | 工序工时/s | |
| | | | | 心轴 | | 终 | 单件 |
| | | 工位器具编号 | | 工位器具名称 | | | |

| 工步号 | 工步内容 | 工艺设备 | 主轴转速 /r·s⁻¹ | 切削速度 /m·s⁻¹ | 进给量 /mm·r⁻¹ | 进给长度 /mm | 进给次数 | 工步工时/s | |
|---|---|---|---|---|---|---|---|---|---|
| | | | | | | | | 机动 | 辅助 |
| 1 | 滚齿达图样要求 | 齿轮滚刀 m = 2.25mm，公法线外径千分尺 | 2.25 | 0.45 | 0.83 | 34 | 1 | | |

| | | | 设计（日期） | 审核（日期） | 标准化（日期） | 会签（日期） |
|---|---|---|---|---|---|---|
| 标记 | 处数 | 更改文件号 | 签字 | 日期 | 标记 | 处数 | 更改文件号 | 签字 | 日期 |

$\sqrt{Ra\,1.6}$

附表 D-14　机械加工工序 VI 卡片

机械加工工序卡片

| | | 零（部件）图号 | | | 共 10 页 | 第 6 页 |
|---|---|---|---|---|---|---|
| | | 零（部件）名称 | 离合齿轮 | | 材料牌号 | 45 钢 |
| 车间 | | 工序号 | Ⅵ | 工序名 | 粗铣 | |
| 毛坯种类 | 模锻件 | 毛坯外形尺寸 | φ121mm×68mm | 每毛坯可制件数 | 1 | 每台件数 1 |
| 设备名称 | 卧式铣床 | 设备型号 | XA6032 | 设备编号 | | 同时加工 1 |
| | | 夹具编号 | | 夹具名称 | 专用夹具 | 切削液 |
| | | | | 工位器具名称 | | |
| | | | | 工位器具编号 | | |

| 工步号 | 工步内容 | 工艺设备 | 主轴转速 /r·s⁻¹ | 切削速度 /m·s⁻¹ | 进给量 /mm·r⁻¹ | 进给长度 /mm | 进给次数 | 工步工时/s 机动 | 辅助 |
|---|---|---|---|---|---|---|---|---|---|
| | | | | | | | | 准终 | 单件 |
| 1 | 在四个工位上铣槽，保证槽宽 13mm、深 13mm | 高速工具钢镶齿三面刃铣刀 φ125mm，游标卡尺 | | 1.0 | 0.39 | 0.063 | 1.3 | 4 | |

√ Ra 6.3

| | 设计（日期） | 审核（日期） | 标准化（日期） | 会签（日期） |
|---|---|---|---|---|
| 标记 | 处数 | 更改文件号 | 签字 | 日期 |
| 标记 | 处数 | 更改文件号 | 签字 | 日期 |

附表 D-15　机械加工工序 Ⅶ 卡片

| 机械加工工序卡片 | 零（部件）图号 | | 离合齿轮 | 共 10 页　第 1 页 | |
| --- | --- | --- | --- | --- | --- |
| | 零（部件）名称 | | 材料牌号 | 45 钢 | |
| | 车间 | 工序号 | 工序名 | | |
| | | Ⅶ | 半精铣 | 每台件数 | 1 |
| | 毛坯种类 | 毛坯外形尺寸 | 每毛坯可制件数 | 同时加工 | |
| | 模锻件 | φ121mm×68mm | 1 | | 1 |
| | 设备名称 | 设备型号 | 设备编号 | 夹具名称 | 切削液 |
| | 卧式铣床 | XA6032 | | 专用夹具 | |
| | 夹具编号 | | 工位器具名称 | | |
| | | | 工位器具编号 | | |

| 工步号 | 工步内容 | 工艺设备 | 主轴转速 /r·s⁻¹ | 切削速度 /m·s⁻¹ | 进给量 /mm·r⁻¹ | 进给长度 /mm | 进给次数 | 工步工时/s | |
| --- | --- | --- | --- | --- | --- | --- | --- | --- | --- |
| | | | | | | | | 机动 | 辅助 |
| 1 | 在四个工位上铣槽，保证槽宽 $16^{+0.28}_{0}$ mm，深 15mm | 高速钢错齿三面刃铣刀 φ125mm、游标卡尺 | 2.5 | 0.98 | 0.032 | 3 | 4 | | |

| | | 设计（日期） | 审核（日期） | 标准化（日期） | 会签（日期） |
| --- | --- | --- | --- | --- | --- |
| 标记 | 处数 | 更改文件号 | 签字 | 日期 | |
| | | | | | |
| 标记 | 处数 | 更改文件号 | 签字 | 日期 | |

主轴转速 /r·s⁻¹

工序工时/s　准终　单件

## 附表 D-16　机械加工工序Ⅷ卡片

机械加工工序卡片

| | 零(部件)图号 | | 零(部件)名称 | 离合齿轮 | 共10页 | 第8页 |
|---|---|---|---|---|---|---|
| | | | | | 材料牌号 | 45钢 |
| 车间 | | 工序号 Ⅷ | 工序名 | 钻孔 | 每台件数 | 1 |
| 毛坯种类 模锻件 | 毛坯外形尺寸 φ121mm×68mm | 每毛坯可制件数 1 | | | 同时加工 | 1 |
| 设备名称 立式钻床 | 设备型号 Z518 | 设备编号 | | | 切削液 | |
| 夹具编号 | | 夹具名称 专用夹具 | | | | |
| 工位器具编号 | | 工位器具名称 | | | | |

√Rz 50

4×φ5　90°　√Rz 2

| 工步号 | 工步内容 | 工艺设备 | 主轴转速 /r·s⁻¹ | 切削速度 /m·s⁻¹ | 进给量 /mm·r⁻¹ | 进给长度 /mm | 进给次数 | 工步工时/s 机动 | 辅助 |
|---|---|---|---|---|---|---|---|---|---|
| 1 | 在四个工位上钻孔 φ5mm | 复合钻头 φ5mm 及 90°角 | 18 | 0.28 | 手动 | 2.5 | 4 | | |

| | | | | 设计(日期) | 审核(日期) | 标准化(日期) | 会签(日期) |
|---|---|---|---|---|---|---|---|

| 标记 | 处数 | 更改文件号 | 签字 | 日期 | 标记 | 处数 | 更改文件号 | 签字 | 日期 |
|---|---|---|---|---|---|---|---|---|---|

# 参 考 文 献

[1] 于大国. 机械制造技术基础与机械制造工艺学课程设计教程 [M]. 北京：国防工业出版社，2010.

[2] 马敏莉. 机械制造工艺编制及实施 [M]. 北京：清华大学出版社，2011.

[3] 李华. 机械制造技术 [M]. 2版. 北京：高等教育出版社，2000.

[4] 朱淑萍. 机械加工工艺及装备 [M]. 北京：机械工业出版社，2007.

[5] 吉卫喜. 现代制造技术与装备 [M]. 北京：高等教育出版社，2007.

[6] 肖继德，陈宁平. 机床夹具设计 [M]. 北京：机械工业出版社，2000.

[7] 赵家齐. 机械制造工艺学课程设计指导书 [M]. 北京：机械工业出版社，2006.

[8] 崇凯. 机械制造技术基础课程设计指南 [M]. 北京：化学工业出版社，2007.

[9] 倪森寿. 机械制造工艺与装备习题集和课程设计指导书 [M]. 北京：化学工业出版社，2003.

[10] 吴拓. 机床夹具设计 [M]. 北京：化学工业出版社，2009.

[11] 王先逵. 机械制造工艺学 [M]. 北京：机械工业出版社，2006.

[12] 张龙勋. 机械制造工艺学课程设计指导书及习题 [M]. 北京：机械工业出版社，2006.

[13] 李喜桥. 加工工艺学 [M]. 北京：北京航空航天大学出版社，2002.

[14] 王先逵. 机械加工工艺手册机械加工工艺规程制定 [M]. 北京：机械工业出版社，2008.

[15] 李益民. 制造工艺简明手册 [M]. 北京：机械工业出版社，2007.

[16] 艾兴，肖诗刚. 切削用量简明手册 [M]. 北京：机械工业出版社，2007.

[17] 赵如福. 金属机械加工工艺人员手册 [M]. 4版. 上海：上海科学技术出版社，2006.

[18] 张福润，等. 机械制造技术基础 [M]. 2版. 武汉：华中理工大学出版社，2000.

[19] 魏康民. 机械制造技术基础 [M]. 重庆：重庆大学出版社，2001.

[20] 《实用车工手册》编写组. 实用车工手册 [M]. 2版. 北京：机械工业出版社，2009.

[21] 吴国良. 铣工实用技术手册 [M]. 南京：江苏科学技术出版社，2009.

[22] 徐鸿本. 磨削工艺技术 [M]. 沈阳：辽宁科学技术出版社，2009.

[23] 朱派龙，等. 机械制造工艺装备 [M]. 西安：西安电子科技大学出版社，2006.

[24] 刘登平. 机械制造工艺及机床夹具设计 [M]. 北京：北京理工大学出版社，2008.

[25] 兰建设. 机械制造工艺与夹具 [M]. 北京：机械工业出版社，2009.

[26] 周学世. 机械制造工艺与夹具 [M]. 北京：北京理工大学出版社，2006.

[27] 孙庆群. 机械工程综合实训 [M]. 北京：机械工业出版社，2005.

[28] 倪小丹，杨继荣. 机械制造技术基础 [M]. 北京：清华大学出版社，2007.

[29] 倪森寿. 机械制造工艺与装备 [M]. 北京：化学工业出版社，2003.

[30] 周宏甫. 机械制造技术基础 [M]. 北京：高等教育出版社，2004.

[31] 周学世. 机械制造工艺与夹具 [M]. 北京：北京理工大学出版社，2006.

[32] 武友德，吴伟. 机械零件加工工艺编制 [M]. 北京：机械工业出版社，2009.

[33] 李旦. 机械制造工艺学 [M]. 哈尔滨：哈尔滨工业大学出版社，2000.

[34] 柳青松. 夹具设计与应用 [M]. 北京：化学工业出版社，2011.

[35] 周玮. 曲轴加工工艺分析 [J]. 机电产品开发与创新，2010，23（3）：191-192.

[36] 周益军. 机械零件加工工艺编制及专用夹具设计 [M]. 北京：高等教育出版社，2012.